东南大学校级规划教材

地下工程原位测试技术理论与应用

Theory and Practice of In-situ Testing Technologies for Underground Engineering

童立元 李洪江 高新南 张明飞 刘松玉 / 编著

东南大学出版社
SOUTHEAST UNIVERSITY PRESS
·南京·

内容简介

21世纪是地下空间大发展的世纪,我国城市基础建设已进入全新的地上与地下相联合的纵向立体化开发与利用阶段,城市地下空间的开发利用成为解决城市人口、资源、环境三大危机,实施城市可持续发展的重要途径。本书作者紧密结合当前我国城市化进程中地下空间开发建设在勘察、设计及环境安全评价等方面的技术需求,立足学科发展前沿,开展多功能原位测试技术研发及在地下工程中的综合应用研究。本书是作者多年从事地下工程原位测试技术研发、理论研究与工程实践应用的系统性总结。全书共分5章,具体内容包括:绪论、地质环境条件精细化辨识与原位探测技术、基于原位测试的地下工程设计关键岩土参数研究、岩土小应变参数原位测试及基坑开挖环境影响模拟分析、地下工程开挖既有桩基卸荷响应原位测试评价方法。本书集中展示了以多功能CPTU为主的原位测试技术在地下工程勘察、设计、环境安全影响评价等方面的最新研究成果,紧密将理论研究与工程实践应用相结合,特别是在书中大量展现了依托工程原位测试技术的现场试验研究成果,以期对地下工程领域原位测试技术的推广应用及提高地下工程设计建造水平有所裨益。

本书可供土木交通建筑、地下工程和地质工程等专业的科技人员参考,也可作为地下工程、岩土工程、地质工程等专业的本科生、研究生的辅助教材。

图书在版编目(CIP)数据

地下工程原位测试技术理论与应用 / 童立元等编著.
南京：东南大学出版社,2025.8. -- ISBN 978-7-5766-2295-9

Ⅰ. TU94
中国国家版本馆 CIP 数据核字第 2025T495G2 号

责任编辑:丁　丁　　责任校对:韩小亮　　封面设计:王　玥　　责任印制:周荣虎

地下工程原位测试技术理论与应用
Dixia Gongcheng Yuanwei Ceshi Jishu Lilun Yu Yingyong

编　　著	童立元　李洪江　高新南　张明飞　刘松玉
出版发行	东南大学出版社
出 版 人	白云飞
社　　址	南京市四牌楼2号　邮编:210096
网　　址	http://www.seupress.com
电子邮箱	press@seupress.com
经　　销	全国各地新华书店
印　　刷	广东虎彩云印刷有限公司
开　　本	700 mm×1000 mm　1/16
印　　张	13.25
字　　数	222 千字
版　　次	2025年8月第1版
印　　次	2025年8月第1次印刷
书　　号	ISBN 978-7-5766-2295-9
定　　价	68.00 元

本社图书若有印装质量问题,请直接与营销中心联系,电话:025-83791830。

前言 | PREFACE

随着我国城市化水平的不断提高,城市空间拥挤、交通堵塞、环境恶化、资源匮乏等问题愈来愈突出,迫切需要开拓新的解决途径。作为地面城市或新建城镇的延伸,开发利用城市地下空间可以一举四得,即解决城市用地紧张问题、解决交通拥挤问题、改善环境、兼顾战备,是全球城市发展的共同方向。1991年国际城市地下空间学术会议提出著名的东京宣言"21世纪将是地下空间开发利用的世纪",预测21世纪末将有三分之一的世界人口生活在地下空间之中,向地下要空间已成为城市发展的共识和必然。我国从"十五"开始重视地下空间开发利用,在过去的四个五年计划时期,大规模的城市地下工程如高层建筑地下室、轨道交通、地下商场、大型地下停车场、地下变电站等公共基础设施建设得到快速发展。目前,城市地下空间作为新型国土资源已成为世界性发展趋势,并以此作为衡量城市现代化的重要标志,地下空间的开发与利用在当下及未来相当长一段时间内是我国大中城市建设发展的重点。

城市地下空间开发利用涉及城市规划、土木工程、地质工程、交通工程、环境工程、机械电子与信息工程、工程管理等众多学科,也涉及房地产、特种工程施工、机械设备制造等行业与产业,是一门综合交叉的新型学科,也是一项涉及面广的巨大新型产业。城市地下空间开发利用的科学和应用问题研究一直是国内外土木交通建筑领域的热点课题。对于土木工程类学科来说,地下空间领域的研究涉及规划设计、地质勘察、建设施工、安全评估、运维管理等相关技术和支撑理论。近年来,依托大规模的地下空间开发尤其是地下轨道交通建设,我国学者对地下空间开发建设相关理论与技术问题进行了大量研究,取得了显著成果,但由于我国幅员辽阔、地质环境条件复杂,加上进入21世纪中国各大中城市地下空间和轨道交通建设呈现井喷式发展,已有理论与技术研究远无法满足工程建设和运营管理的需求,尚未形成系统成熟的技术和管理规范。

目前我国在地下工程建设技术方面取得了大量创新成果,如软基处理技术、地层冻结法、复合地层盾构掘进技术、数字化地下工程等,然而在复杂地下工程岩土勘察设计及环境安全影响评价等方面仍然存在诸多理论与技术难题,由此导致的工程设计随意性大、变更设计频繁、沉降变形计算可靠性低、安全评估结果不可靠等问题频发,究其原因主要是对地质与岩土环境特征及其演化认识不够。当前岩土工程设计参数的获取手段仍以钻探取样室内重塑土试验为主、现场原位测试为辅,在地层分布、工程性质、土质参数及受工程活动扰动影响方面的认知往往很难符合实际,从而制约了地下工程理论研究及设计水平的提高。对此,国内诸多专家如沈珠江院士等曾大力呼吁"21世纪应加强原位测试研究与应用",以服务于日益复杂的地下工程勘察设计与建造工作。

由于受限于传感器技术、制造技术、理论与应用研究等方面的缺陷与不足,我国原位测试技术研究开发在20世纪总体落后于欧美发达国家,一些"高精尖"的原位试验设备(如多功能地震波孔压静力触探SCPTU、剑桥式自钻式旁压仪SPMT、梅纳旁压仪DMT、扁铲侧胀仪DMT等),主要靠从欧美发达国家进口。针对此种状况,东南大学自2005年始,开展了高精度多功能数字式孔压静力触探(CPTU)等原位测试技术的自主研发工作,目前已经研制形成了陆地与海洋静力触探成套测试系统,并在高速公路、轨道交通、长大桥梁、高速铁路及水下隧道、污染场地治理等重大基础设施工程建设中得到了大量应用推广,取得了显著的技术进步和经济效益。

本书即是在此背景下,重点针对地下工程岩土勘察设计与环境安全评价中存在的技术难题,结合实际工程案例,系统展示了作者围绕原位测试技术在地下工程中的应用研究成果,以供同行参考,并期望为推动地下工程原位测试技术的进步贡献绵薄之力。本书根据原位测试技术在地下工程建设关键环节中的应用情况进行章节安排,内容分成5章:绪论;地质环境条件精细化辨识与原位探测技术;基于原位测试的地下工程设计关键岩土参数研究、岩土小应变参数原位测试及基坑开挖环境影响模拟分析、地下工程开挖既有桩基卸荷响应原位测试评价方法。

其中,本书第 2 至第 5 章是依托东南大学交通学院地下工程系、东南大学岩土工程研究所、江苏省城市地下工程与环境安全重点实验室及东南大学城市地下空间研究中心,针对近年来围绕原位测试新技术在地下工程领域应用研究成果的系统展示,研究过程中得到了国家自然科学基金(40702047、51878157)、国家十二五科技支撑计划项目(2012BAJ01B02-01)、江苏省交通科技计划项目、江苏省建设系统科技项目、苏州市科技计划项目、常州地铁科技计划项目等项目的资助,参与项目研究的硕博士研究生包括高新南博士、李洪江博士、张明飞博士、王强博士、杨涛博士、刘文源博士、杨溢军硕士、谢政鑫硕士、赵宇豪硕士等;参与本书撰写的有东南大学刘松玉教授、李洪江教授、南京农业大学高新南副教授(现)、郑州航空工业学院张明飞副教授(现),在此,对东南大学城市地下空间研究团队所有成员及编写者的辛勤工作致以衷心感谢!

本书有幸出版,得到了东南大学 2024 年度研究生优秀教材建设项目的资助,还得到了国家自然科学基金等项目的资助。本书在撰写过程中,参阅引用了东南大学刘松玉教授课题组公开发表的文献和资料,并得到杜延军教授、杜广印教授、蔡国军教授等专家的指导和帮助,在现场试验方面得到了中交公路规划设计院有限公司、江苏省交通工程建设局、江苏省建设工程设计施工图审图中心、华设设计集团股份有限公司、苏州地质工程勘察院、常州市规划设计院等单位的协助支持,在此一并表示衷心感谢!由于作者水平有限,书中不足之处在所难免,望读者批评指正。

作者

2023 年 12 月于南京

目 录 | CONTENTS

第1章 绪论 ··· 001
  1.1 研究背景 ··· 001
  1.2 国内外研究现状分析 ·· 005
      1.2.1 原位测试技术发展与应用概述 ··· 005
      1.2.2 地下工程原位测试技术研究现状 ·· 007
      1.2.3 多功能数字式CPTU原位测试技术的研发及应用情况 ············· 013

第2章 地质环境条件精细化辨识与原位探测技术 ····················· 019
  2.1 基于CPTU原位测试的土分类方法研究 ······································· 019
      2.1.1 国内外土分类方法概述 ··· 019
      2.1.2 基于CPTU的中国土分类方法研究 ··· 023
  2.2 基于CPTU原位测试的地层精细化辨识分析方法研究 ················ 026
      2.2.1 基于聚类分析理论的CPTU土层划分方法 ······························ 026
      2.2.2 基于最优分割理论的CPTU土层划分方法 ······························ 034
  2.3 基于卷积神经网络的土体特性剖面空间变异性分析新方法 ········ 037
  2.4 基于电阻率静力触探（RCPT）的土体沉积环境特征分析研究 ····· 043
      2.4.1 试验概况 ·· 043
      2.4.2 基于RCPT的海相黏土沉积特性分析 ······································ 045

2.5 本章小结 ·· 050

第3章 基于原位测试的地下工程设计关键岩土参数研究 ··············· 053

3.1 基于原位测试的深基坑工程静止土压力系数的评价研究 ············· 053
    3.1.1 静止土压力系数影响因素 ·· 054
    3.1.2 基于原位测试确定静止土压力系数典型方法综述 ············ 055
    3.1.3 有效内摩擦角预测结果分析 ·· 060
    3.1.4 静止土压力系数预测结果分析 ····································· 063
3.2 土体应力历史对降水诱发变形影响及其原位测试分析 ················ 067
    3.2.1 长江下游冲积平原地区应力历史统计分析 ······················ 067
    3.2.2 土体应力历史对工程降水引起土体变形的影响 ··············· 074
    3.2.3 超固结比 OCR 原位测试研究 ······································ 078
3.3 基于 CPTU 的土体渗透系数确定方法试验研究 ························· 088
    3.3.1 基于 CPTU 的渗透系数解确定方法 ······························ 088
    3.3.2 基于 CPTU 的渗透系数改进分析方法研究 ····················· 092
    3.3.3 不同渗透系数确定方法的评价比较 ······························· 096
3.4 本章小结 ·· 108

第4章 岩土小应变参数原位测试及基坑开挖环境影响模拟分析

··· 115

4.1 基于 SCPTU 的剪切波速测试方法概述 ····································· 115
    4.1.1 工作原理与测试方法 ·· 116
    4.1.2 SCPTU 试验与单孔法试验结果的对比 ·························· 117
4.2 基于 CPTU 测试参数的剪切波速预测方法研究 ························· 118
    4.2.1 已有 CPT-V_s 关系式的评价比较 ································ 118
    4.2.2 适用于长江漫滩区典型沉积土的 CPT-V_s 关系式 ········· 126
4.3 考虑土体小应变特性的基坑开挖环境影响模拟分析 ··················· 129
    4.3.1 基坑工程中土体小应变特性应用研究现状 ······················ 130
    4.3.2 考虑土体小应变特性的基坑三维有限元模拟方法 ············ 131

  4.3.3 基坑围护结构变形及环境效应分析比较 ·············· 137
 4.4 本章小结 ·· 146

第5章 地下工程开挖既有桩基卸荷响应原位测试评价方法 ········· 150

 5.1 开挖卸荷对邻近桩基水平承载影响原位测试评价 ············· 150
  5.1.1 试验设计 ·· 151
  5.1.2 CPT 原位测试 ·· 153
  5.1.3 开挖前后 CPT 测试 p-y 曲线对比 ·································· 155
  5.1.4 桩基水平承载卸荷响应特征及分析模型 ·························· 158
  5.1.5 开挖卸荷致桩基水平承载力损失 ······································ 165
 5.2 开挖卸荷对坑底桩基水平承载影响原位测试评价 ············· 167
  5.2.1 场地描述 ·· 168
  5.2.2 CPT 原位测试与试桩试验 ·· 169
  5.2.3 开挖前后 CPT 测试 p-y 曲线对比 ·································· 170
  5.2.4 坑底桩基卸荷响应特征及水平承载力损失 ······················ 176
 5.3 地下工程开挖卸荷环境下桩-土相互作用机理研究 ··········· 181
  5.3.1 数值分析模型 ·· 181
  5.3.2 桩-土相互作用 p-y 曲线演化 ··· 185
  5.3.3 不同影响因素下被动桩 p-y 响应规律 ··························· 187
 5.4 本章小结 ·· 197

第1章
绪 论

1.1 研究背景

改革开放四十多年来,随着我国城市建设的快速发展及城市人口密度的不断增加,合理地开发与利用地下空间资源已成为各大中城市可持续发展的重要需求。地下轨道交通、高层建筑地下室、地下商业街、地下人防通道、地下综合管廊、地下仓储物流等各种类型的地下空间都在大规模规划建设,并向大型地下综合体甚至地下城等地上地下立体化综合利用模式发展。根据中国工程院战略咨询中心发布的《2022中国城市地下空间发展蓝皮书》[1],截至2021年底,我国城市地下空间建设规模累积面积达27亿 m^2。以轨道交通为例,全国已经有67座城市拥有轨道交通,运营里程超过1万 km,地下工程的规模与建设水平处于国际空前水平,中国已成为名副其实的地下空间开发利用大国,城市地下空间开发由此也成为未来发展的重要增长极,将大大助力21世纪宜居美丽城市的建设。

作为地下空间开发的控制性工程,深基坑与隧道工程属于典型的隐蔽工程,均赋存于复杂的地质岩土环境之中,特别是岩土介质由于其多相性、散粒性、自然性、变异性等特点,具有十分复杂的工程力学性质,加上在城市地面空间日益狭小的今天,地下工程建造涉及的周边环境也变得越来越复杂,这给地下工程的设计与施工都带来了严峻挑战。

岩土与地下工程的力学问题基本有三类:强度与稳定问题、变形与位移控制问题、岩土渗流与多场耦合问题[2],开展这些理论计算与分析的关键之一是合理确定岩土工程参数,一般来说,岩土工程参数可简单地分为两大类:一是初始参数,包括粒度、矿物成分、稠度、初始应力状态参数等;二是与变形、稳定分析相关的参数,包括强度、渗透、压缩变形、刚度指标等,如图1-1所示。

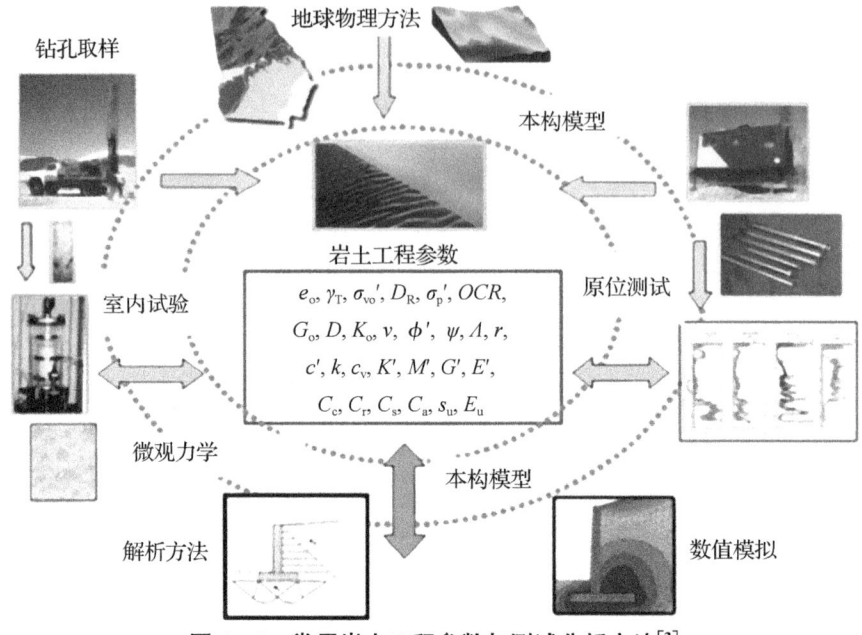

图1-1 常用岩土工程参数与测试分析方法[3]

地下工程建设的安全性和稳定性依赖于工程资料的详细与可靠,由于自然条件及工程活动复杂多变,确定岩土工程参数并开展合理设计往往成为工程建设的关键要素,是保证工程质量、缩短周期、降低造价、提高社会经济效益的核心。合理、可靠的设计参数不但可以避免工程问题的发生,而且可以避免工程设计过于保守。然而,工程建设中经常出现设计参数不可靠或不完整,计算模型、设计方法与实际不符合等弊端,导致施工过程中不断变更设计、沉降变形计算可靠性低、支护结构设计随意性大等问题,严重的甚至会引发一系列的工程安全事故与环境土工灾害问题,如支护结构整体坍塌失稳、作业面突涌水、周边地面沉降、临近建构(筑)物开裂等,造成巨大经济损失或社会安全问题,影响正常工程建设活动。

岩土工程参数获取依靠各种土工测试技术,主要包括室内试验技术、土的特殊性质试验技术、现场原位测试技术、室内模型试验和土工监测技术等,各种测试手段各有其优缺点。其中,钻孔取样、室内试验已形成成熟、规范的操作流程,测试可控度高,然而其也存在一系列的缺点,如钻孔取样成本高、土样扰动大及小尺寸试样代表性不强等，试验结果难以准确反映地基岩土的真实状态，正如沈珠江院士所言："尽管可以通过努力把取样扰动和切样扰动降低到最小限度，但是试样从地层深部取出时因应力释放而引起的扰动是永远无法避免的"[4]，尤其是工程实践中，虽然可以通过初勘、详勘进行岩土特性的多阶段测试，但往往忽略施工过程这一关键环节对岩土的扰动及其判定方法，故室内试验所得参数与实际场地土体基本参数存在较大差异，如直接采用室内试验获得的参数进行相关设计计算，则很大可能会给地下工程安全带来隐患。

原位测试技术(in-situ testing)是在原位条件下对岩土性能进行测试的一种技术，它无须取样，简便快捷，可以在微扰动条件下对原位土体物理力学性质进行探测，是准确获得土性参数的有效方法。近年来，原位测试技术由于其诸多优点已在岩土与地下工程领域中占有越来越重要的地位，主要表现在：

(1) 通过获取土性沿深度近似连续变化的测试曲线，准确判定场地土体水平和竖向的变异性；

(2) 对松散砂土、结构性较强的软土，原位测试大大避免了取样扰动问题，进而可以比较可靠地得到土体原位特性信息；

(3) 避免了室内试验的诸多技术缺陷，特别是对原位应力状态、温度和化学以及生物环境等条件的测试；

(4) 大范围地层的原位测试，远超出室内试验所允许的范围，可有效反映宏观结构对土体性质的影响；

(5) 除了可以在不同勘察阶段开展原位测试外，尤其适合于在施工期间，根据设计优化或事故调查等特殊需要进行快速补充测试，可对地层扰动特性进行原位识别测试；

(6) 与室内土工试验相比，原位测试更加快捷、经济，可以缩短工程周期和节约工程成本。

国外荷兰、意大利及法国的工程师在20世纪分别研发成功三类原位测试技术：孔压静力触探技术(CPTU)、扁铲侧胀技术(DMT)及旁压试验技术(PMT)，近年来更在数字化、多功能化、产品系列化等方面取得显著进展，形成了以上述三种技术为主的原位测试技术"家族"(图1-2)，随着理论与技术层面研究的逐渐成熟，工程应用领域也逐步扩大，包括岩土与地下工程、环境岩土工程、海洋岩土工程等，应用场景涵盖了陆地、海洋、沙漠、极地、冰川冻土及行星等。

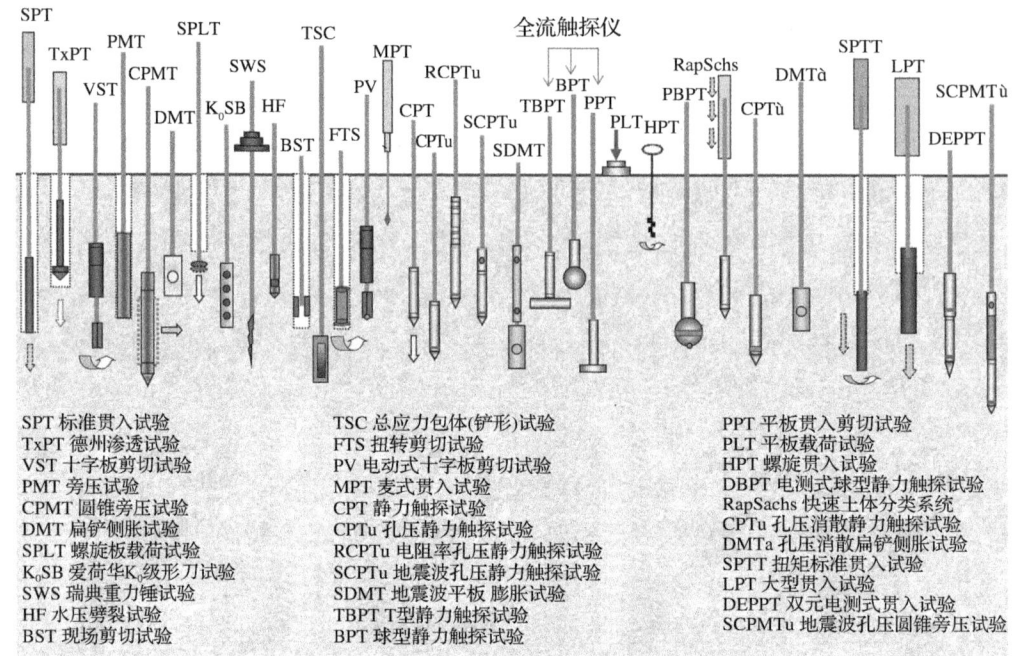

图 1-2 国际上原位测试技术"家族"谱系图[5]

国内虽然早在 20 世纪五六十年代就引进了三种主要原位测试技术（CPT、DMT 和 PMT），然而由于受限于传感器技术、制造技术、理论与应用研究等方面的缺陷，我国在原位测试技术与理论研究方面一度落后于英法美意加等欧美发达国家，制约了其在工程实践中的应用水平，沈珠江院士等也曾大力呼吁"21 世纪应加强原位测试研究与应用"[4]。随着以轨道交通为代表的地下空间开发力度的加大，国内学者围绕深基坑与隧道工程设计与施工控制技术开展了大量研究，尤其在软土地下工程领域取得了不少创新成果，但同时尚应注意到，国内地下工程领域的相关规范及工程案例仍基本要求采用室内试验所获得的土工参数进行地下工程设计计算。由于地质条件和环境条件的复杂性，基于室内试验的测试结果往往与实际不符，导致地基沉降变形量过大、结构失稳等问题频繁发生，为此，国内在地下工程勘测与设计方面亦加强了对原位测试工作的要求，比如《城市轨道交通岩土工程勘察规范》[6]中提出要求开展动力触探、静力触探、旁压、扁铲、十字板、波速、载荷试验、原位直剪、岩土原位应力、地温等原位测试，原位测试的内容可以说非常全面，但目前对于原位测试结果的解译及直接应用仍然不足,通常只将原位测试技术作为室内试验的辅助手段之一,所获取的大量原位测试数据信息在地下工程设计中的直接应用更是远远不够,原位测试发挥的技术支撑作用与测试投入不匹配。可以说当前现代原位测试技术的应用和发展已经成为发达国家土工测试技术研究的热点,也是我国土工测试技术需要重点发展的方向。

在上述背景下,东南大学自2004年起的近二十年来,针对我国原位测试技术与国际先进技术在理论研究与工程应用上的差距,在国家自然科学基金、十二五科技支撑等项目的资助下,对孔压静力触探(CPTU)技术进行了持续的自主研发工作,形成了成套的数字式高精度多功能CPTU测试系统,并在轨道交通、公路、桥梁、铁路、机场、工民建、市政等领域进行了大量的现场测试,尤其是,依托南京地铁、苏锡常地铁、长江过江隧道、太湖隧道、南京江北新区地下综合体、南京江北新区综合管廊等地下空间开发建设工程,将原位测试技术全面应用于地下工程的勘察设计与环境安全评价全过程,通过将原位测试、理论分析与工程实践应用相结合,为地下工程的相关设计计算提供新的思路,以促进我国原位测试技术的发展及其在地下工程领域的推广应用。

1.2 国内外研究现状分析

1.2.1 原位测试技术发展与应用概述

岩土工程试验研究表明,不同试验方法及不同数据处理方法得到的岩土体参数指标往往具有较大的差异,甚至不同的试验方法可以得出截然不同的土体抗剪强度指标等参数,加之取样扰动对土体参数的影响,设计参数取值往往与现场实际不符,究其原因,主要是因为:加载的应力途径不同、作用时间不同、含水量变化、排水条件和固结程度不同、搅和影响、风化作用、受力状态影响、土体各向异性影响等[7],由此,基于室内试验的传统主导设计理念也是导致工程设计计算可靠性低、设计随意性大、频繁变更方案的重要原因。

因可避免岩土样的运输过程扰动、室内试验前的含水量损失和尺寸效应等产生的问题,取得难以取得代表性原状样的岩土材料指标和获得相对连续的岩土特性分布数据,以及相对工期较短的优势,原位测试技术的应用与研究一直受到业界的重视[8],成为岩土工程勘察的重要方法,在岩土与地下工程勘察设计的分析中发挥了重要的作用。

国际上自20世纪五六十年代开始相继发明了以静力触探(CPT)、扁铲侧胀试验(DMT)、旁压试验(PMT)为代表的原位测试技术,并在其设备功能完善、理论分析、资料解译及试验应用方面得到了全方位的发展[9],目前已成为岩土与地下工程测试的得力手段,国内诸多学者也呼吁"21世纪应加强原位测试研究与应用"。自20世纪80年代以来,国际上原位测试技术进入快速发展期,CPT、DMT和PMT等原位测试技术无论在产品技术的多样化与多功能化、理论分析方法的完善化及应用领域的拓展方面均已达到极高的水平,在中国,CPT、DMT和PMT测试技术已有超过70年的发展历史,目前,它们也已成为岩土勘察中常用的原位测试技术。

图1-2展示了目前国际上主要的原位测试系列技术及其演变,图1-3给出了三种原位测试技术的国际主流装备,表1-1给出了主要原位测试技术适用范围及精度评价,表1-2给出了三种主要原位测试技术在工程实践中的应用情况。由图1-2及表1-1、表1-2可以看出,多功能孔压静力触探技术(地震波与电阻率孔压静力触探,S&RCPTU)作为当前国际上主流的原位测试技术,应用最广,且具有快速便捷、无须取样、采集数据量大、干扰小及费用低廉的优点,尤其适用于轨道交通、高速公路、铁路、综合管廊这种线形分布、范围宽广的大型基础设施建设工程。

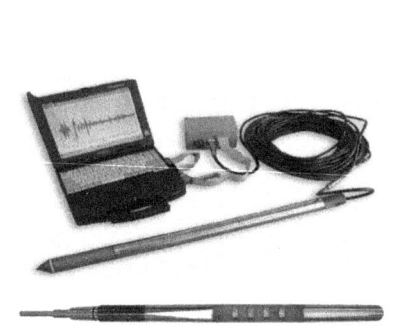
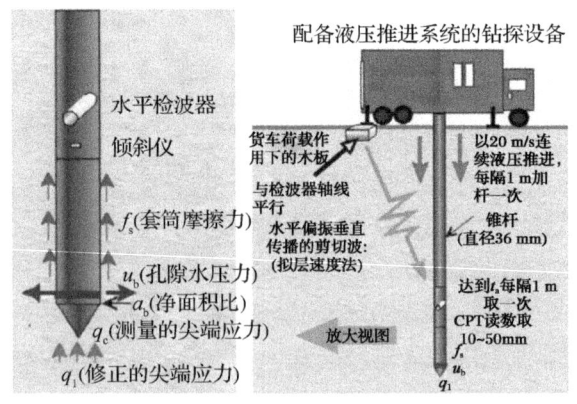

仪器设备　　　　　　　　　　　　　　　试验原理
(a) 地震波与电阻率孔压静力触探(S&RCPTU)

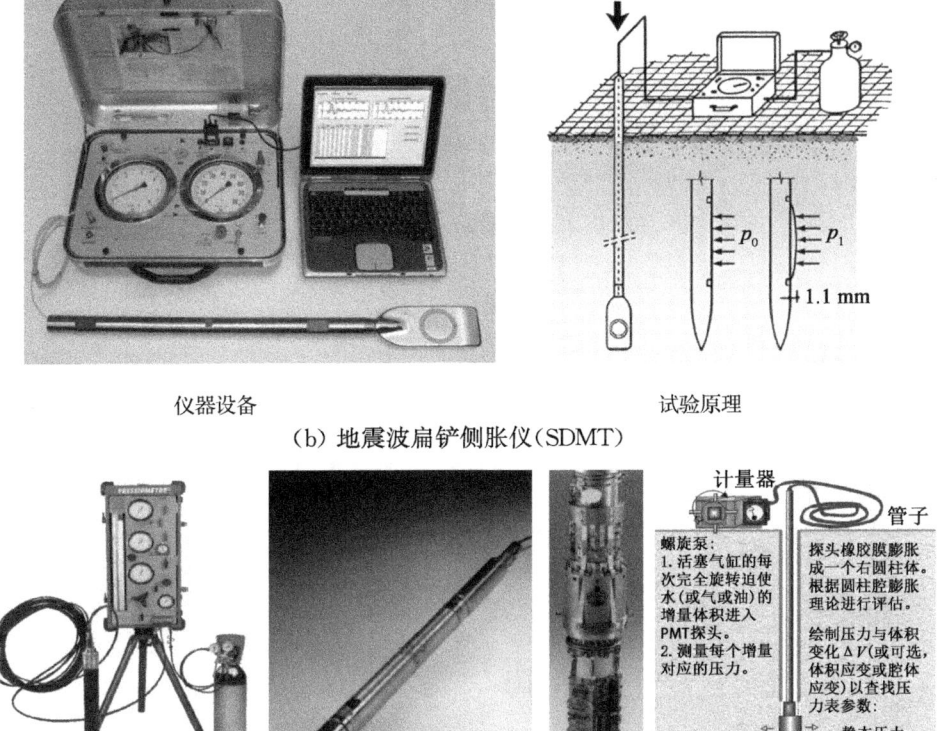

仪器设备　　　　　　　　　　　　试验原理
(b) 地震波扁铲侧胀仪(SDMT)

仪器设备　　剑桥自钻式旁压仪　　　试验原理
(c) 旁压仪

图1-3　三种原位测试技术的国际主流装备及其测试原理示意图

1.2.2　地下工程原位测试技术研究现状

地下工程建造涉及基坑与隧道开挖工程,建成后的地下工程结构隐蔽于地层之中,施工活动、既有结构都与周边地层环境之间存在复杂的耦合关系,总体上来说,地下工程领域研究的科学技术问题主要包括:岩土变形稳定性问题、地下结构与周围岩土环境的相互作用关系、岩土性能演变及地下结构体系的动态响应问题等[10]。这些问题的研究涉及土的分层与分类、岩土参数的确定、本构模型及解析方法的构建、计算结果的评价应用等,其中,土的分层与分类、岩土参数作为设计计算的基础数据,如何准确获取成为地下工程建造的关键。表1-3~1-4列出了基坑与盾构隧道工程设计计算所需的参数[6],表1-5列出了各种参数的测试方法。

表 1-1 主要原位测试技术适用范围及精度评价一览表

分类	设备	定名土	测剖面	u	φ	S_u	D_r	M_v	C_v	K_0	G_0	σ_h	OCR	$\sigma-\varepsilon$	硬岩	软岩	砾石	砂土	粉土	黏土	泥炭	判液化	承载力
触探	动力触探 DCP	C	B	—	C	C	B	—	—	—	—	—	—	—	—	—	C	A	A	B	B	B	B	C
	标准贯入 SPT	A	B	—	B	B	B	—	—	—	—	—	—	—	—	—	C	A	A	B	B	C	A	B
	机械式 CPT	B	A	—	B	C	C	—	—	—	—	—	—	—	—	—	C	—	A	A	A	A	A	C
	电测式 CPT	B	A	—	B	B	C	—	—	—	—	—	B	—	—	—	C	—	A	A	A	A	A	B
	CPTU	A	A	A	B	B	C	C	A	—	—	B	B	B	—	—	C	—	B	A	A	A	A	B
	SCPTU	A	A	A	B	B	C	C	A	—	—	B	B	B	—	—	C	—	B	A	A	A	A	B
	RCPTU	A	A	A	B	B	C	C	A	—	A	B	B	B	—	—	C	—	B	A	A	A	A	B
旁压	预钻孔 PBPMT	B	B	—	C	B	C	C	C	—	A	C	C	A	A	B	B	B	B	B	C	—	C	A
	自钻孔 SBPMT	A	B	A	A	B	B	A	A	A	A	A	B	A	A	B	—	B	B	A	A	B	C	A
	全应变式 FDPMT	C	B	B	C	B	C	B	A	C	B	B	C	C	—	C	—	B	B	B	A	A	C	A
	压入式 PPMT	A	B	B	C	B	C	A	A	C	B	B	C	C	—	—	—	B	A	A	A	A	C	A
扁铲	DMT	B	A	—	—	C	B	—	—	B	B	B	B	B	—	C	—	—	A	A	A	A	B	B
十字板	FVT	C	C	—	—	A	—	—	—	C	—	—	B	—	—	—	—	B	—	—	B	—	—	B
载荷	平板载荷 PLT	B	B	—	C	B	B	—	C	C	B	B	B	B	—	B	B	A	B	A	A	A	—	A
	螺旋板载荷 SPLT	C	C	—	C	B	B	—	B	C	B	B	B	B	—	—	B	—	B	A	A	B	—	A
	钻孔渗透测试（抽水,注水）	C	—	A	—	—	—	B	—	—	—	—	—	—	A	—	—	—	—	A	A	A	B	—	—
	水裂法	—	—	A	—	—	—	—	—	—	—	—	A	B	—	B	B	B	C	B	B	A	C	—

008

续表 1-1

分类	设备	定土名	测剖面	土参数											地基土类型							判液化	承载力
				u	φ	S_u	D_r	M_v	C_v	K_0	G_0	σ_h	OCR	$\sigma\text{-}\varepsilon$	硬岩	软岩	砾石	砂土	粉土	黏土	泥炭		
	波速测试(CH,DH,面波)	C	C	—	—	—	—	—	—	—	A	—	—	—	A	A	A	A	A	A	A	B	—
	K_0 测量板	—	—	—	—	—	—	—	—	B	—	B	—	—	—	—	—	B	A	A	B	—	—
	核子密度仪	—	—	—	—	B	A	—	—	—	C	—	—	C	—	—	—	A	A	A	A	—	—

注:A 为很适用;B 为适用;C 为精度较差;— 为不适用;u 为孔压;φ 为土的内摩擦角;S_u 为土的不排水抗剪强度;D_r 为砂土相对密实度;M_v 为土的侧限模量;C_v 为土的固结系数;G_0 为土的最大剪切模量;K_0 为土侧压力系数;OCR 为土的超固结比。

表 1-2 主要原位测试技术在岩土与地下工程中的应用比较

	岩土工程性质指标									工程设计与评价								
设备	土质剖面	分类分层	状态参数	变形参数	强度参数	固结系数	渗透系数	孔隙水压力	静止土压力系数	超固结比	动力参数	桩基/浅基承载力	桩基竖向沉降	地基液化评价	地基污染评价	桩基处理评价	地层水平承载力	基坑扰动评价	隧道设计
单桥/双桥 CPT	√	√	√	√	√	—	—	—	—	—	—	√	√	√	—	√	√	√	√
多功能 S&RCPTU	√	√	√	√	√	√	√	√	—	√	√	√	√	√	√	√	√	√	√
SDMT	√	√	√	√	√	—	—	—	√	√	√	√	√	√	—	—	√	—	√
预钻式 PMT	√	√	√	√	√	—	—	—	√	—	—	√	—	—	—	—	√	—	√
自钻式 SPMT	√	√	√	√	√	√	—	√	√	√	—	√	—	—	—	—	√	√	√

注:"√"表示可提供;其中基坑、隧道设计涉及支护结构受力、地下水降水、地层变形与稳定性分析等内容。

表1-3 明挖法工程设计岩土参数表

开挖施工方法		密度	黏聚力	内摩擦角	静止侧压力系数	无侧限抗压强度	十字板剪切强度	水平基床系数	水平抗力系数的比例系数	回弹及回弹再压缩模量	弹性模量	渗透系数	土体与锚固体黏结强度	桩基设计参数
放坡开挖		√	√	√	—	√	√	—	—	—	—	√	—	—
支护开挖	土钉墙	√	√	√	—	√	○	—	—	—	○	√	○	—
	排桩	√	√	√	√	√	○	√	√	○	○	√	○	○
	钢板桩	√	√	√	√	√	○	√	√	—	—	√	—	—
	地下连续墙	√	√	√	√	√	○	√	√	○	○	√	○	○
	水泥土挡墙	√	√	√	—	√	—	—	—	—	—	√	—	—
盖挖		√	√	√	—	√	○	√	√	○	√	√	—	√

注:表中"○"表示可提供,"√"表示应提供,"—"表示可不提供。

表1-4 盾构隧道设计岩土参数表

类别	参数
地下水	1. 地下水位; 2. 孔隙水压力; 3. 渗透系数
力学性质	1. 无侧限抗压强度; 2. 黏聚力、内摩擦角; 3. 压缩模型、压缩系数; 4. 泊松比; 5. 静止侧压力系数; 6. 标准贯入锤击数; 7. 基床系数; 8. 岩石质量指标(RQD); 9. 岩石天然湿度抗压强度
物理性质	1. 比重、含水量、密度、孔隙比; 2. 含砾石量、含砂量、含粉砂量、含黏土量; 3. d_{10}、d_{50}、d_{60} 及不均匀系数 d_{60}/d_{10}; 4. 砾石中的石英、长石等硬质矿物含量; 5. 最大粒径、砾石形状、尺寸及硬度; 6. 颗粒级配; 7. 液限、塑限; 8. 灵敏度; 9. 围岩的纵、横波速度; 10. 岩石岩矿组成及硬质矿物含量
有害气体	1. 土的化学成分; 2. 有害气体成分、压力、含量

表 1-5 地下工程主要设计参数及其确定方法一览表

参数	试验											
	固结试验	三轴CD	三轴CU	三轴UU	直剪试验	标准贯入	静力触探	扁铲试验	十字板剪切	室内渗透	抽水试验	载荷试验
重度 γ_w							A					
黏聚力 c		D	D	D	D		A					
内摩擦角 φ		D	D	D		A	A					
有效黏聚力 c'		D	D	D			A					
有效内摩擦角 φ'		D	D	D		A	A					
不排水抗剪强度 S_u						A	A		D			
静止侧压力系数 K_0							A	A				
压缩模量 E_s	D						A					D
压缩系数 a	D											
渗透系数 k							A			D	D	
基床系数 K								A				D

注：D 表示该参数可以直接由试验得到；A 表示该参数可由试验经验关系得到。

对于基坑与隧道工程相关的理论分析、数值模拟及工程设计计算来说，需要从五个方面对土性进行全面的描述：(1) 土的初始状态；(2) 变形特性；(3) 强度特性；(4) 渗流与固结；(5) 动力特性。从这些表中可以看出，在土压力计算、变形与稳定分析、渗透稳定性分析中，土的状态参数（K_0）、强度参数（黏聚力、内摩擦角）、变形参数（压缩模量）、渗透参数等最基本、最重要的设计参数主要通过室内三轴试验、渗透固结试验等获得。而基于 CPTU 等原位测试技术直接确定这些参数并应用于深基坑与隧道工程设计中的研究总体较少。

随着国际上原位测试技术的迅猛发展，CPT、DMT、PMT 等原位测试技术已被广泛运用于测定土性参数，并将其直接运用于基坑与隧道工程设计中，如 Liu[11] 应用剑桥式旁压仪为英国穿越伦敦中心城区的 22 km 地下铁路 Cross Rail 的建造提供了设计参数（图 1-4）；在中国目前有超过 60 个城市开展大规模轨道交通建设，在轨道交通岩土工程勘察中，已普遍要求开展 SPT/CPT/DMT/PMT 等原位测试，推动原位测试技术与室内试验相互结合，已经成为获取可靠岩土设计参数的重要手段，并在地下开挖施工扰动评价等方面进行了拓展应用，如孙钧[12] 等通过现场试验验证了静力触探等测试技术用于分析土体开挖卸荷特性研究的可行性，李赞[13] 等以不排水抗剪强度为评价指标，建立了基于孔压静力触探（CPTU）锥尖阻力的黏性土基坑开挖扰动评价方法，陈云敏[14] 根据不排水抗剪强度和锥尖阻力之间的关系定义了扰动度,对宁波地铁 1 号线盾构掘进引起的周边土体扰动情况进行了评价。

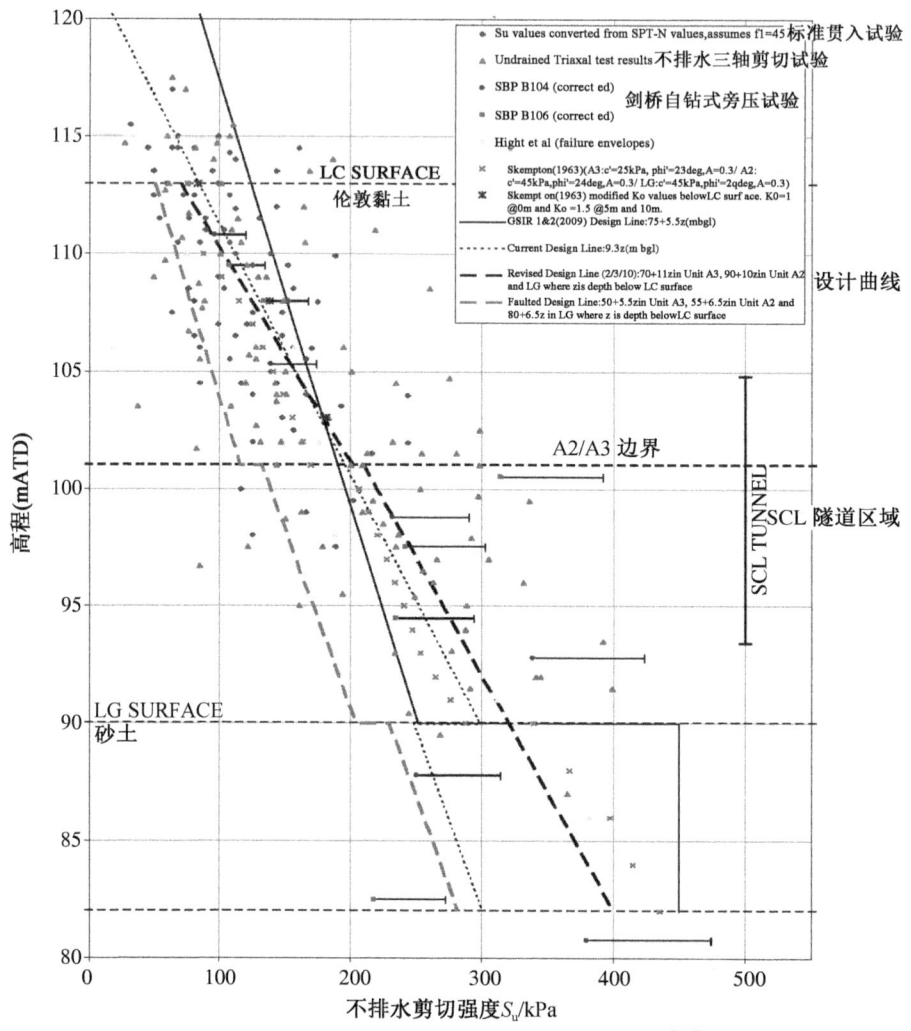

图 1-4　伦敦黏土抗剪强度参数的测试比较[11]

研究还表明,CPTU 因其贯入的大变形特征,对强度参数(S_u、c、φ)的确定尤其适用,且孔压 u_2 测试对软土应力历史与状态具有较好的敏感性,在渗透固结特性分析方面也有完善的理论与方法;而 DMT 则适于确定在小变形至工作状态应变下的模量(ED、MDMT)、应力历史与状态(OCR、K_0)等指标,但因其钢膜最大膨胀量仅为 1.1 mm,其对强度参数预测的可靠性相对 CPTU 较差;预钻或自钻式旁压(SBPMT)同样适于确定土模量、应力历史与状态等指标,其相对于 DMT 的优势是测试涉及的土体积及膨胀膜膨胀量要大得多,其劣势是因预钻式 PMT 的强扰动,难以分析低应变状态下的土模量;自钻式 SBPMT 虽然扰动很小,但往往操作复杂,测试结果严重依赖于技术人员的经验,特别是 PMT 膨胀机构长度尺寸(约 1 m)较大,一般难以开展近地表测试。这些研究表明,室内试验与原位测试技术各有优缺点,不同的原位测试都有其不同的适用条件,单一的原位测试技术往往不能同时满足复杂的岩土工程设计需求,为此,目前国际国内倾向于采用 2~3 种方法联合使用(CPT&DMT、CPT&PMT 等联合的方式),发挥各自方法的技术优势,相辅相成,可以获得更高的测试精度,从而在基坑与隧道工程设计等工程应用中发挥更大作用。

1.2.3 多功能数字式 CPTU 原位测试技术的研发及应用情况

针对我国岩土与地下工程实践的迫切需求,为缩短与国外原位测试技术方面的差距,2004 年东南大学引进一台美国原装 CPTU 测试系统,进行了大量工程测试研究。在此基础上,2008 年以来开始从孔压静力触探测试技术的硬件量测系统、数据采集系统、贯入系统和标定系统等方面进行了全面研发,同时开发了配套的 CPTU 数据后处理智能化分析软件。

图 1-5(a)给出了 CPTU 测试硬件系统的组成与架构,图 1-5(b)为 CPTU 贯入与量测系统的结构示意图,图 1-5(c)为 CPTU 测试技术的采集系统框架示意图,图 1-5(d)为所研发的高精度 CPTU 测试探头及其内部电路板实物图,图 1-5(e)为采集盒实物图与采集软件界面。

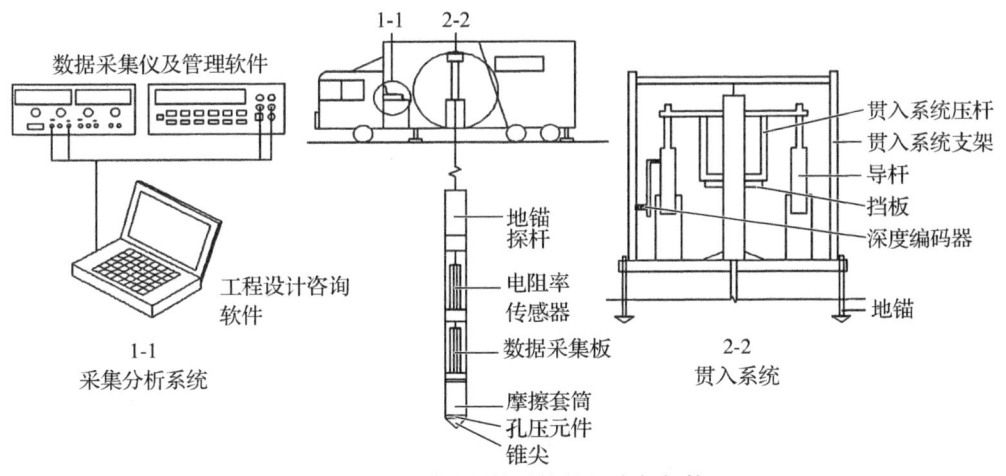

(a) CPTU 测试硬件系统的组成与架构

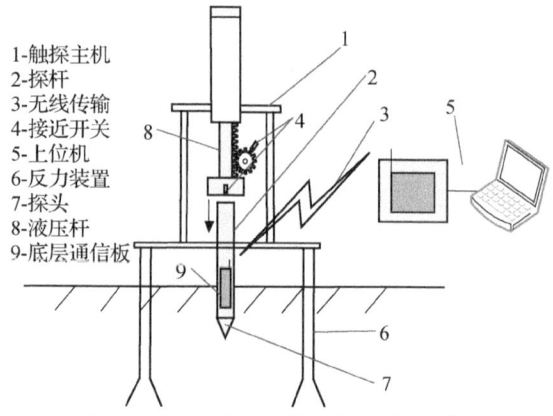

(b) CPTU 贯入与量测系统结构示意图

1-触探主机
2-探杆
3-无线传输
4-接近开关
5-上位机
6-反力装置
7-探头
8-液压杆
9-底层通信板

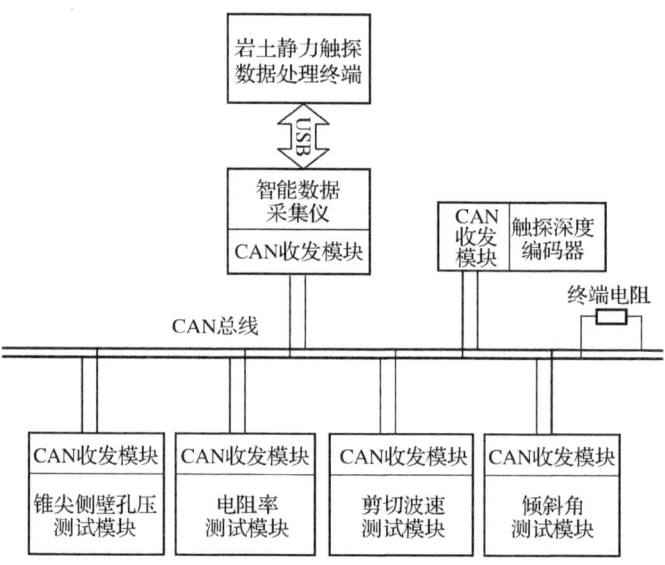

(c) CPTU 测试采集系统框架示意图

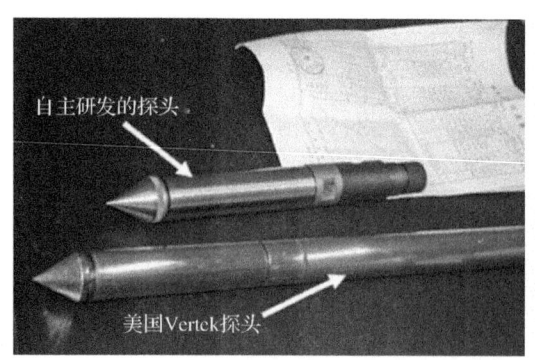
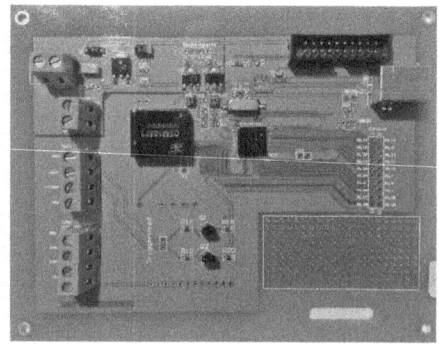

(d) 研发的多功能 CPTU 探头与内部采集板实物图

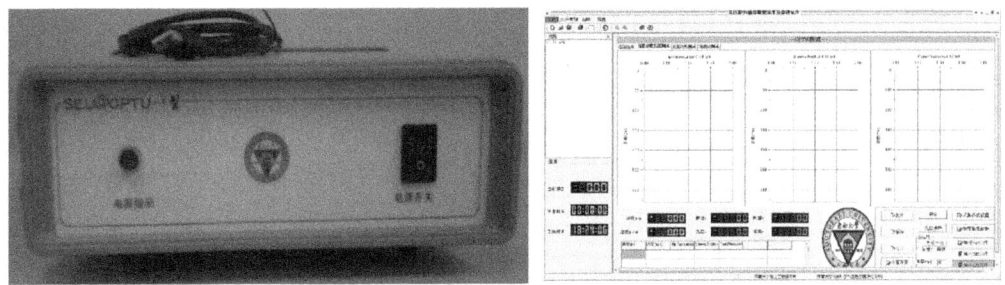

(e) 研发的 CPTU 数字式采集设备与采集软件界面图

图 1-5 高精度 CPTU 设备硬件量测与采集系统的研发

对于孔压静力触探技术而言，CPTU 数据后处理软件的研发对测试技术的推广尤为重要，能有效地解决勘察、设计人员对 CPTU 技术不够了解的难题，图 1-6 展示了自主研发的 CPTU 测试数据分析系统，集成关键岩土参数的计算公式开发出一套与之匹配的数据后处理软件，软件的主界面如图 1-6(a)所示。软件实现了 CPTU 测试资料在土分类与土层划分、土工参数估算、固结消散试验资料解译、地震波速资料分析、桩基设计、地基承载力预测、沉降分析和土体抗液化能力评价等方面的应用，对促进 CPTU 测试系统在国内的大量推广应用创造了条件。图 1-6(b)给出了软件的孔压消散资料解译界面，图 1-6(c)为软件主要分析功能菜单，图 1-6(d)为利用该软件开展的典型土分类和土层划分结果，图 1-6(e)为典型的

(a) CPTU 数据后处理软件主界面

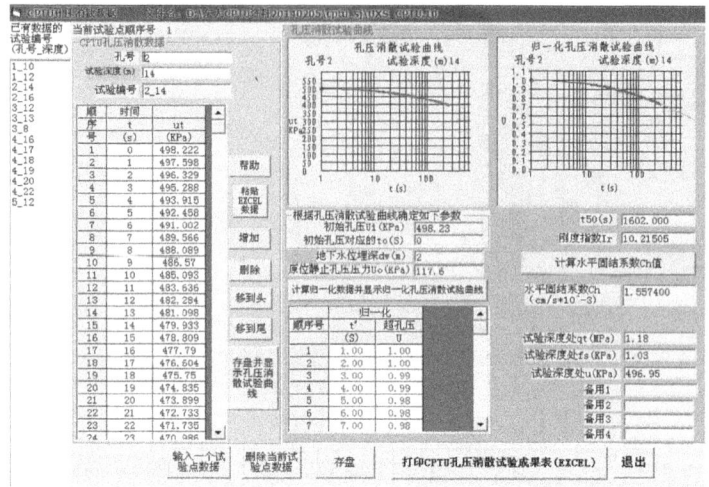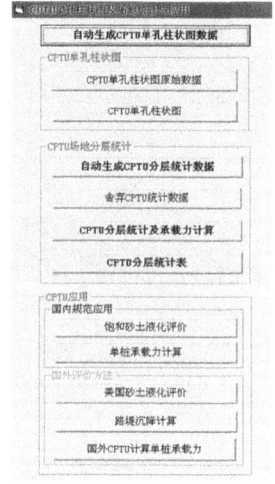

(b) CPTU 数据后处理软件孔压消散资料解译　　(c) CPTU 数据后处理软件功能菜单

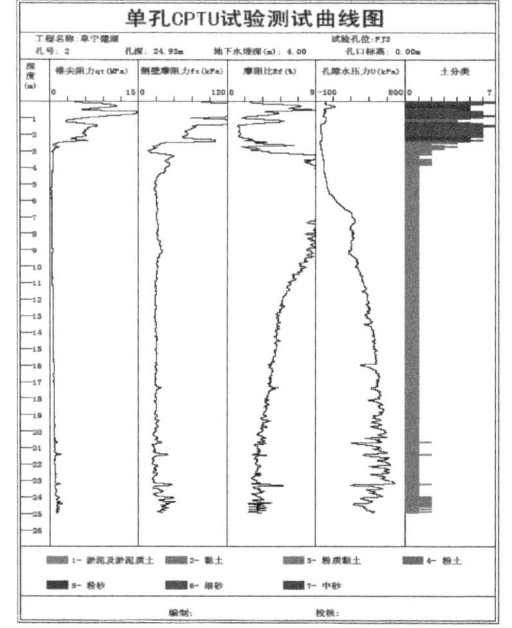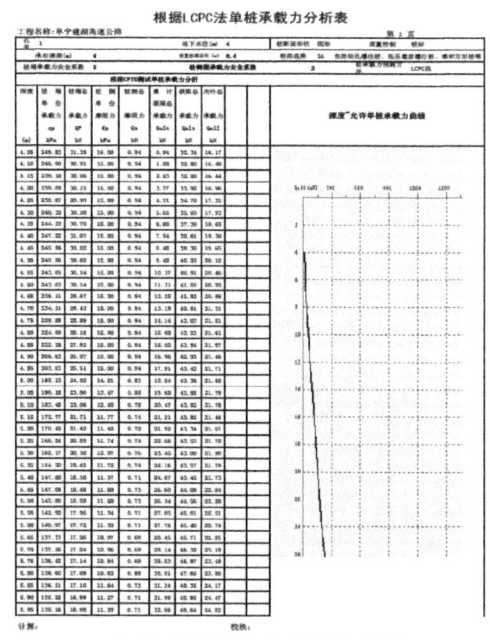

(d) 典型土分类结果　　　　　　　　(e) 典型桩基承载力设计结果

图 1-6　多功能 CPTU 数据后处理软件研发

桩基设计结果。所研发的软件相比国内静力触探数据分析软件而言,具有如下优点:(1) CPTU 曲线自动分层,无须人为划分;(2) 与国际 CPTU 数据采集系统相匹配,可促进国内外交流;(3) 与设计软件相结合,便于服务国内勘察设计行业;

(4) 语言环境的优化,降低了软件对计算机环境的要求。

在上述研发工作基础上,东南大学以江苏省轨道交通、高速公路、桥梁、工民建等基础设施建设为依托,选择江苏典型沉积成因软弱土:苏北滨海相、里下河潟湖相、长江三角洲冲积相、太湖冲湖积相,在上百个场地进行多功能数字式CPTU测试,并结合单桥和双桥CPT测试、钻探、标贯、十字板及室内土工试验,对基于多功能CPTU的软土工程特性评价方法进行系统研究,建立了岩土与地下工程设计应用的指标体系,包括土的应力历史及初始状态参数、强度特性、变形特性和固结渗流特性,此方面的研究成果将在后续章节结合具体分析问题进一步分析说明。

参考文献

[1] 中国工程院战略咨询中心,中国岩石力学与工程学会地下空间分会,中国城市规划学会. 2022中国城市地下空间发展蓝皮书[M]. 北京:科学出版社,2024.

[2] 中国工程院土木、水利与建筑工程学部编. 土木学科发展现状及前沿发展方向研究[M]. 北京:人民交通出版社,2012.

[3] 刘松玉,蔡国军,童立元. 现代多功能CPTU技术理论与工程应用[M]. 北京:科学出版社,2013.

[4] 沈珠江. 原状取土还是原位测试:土质参数测试技术发展方向刍议[J]. 岩土工程学报,1996,18(5):94-95.

[5] Mayne P W. Geoengineering Design Using the Cone Penetration Test[M]. Vancouver:ConeTec Inc,2009.

[6] 中华人民共和国住房和城乡建设部. 城市轨道交通岩土工程勘察规范:GB 50307—2012[S]. 北京:中国计划出版社,2012.

[7] 李同录,刘文红,李萍. 黄土抗剪强度参数的反演分析及其空间变化规律[J]. 水文地质工程地质,2016,43(6):101-106.

[8] 刘松玉,吴燕开. 论我国静力触探技术(CPT)现状与发展[J]. 岩土工程学报,2004,26(4):553-556.

[9] 童立元,刘漱,Binod Amatya,等. 岩土工程现代原位测试理论与工程应用[M]. 南京:东南大学出版社,2015.

[10] 王卫东,丁文其,杨秀仁,等. 基坑工程与地下工程:高效节能、环境低影响及可持续发展新技术[J]. 土木工程学报,2020,53(7):78-98.

[11] Liu L. Disturbance analysis of the self-boring pressuremeter tests[D]. Cambridge

University,2011.

[12] 同济大学地下建筑与工程系,同济大学孙钧学术讲座基金会.盛世岁月:祝贺孙钧院士八秩华诞论文选集[M].上海:同济大学出版社,2006.

[13] 李赞,刘松玉,吴恺,等.基于多功能CPTU测试的基坑开挖扰动深度确定方法[J].岩土工程学报,2021,43(1):181-187.

[14] 陈云敏.结构性软土原位回弹-再压缩模型及应用[C]//第四届全国岩土本构模型研讨会,2020.

第 2 章
地质环境条件精细化辨识与原位探测技术

地下工程结构赋存于复杂的岩土介质之中,所涉及岩土分类与地层剖面结构的准确划分是创建工程地质模型的关键,也是岩土与地下工程设计计算的基础性工作。工程中一般采取钻孔取样鉴别和室内土工试验相结合的方式进行土类划分、绘制钻孔柱状图及地质剖面图,当土层性质比较均匀时,其精度相对较高,但实际上土体的形成往往经历了复杂漫长的地质历史过程,地质成因与沉积环境变化可能较为剧烈,如河口三角洲、长江漫滩区、冲湖积区域等,地层结构的空间变异性往往较大。此外,由于受限于勘察经费,钻探取样数量有限,加上现场钻探编录工程师的工程经验和主观判断能力不稳定,常规的钻孔取样试验手段往往在地层剖面划分上比较粗糙,可能会导致土层界面位置、重要的夹层、关键层及其空间变化的判断失误或遗漏,由此确定的地层模型可能与实际不符,进而在地基沉降、土压力、桩基承载力等计算时产生较大的误差,为地下工程设计施工留下隐患,而 CPTU 等原位测试手段,因其可以获取近似连续的地层剖面,结合多个测试数据(q_t, f_s, u_2,电阻率)等,可以实现对土体类别及地层结构的比较准确的识别,更好地为地下工程设计计算服务。

2.1 基于 CPTU 原位测试的土分类方法研究

2.1.1 国内外土分类方法概述

1) 基于 CPT/CPTU 的土分类方法

土分类一直是 CPTU 等各种原位测试技术的主要工程应用之一,国内外针对基于 CPTU/CPT 的土类划分进行了大量研究,提出了多种结构完善的土分类方法。表 2-1 总结了中国与国际上提出的代表性 CPT/CPTU 土分类方法。

表 2-1 基于 CPT/CPTU 代表性土分类方法[1-3]

设备类别		代表性方法	分类指标	评价
单桥 CPT		武汉地区方法	p_s	中国特有,适用于武汉地区
双桥 CPT	中国	规范法(TBJ37-93 铁路系统)	R_f, q_c	铁路系统
		三角图法(孟高头方法)	Q_c, f_s, R_f	借鉴矿物学中岩石分类法,精度稍有提高,但操作麻烦
		双桥探头分类法(大庆油田设计院和长春地质学院)	R_f, q_c	适用于大庆地区
	国际	Begemann 方法	q_c, f_s	基于机械式 CPT
		Schmertmann 方法	Q_c, R_f	基于机械式 CPT,Tumay 改进
		Douglas 和 Olsen 方法	Q_c, R_f, f_s,土性指标 e, LI, K_0	Robertson and Campanella 简化
		Robertson 和 Campanella 方法	q_c, R_f	
		Olsen 和 Mitchell 方法	归一化锥尖阻力, R_f	
CPTU	中国	规范法(铁四院)	B_q, q_t, t_{50}	铁路系统
		张诚厚方法	$B_q, \lg(q_t/\sigma_e)$	划分成砂、粉质土(泥炭)、黏土,相对粗略
	国际	Senneset 和 Janbu 方法	q_t, B_q	未考虑 Δu 可能小于 0 的因素(超固结、剪胀性土)
		Jones 和 Rust 图方法	$*u, q_t - \sigma_{v0}$	考虑了 Senneset 图未考虑负孔压的欠缺
		Robertson 和 Campanella 方法	q_t, R_f, B_q,土性参数 OCR, S_t	未考虑上覆应力的影响,深度大于 30 m 时分类结果有偏差
		Wroth 和 Robertson 归一化土分类法	$Q_{tn}-F_r, Q_{tn}-B_q$, OCR, S_t, φ'	考虑了上覆应力,并简化了土类;国际流行方法同时考虑三个参数,并提出了土行为分类指数 I_c
		Jefferies 和 Davies 方法	$Q_{tn}-F_r-B$	
		Eslami 和 Fellenius 方法	Q_e, f_s	
		Lunne 分类法	$Q_{tn}, G_0/q_t$	
		Schneider 方法	$Q_{t1}, *u_2/\sigma_v$	可区分不同土类中的贯入排水状态
其他方法	基于数学统计的新方法	Zhang 和 Tumay 方法		基于概率与模糊理论方法
		Yasser A. Hegazy 方法		聚类分析方法

2）基于概率和模糊理论的土分类方法

CPT 在土类型识别和分类中的应用是根据 CPT/CPTU 测试剖面与基于钻孔的土类型数据库之间的比较及其相关性研究来实现的，因此，CPT 土分类取决于土体在探头贯入过程中的物理响应，而这与测试土体的力学性能直接相关。显然，CPT 土分类图不能提供基于土壤成分的土类型准确预测，而只能作为判断土壤行为类型的指南。由于土壤成分与力学性质之间的相关性较为复杂，特别是在土壤类型的过渡区，导致使用当前 CPT 分类图对土壤类型进行错误分类的可能性较高。为了解决此问题，Tumay 和 Zhang[4-5]等人研究提出了基于概率和模糊理论的 CPT 土分类方法（CPT-Based Probabilistic and Fuzzy Soil Classification）。该方法通过土壤分类指数 U 在土壤深度剖面上的变化反映属于不同土壤类型的可能性，从而更真实、更连续地反映了原位土壤特征，其中包括土壤类型的空间变化；进一步定义了三种土壤类型：高概率黏土（HPC），具有低强度、低渗透性和高压缩性；高概率砂土（HPS），具有高强度、高渗透性和低压缩性；高概率混合土壤（HPM），其特征介于 HPS 和 HPC 之间。以 Manwell Bridge、Evangeline 等地的试验为例（图 2-1），对基于概率和模糊理论的土分类方法与实际钻孔揭示情况进行了比较，结果表明，基于概率和模糊理论的土分类方法具有很好的一致性，能够

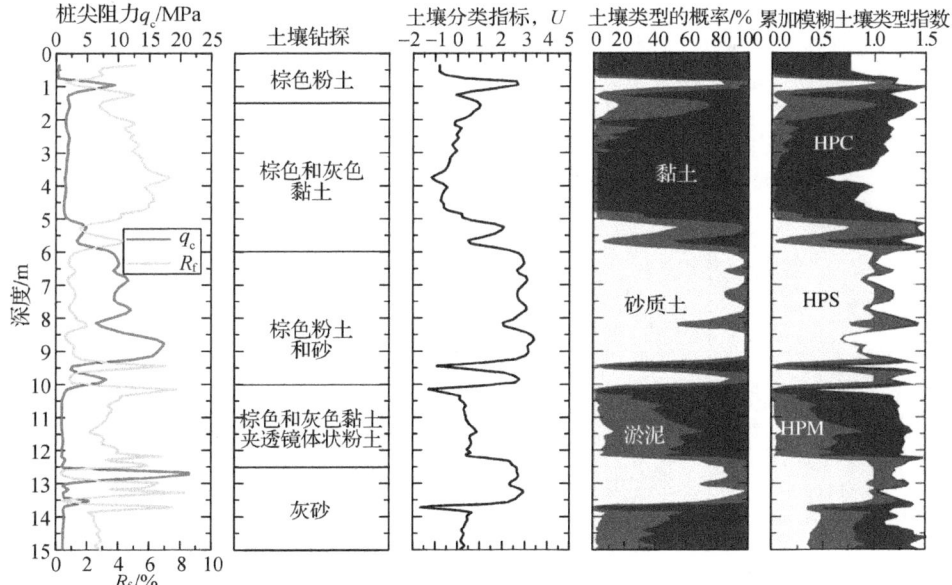

图 2-1　基于概率和模糊理论的土分类方法应用示例（Manwell Bridge，Evangeline）

高精度、连续详细地预测土壤类型随剖面深度的变化。同时还注意到概率与模糊分类指数的数值变化与土壤组成和性质之间的联系反映了土壤性质的整体观点,尽管这三类土壤表现出截然不同的土壤行为,但土壤类型之间的边界是"模糊的",从一种土壤类型到另一种土壤类型的变化是逐渐的。

3) 基于神经网络的土分类方法

近年来,模糊逻辑等软计算方法,特别是人工神经网络(ANN),由于其显著的计算分析能力,通过可用数据集可以作为生成土壤剖面系统的理想方法。人工神经网络也已成功用于土壤分类估计、土壤剖面划分和土壤行为建模。

P. U. Kurup[6]开发了一种通用回归神经网络(GRNN)模型,用于根据CPT连续贯入测试数据预测土壤成分(砂粒、粉粒和黏粒颗粒百分比),使用CPT贯入测试数据以及相邻SPT试验钻孔中所提取土壤样本粒度分布结果来训练和测试网络。训练的GRNN用其他数据进行验证,并将模型预测与参考粒度分布、Robertson提出的CPT土壤分类方法、Zhang and Tumay提出的probabilistic region estimation方法进行了比较。图2-2为比较结果,结果表明,GRNN模型预测的土壤成分剖面与实际颗粒大小分布剖面吻合性良好,总的来说,神经网络对土壤分类为粗粒或细粒的成功率为86%。概率区域估计方法(Zhang和Tumay的方法)[7]在估计土壤类型的概率方面是有效的,并与GRNN预测的结果进行了比较。Robertson分类方法[8]估计的土壤行为类型也与神经网络、Zhang和Tumay方法的预测以及实验室数据一致。

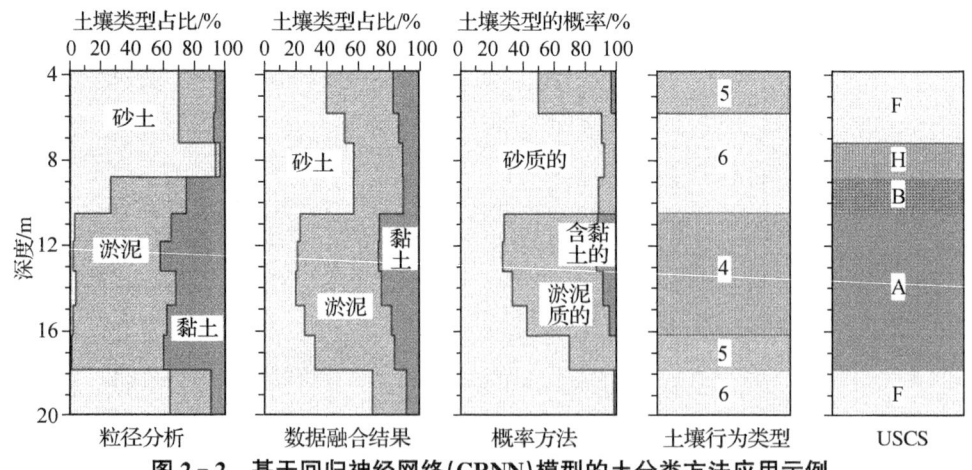

图2-2 基于回归神经网络(GRNN)模型的土分类方法应用示例

Abdolvahed Ghaderi 等[9]开发了一种新的优化多输出广义前馈神经网络(GFNN)结构,并使用 58 个 CPTU 测试点生成瑞典西南部的数字土壤分类图。图 2-3 为基于前向神经网络(GFNN)模型的土分类预测方法应用示例,图中 A 和 B 为基于 GFNN 模型的预测 I_c 值、SBT 值,C 为前述基于模糊方法的分类,D 为 Gouglas and Olsen[10]方法分类结果。通过现有土壤分类图、CPTU 解释程序和 GFNN 模型结果之间进行的比较表明,在估计复杂土壤类型方面具有可接受的准确性,神经网络系统的可预测性为土壤类型模式分类和提供土壤剖面提供了有价值的工具。

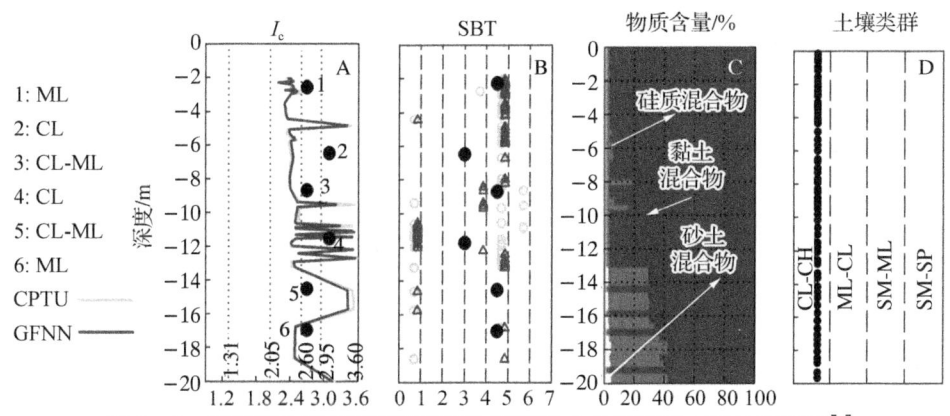

图 2-3 基于前向神经网络(GFNN)模型的土分类预测方法应用示例[7]

2.1.2 基于 CPTU 的中国土分类方法研究

国外采用的土类名称和分类方法主要是根据美国 ASTM(D2487)的统一土质分类方法(USCS),与中国国家标准《土的工程分类标准》(GB/T 50145—2007)和 2009 年版《岩土工程勘察规范》(GB 50021—2001)的土分类方法和名称存在很多差异,不能直接为我国工程应用使用。因此,如何直接采用 CPTU 原位测试指标进行我国标准的土工程分类是工程勘察和设计中迫切需要解决的一个问题。

为此,刘松玉等[11]基于大量的现场 CPTU 原位试验,分析比较了国际上常用的 7 种 CPTU 土分类图方法,并将分类结果与现场钻孔资料对比,在此基础上提出了基于 CPTU 的中国标准实用土工程分类方法(图 2-4)。所采用的 7 种 CPTU 土分类图[1]是:Robertson 等提出的 q_t-R_f、q_t-B_q、Q_t-F_r、Q_t-B_q 四个图及土类指数法分类图,Eslami 和 Fellenius 提出的土分类图,以及 Schneider 等提出的土分类图。

该图结合 Robertson 土分类图与 CPTU 测试资料在 Q_{tn}-F_r 空间的分布规律,对 Robertson 土类指数法分类图进行进一步修正后得到。如图 2-4 所示,采用土类指数法($I_{c(RW)}$),将 Q_{tn}-F_r 空间划分为 6 个分区。与 Robertson 土分类图相比,各区分界线均根据上述分析进行了调整,具体取值见表 2-2,特别根据我国工程和规范对软土分类的需要,划出了①淤泥与淤泥质土的范围。

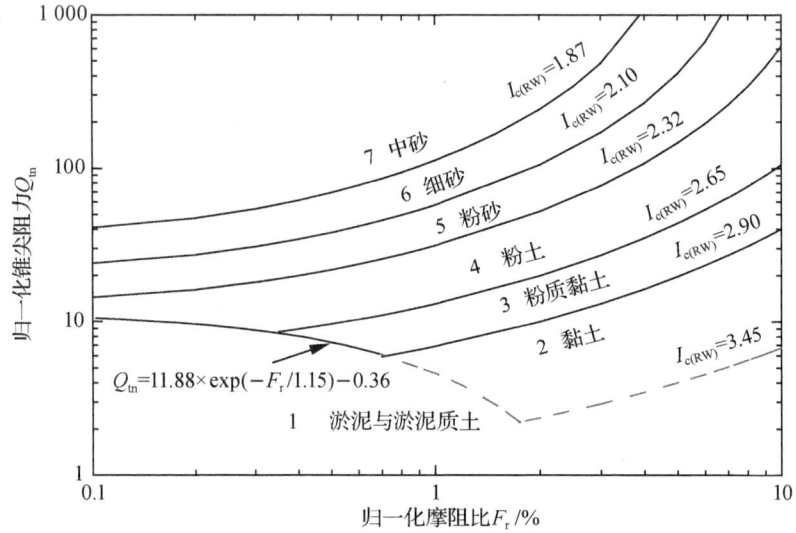

图 2-4 基于 CPTU 的中国标准实用土分类法[1,11]

表 2-2 基于土类指数的我国土分类法[1,11]

分区	我国国标土分类	土类指数 $I_{c(RW)}$
1	① 淤泥与淤泥质土	$I_{c(RW)}>3.45$ 或 $Q_{tn}<11.8\times\exp(-F_r/1.15)-0.36$
2	② 黏土	$2.90<I_{c(RW)}\leqslant 3.45$ 且 $Q_{tn}>11.8\times\exp(-F_r/1.15)-0.36$
3	③ 粉质黏土	$2.65<I_{c(RW)}\leqslant 2.90$
4	④ 粉土	$2.32<I_{c(RW)}\leqslant 2.65$
5	⑤ 粉砂	$2.10<I_{c(RW)}\leqslant 2.32$
6	⑥ 细砂	$1.87<I_{c(RW)}\leqslant 2.10$
7	⑦ 中砂	$I_{c(RW)}\leqslant 1.87$

图 2-5 为该分类方法在连云港海相地层的应用示例,经与钻孔取样的比对验证,该分类图得出的土分类准确率达到 95% 以上,同时亦发现,新的分类方法对地层中的软/硬薄夹层有比较准确的分析判断,图 2-5(b)清晰地揭示了粉质黏土与粉、细砂互层,类似于"千层饼"的地层特征,而这些特征,在常规的钻孔取样人工判读中往往比较粗糙,遗漏地层剖面结构的重要信息。

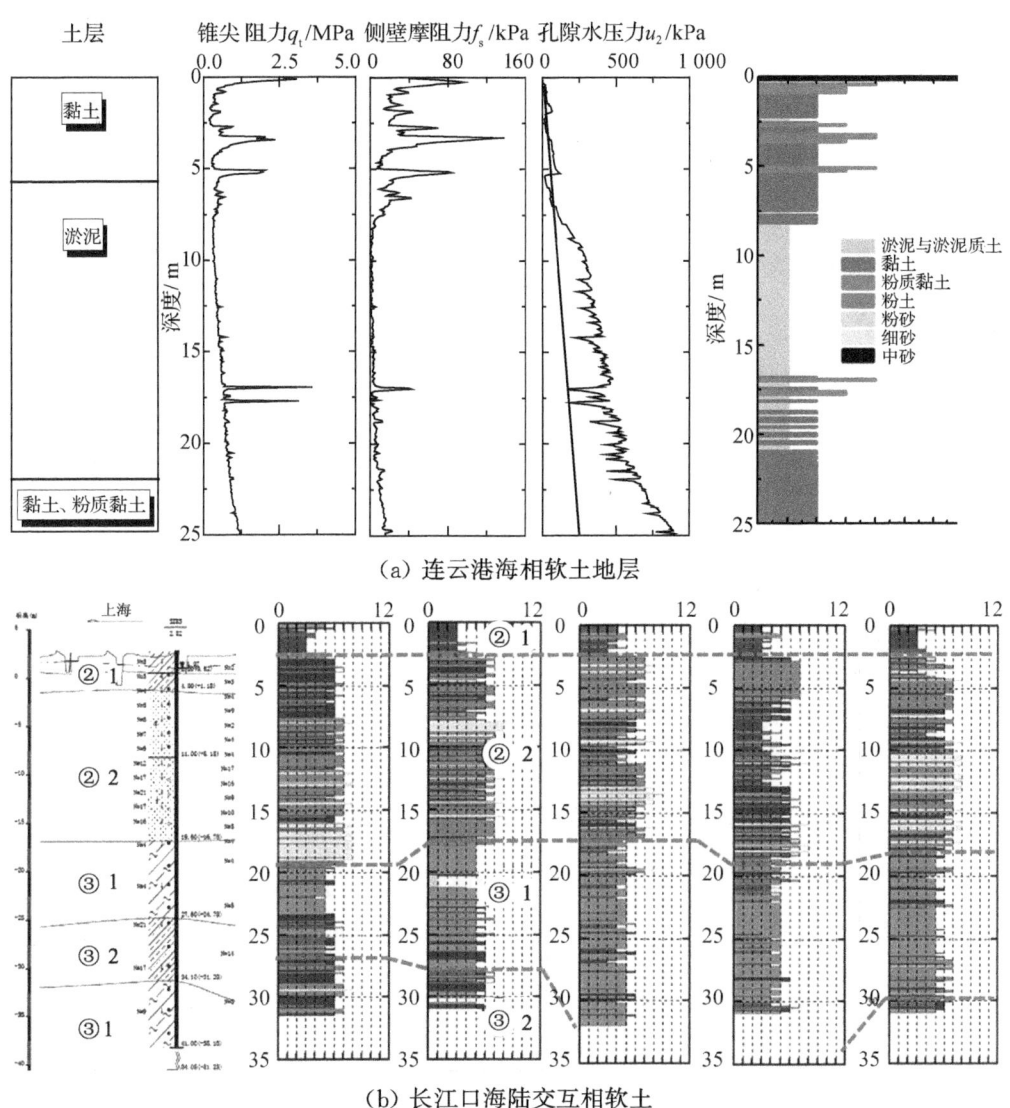

(a) 连云港海相软土地层

(b) 长江口海陆交互相软土

图 2-5 基于 CPTU 的中国标准实用土分类法应用情况示例

2.2 基于 CPTU 原位测试的地层精细化辨识分析方法研究

与常规钻探取样试验相比,孔压静力触探可以获取沿地层剖面深度方向近乎连续的数据点,q_t、f_s 等测试参数沿深度变化剖面不仅有利于描述地基分层情况,而且反映了不同土层的力学特性,加上具有快速、简单、经济的优势,可以作为地层精细划分的重要辅助手段。但同时还应注意到,由于静力触探试验不能提供土样,属于基于土层力学指标分层的手段,若依赖工程师的工程经验和主观判断将在分层时产生比较大的不确定性,因此,提出基于原位测试数据的土层高精度辨识方法对工程实际具有重要的意义。

2.2.1 基于聚类分析理论的 CPTU 土层划分方法

1) 聚类分析方法的基本原理

聚类分析是将具有相似特征的数据进行归类的数学统计方法,已经广泛地应用于医学、生物学和化学领域中。运用聚类分析方法的前提是存在大量的数据。数据的每一类将有一个不同的类号码(N_c),类号码代表了不同的土类或具有不同的性质的相同土类。使用已有的 CPTU 土分类图,每一个土类可以被定义。聚类分析相对其他 CPTU 解译技术,在划分土层时是有很多优势的,因为其分类结果几乎不受系统误差或异常数据的影响。

对 CPTU 数据进行聚类分析通常由以下 6 步组成:① 变量的选择;② 数据的标准化;③ 相似性(距离)矩阵;④ 聚类技术的选择;⑤ 类数量的确定;⑥ 聚类结果的解译。

(1) 变量的选择

在聚类分析中,重要的变量有助于更好地对分析数据进行分类。CPTU 可以测得 3 个独立的参数:q_t、u_2 和 f_s。其中,在相同深度,q_t 和 u_2 测试对大多数探头是可重复的,而 f_s 测试值离散性较大。锥尖阻力可以判别不同土类和相同土层中强度的改变,诸如松散和密实砂土的不同。孔压可以表明主要土类的不同,如砂土和黏土。而且,孔压读数也有助于识别土层中的透镜体。以下采用 q_t 和 u_2 测试数据进行分析,为了考虑土层上覆应力和静止孔压的影响,q_t 和 u_2 采用归一化形式。

$$Q=\frac{(q_t-\sigma_{v0})}{\sigma'_{v0}} \quad (2-1)$$

$$B_q=\frac{(u_2-u_0)}{(q_t-\sigma_{v0})} \quad (2-2)$$

式中，σ_{v0} 为竖向总应力，σ'_{v0} 为竖向有效应力，u_0 为静止孔压。这两个归一化参数 Q 和 B_q 是土类和土性状的函数。

(2) 数据的标准化

数据标准化是把数据表示为无量纲形式，以消除量纲对不同变量的影响或减少误差。标准化虽然不会对数据造成实质的改变，但确实是聚类分析中合理而必要的一步。在聚类分析中，常使用平均值和标准差来建立不同参数相互影响的相关性。CPTU 测试的 Q 和 B_q 的平均值和标准差是不同的，Q 测试具有更大的平均值和标准差。为了进一步评价 2 个归一化参数对不同数据类的影响，几个标准化方法可以利用，诸如 zscore 方法、最大值、平均值和标准差方法。

(3) 相似性（距离）矩阵

相似性（距离）矩阵是不同数据点之间相似性的一个统计测试。一组数据的聚类分析取决于不同数据记录的相似性。在某一深度(i)两个测试参数形成一个向量(Q,B_q)。相似性矩阵中的每一个单元可以通过距离来测试 2 个不同深度 CPTU 数据的两个向量的相似性。基于 CPTU 数据的相似性矩阵（D）如下：

$$\boldsymbol{D}=\begin{pmatrix} (Q)_{11} & (B_q)_{12} \\ (Q)_{21} & (B_q)_{22} \\ \vdots & \vdots \\ (Q)_{n1} & (B_q)_{n2} \end{pmatrix} \quad (2-3)$$

式中，同一行中的元素为相同深度的数据。相似性距离由不同的深度数据对，如 $[(Q)_{11},(B_q)_{12}]$ 和 $[(Q)_{21},(B_q)_{22}]$ 来计算。

(4) 聚类技术的选择

Milligan[12] 总结了最佳聚类方法选择的一般准则。Hegazy[13] 评价了不同的聚类技术，并且建议使用最短距离（最近邻法）谱系聚类方法对 CPTU 数据进行分析。最短距离谱系聚类方法满足统计数学条件，如连续性和最小偏差。Milligan 发现最短距离法不仅是受异常数据影响最小的方法，而且是比其他聚类方法能够探测到更多土层中固有的土类的方法。

基于上述讨论,最短距离(最近邻法)聚类方法适合于 CPTU 数据的聚类分析。因此,采用最短距离(最近邻法)聚类方法来分析 CPTU 数据,进一步描绘不同土层分布。最短距离聚类方法简单实用,例如,有 n 个观察值的一组数据中,有 n 个独立的类。第一步,距离最近的两个观察值一起结合;第二步,要么第三个观察值加入后面的类,要么另外两个观察值形成一个新的类。后面的一步导致比前一步形成更少的类,直到所有的数据组归为一类。

(5) 类数量的确定

一个聚类分析可以产生很多类,因此,必须建立一个标准来评价用于分析类的最小数量。Hegazy 进行广泛的 CPTU 数据的聚类分析,采用 25 个 CPTU 试验场地用于评价类的数量。一个类代表一个土层,类的数量范围为 $N_c=2\sim100$。然而,在这 25 个实例中研究发现,当 $N_c<15$ 时就可以精确地表示 CPTU 贯入深度范围内实际土层数量,通常采用 $N_c<8$。当然,在更加复杂和层状土层沉积物中,应该考虑更多的类数量。

(6) 聚类结果的解译

聚类分析的目的是划分主要土层和探测地质特征:透镜体、异常带和不同土层间过渡区。异常带包括土天然的内含物,诸如胶结层、结核、礓石和孔隙。异常带还包括与测试有关的系统误差,如电子噪声、增加探杆、孔压消散影响和其他随机事件。对和过渡区、异常带与透镜体相关的最小层厚度需要定义。Hegazy 等[14]建议选择一个最小层厚度($t=0.5$ m)。土层定义如下:主要层(A)满足 $t\geqslant1$ m,次要层(a)满足 0.5 m$\leqslant t<1$ m。土混合物和过渡区表示为 a* 和 A*,表明在层 a 和 A 满足 $t\geqslant0.5$ m 或 $t\geqslant1$ m。值得注意的是,a* 和 A* 分别为 0.5 m$\leqslant t<1$ m 和 $t\geqslant1$ m。基于聚类分析的 CPTU 资料用于土分类的准则如图 2-6 所示。采用 CPTU 资料用于土层描述的聚类分析流程图如图 2-7 所示。

2) 基于 CPTU 测试的江苏典型软土地层聚类分析解译

在江苏选择 5 个不同沉积环境场地进行 CPTU 原位试验研究[15]。试验场地土层分别为江苏连云港海相黏土、常州冲湖积相黏土、南京长江低漫滩淤泥质亚黏土、盐城潟湖相黏土和苏州太湖冲湖积相黏土。基于上述聚类分析理论,在 5 个场地的土类层状竖向剖面进行评价。数据资料表明,聚类分析可应用于不同土层的划分,尤

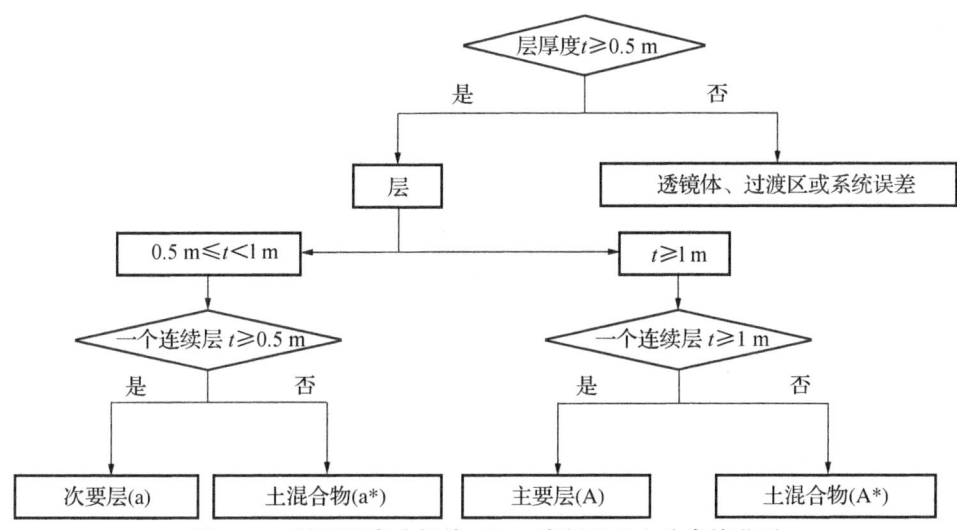

图 2-6 基于聚类分析的 CPTU 资料用于土分类的准则

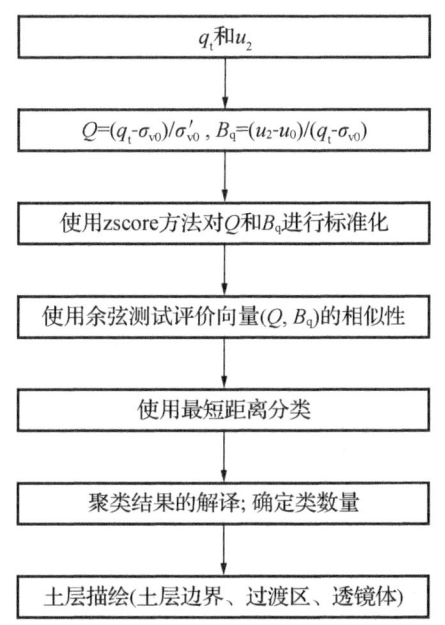

图 2-7 基于 CPTU 资料的聚类分析流程图

其对细粒和粗粒土;聚类分析在 q_t 和 u_2 变化不明显时,可以探测到土层的明显变化。

图 2-8 为连云港典型海相软土地层的 CPTU 测试数据及聚类分析结果,通过聚类数量 $N_c=2\sim6$ 之间的统计分类比较,$N_c=5$ 的聚类分析可以足够划分出试验场地的土层界线;试验场地包括 4 个主要土层(A_1,A_2,A_3 和 A_4)和 2 个次要土

层(a_1 和 a_2),由聚类分析得到的土层边界和钻孔取样划分的土层完全一致,这个结果可由现场十字板的不排水抗剪强度 S_u 资料得到证实;$N_c=6$ 的计算结果出现了更多的点,表明了次要土层(a)的存在,尤其是在深度 12.5 m 左右,同时也出现了很多透镜体和土层的过渡区域。

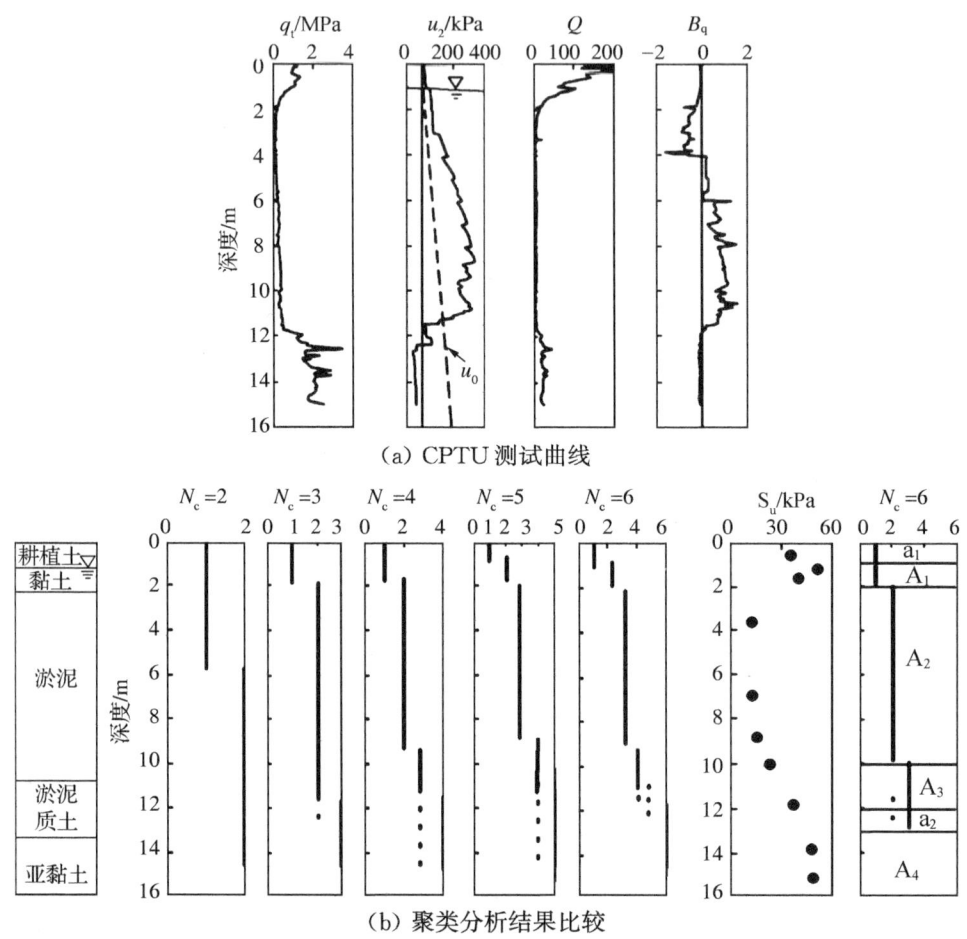

图 2-8 典型海相软土地层的聚类分析和土层划分结果

图 2-9 为常州地区典型长江三角洲冲湖相地层的 CPTU 测试及聚类分析结果,根据锥尖阻力和孔压可清楚地分为 3 层:表层为 4.0 m 厚的硬壳层,由填土和亚黏土组成,锥尖阻力较小,孔压沿深度具有增大的趋势。深度 4.0~11.3 m 为粉砂层,锥尖阻力较大,沿深度变化幅度大,呈锯齿状,孔压值很小,超孔压接近于零或呈负值。以下黏土层,锥尖阻力变化平稳,孔压很高且随深度增加。在 $N_c=4$

时,沿深度可以分为3个主要土层,近似的土层界限分别为3.7 m,11.2 m和16.0 m,然而,随着聚类数量 N_c 的增多,在第一层出现了一个次要土层(填土 a_1 层),而且一个过渡层(粉砂 A_1^*)和次要土层(粉质黏土 a_2 层)在第三层中划分出来,由孔压 u_2 曲线可以清楚地分辨出这一薄的粉砂夹层。这些数据点表明了土层的非均质。$N_c=8$ 被选择用来划分土剖面,4 个主要土层 A_1(粉质黏土)、A_2(粉砂)、A_3(黏土)和 A_4(粉质黏土)可以被分辨出来,并且薄土夹层或不同土层的过渡区域也可以被找到,如土层中的 A_1^* 代表一个土的混合物或粉砂透镜体,分析结果得到了钻孔柱状图验证。

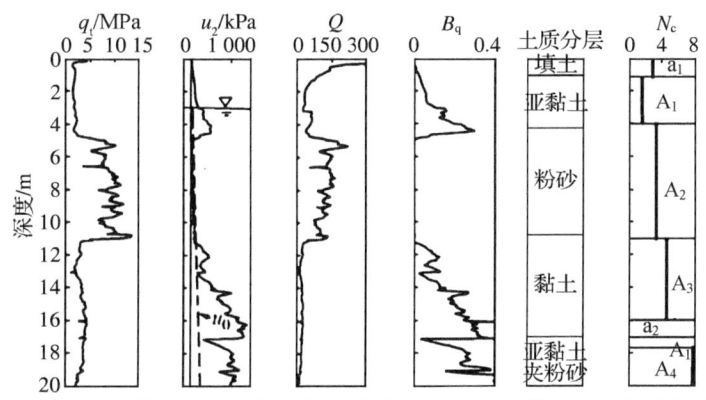

图 2-9 典型长江三角洲冲湖相地层的 CPTU 测试及聚类分析结果

图 2-10 为南京长江漫滩区典型漫滩相地层的 CPTU 测试及聚类分析结果。根据 u_2 和归一化孔压参数 B_q 数据,可以在 4.2～6.0 m 范围内分辨出一个次要土层(a_1 粉砂夹层);在深度 10.0 m,15.5 m,20.3 m 和 24.0 m 处探测到黏土或砂土的透镜体;在深度 20.3 m 处的透镜体也由原始数据 q_t 和归一化数据 Q 读数探测到了。当 N_c 从 2 增加到 10 时,主要土层逐步探测到,$N_c=10$ 没有更多的主要土层($t>1$ m)被划分出来,然而过渡层和透镜体被探测到,表明在主要土层间过渡区域存在非均质性。类号码 $N_c=10$ 可以比较准确地划分土层,即 5 个主层($A_1 \sim A_5^+$)、次要土层 a_1 和过渡区域、透镜体,这个聚类结果也由室内 OCR 测试结果得到证实。

图 2-11 为江苏苏北里下河典型潟湖相地层的 CPTU 测试及聚类分析结果,基于原始的 q_t 曲线,仅仅可以将土层粗略地分为 3 层,土层边界可以近似在 2.0 m 和 16.0 m 深度。仅仅通过观察原始的 CPTU 数据,无法给出更加细致的土层剖面。对归一化参数 Q 和 B_q 进行聚类分析,一直计算到 $N_c=8$,测试数据可分为 6 个

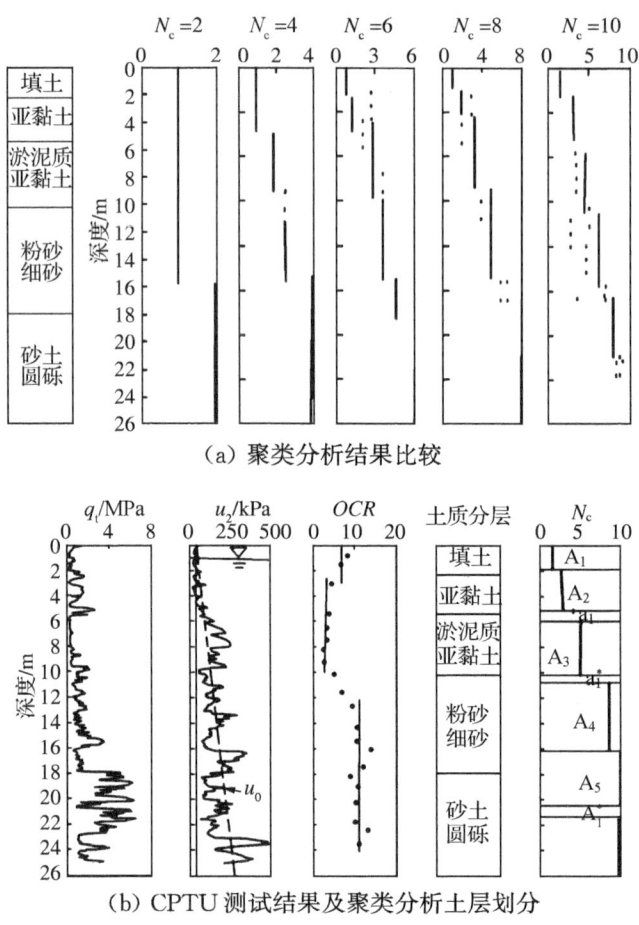

图 2-10 典型长江漫滩相地层的 CPTU 测试及聚类分析结果

主类、2 个次类和一个过渡区域,边界的划分很明确。然而,随着计算步骤的增多,有些点(和主类不强烈相关联的)变得明显了,表明土层中不同土类过渡区域或透镜体的存在。但是随着 N_c 的增多,并未发现更多土层的出现。因此,$N_c=6$ 足可以用来识别本场地的土层。软土有 2 个主要土类,即 A_2 和 A_3,在土的归一化参数性质上有着重要不同。在深度 2.0 和 7.8 m 之间的 Q 和 B_q 的变异系数分别是 0.16 和 0.15,在 7.8~11.0 m 之间分别等于 0.37 和 0.35。上部淤泥质黏土数据的离散性近似为下部软土层的一半。通过不同层数据的相似性水平进行分组,可以把两层软土层划分开来。

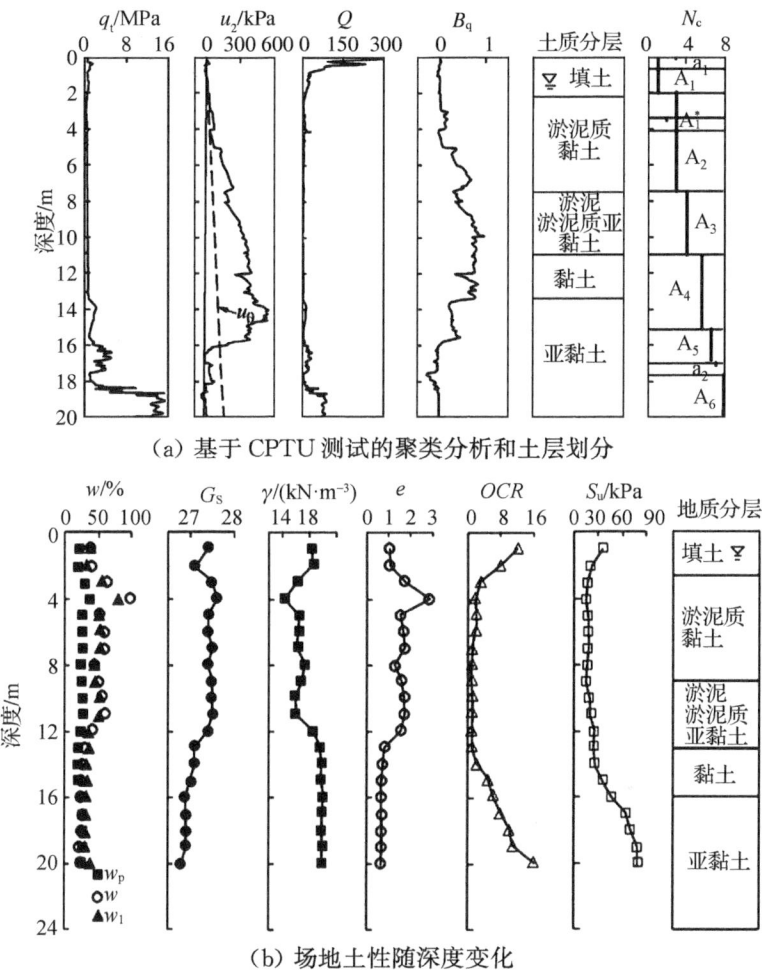

图 2-11 典型潟湖相地层的 CPTU 测试及聚类分析结果

图 2-12 为苏州典型冲湖积地层的 CPTU 测试及聚类分析结果。基于 CPTU 数据进行聚类分析,使用归一化参数 Q 和 B_q。$N_c=10$ 的聚类分析土类评价结果如图 2-12(a)所示,很清楚地把场地土层分为 5 个主要土层和一个次要土层,并且在主要土层 A_4 和 A_5 之间出现了不连续的土混合物夹层。对于更高的聚类数量,没有新的主要土层($t \geqslant 1$ m)显现出来。聚类分析土类划分结果由剪切波速和灵敏度测试进一步证实。

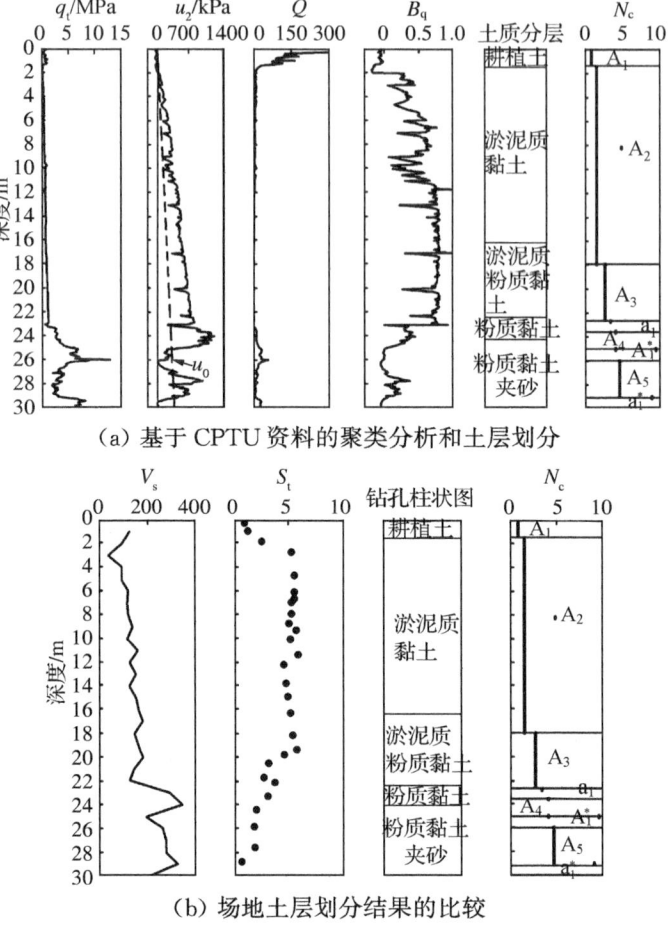

图 2-12 典型冲湖积地层的 CPTU 测试及聚类分析结果

2.2.2 基于最优分割理论的 CPTU 土层划分方法

1) 基本原理

根据 CPTU 试验孔各种测试参数曲线图(q_t-H、f_s-H、R_f-H、u-H),分析相近的 q_t、f_s、R_f 及 u 的变化,可对 CPTU 试验孔进行工程地质分层。然而,即使在同一工程地质层,锥尖阻力 q_t 还是有很大的变化,采用多变量统计分析中的最优分割理论,根据锥尖阻力 q_t 对每一工程地质土层再进行细分层可以提高地基沉降的计算精度。

孔压静力触探数据是一个随深度变化的有序数列,前后数据不可调换。最优分割方法就是把这种有序数列进行最优分割,即分层,使层内数据差别尽量地小,层间数据差别尽量地大。采用最优分割理论处理静力触探资料符合静力触探曲线(数据)的规律,比人为分层更加合理。最优分割理论计算一般可采用单指标的最优 K 分割方法,根据锥尖阻力 q_t 这项指标进行土层细分,具体流程如图 2-13 所示。

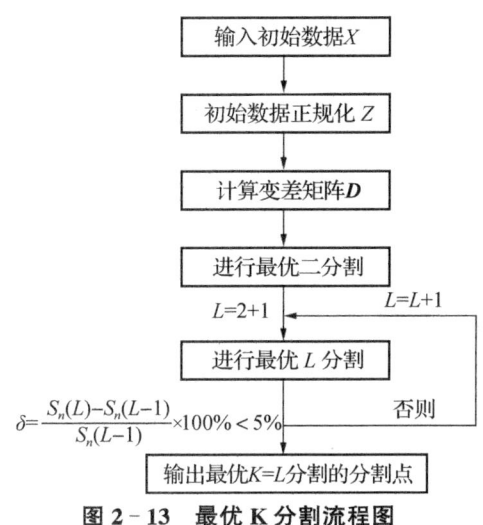

图 2-13 最优 K 分割流程图

2) 基于最优分割理论的地基分层实例[16-17]

以南京长江第四大桥南北锚碇深大基坑地基土层的分层为例,说明工程地质分层联合最优分割理论进行地基沉降计算分层的优势。常规来说,工程中一般在如图 2-14 所示的地基分层基础上进行相应的地基沉降计算。从图中可以看出,由于地处特殊的河漫滩沉积环境,锚碇场地地层变化剧烈,黏土层与粉土、粉质黏土、粉砂土互层,按钻孔资料提出的地层剖面划分实际上非常粗糙,同一层内往往也有很大的变化(如 CPTU 测试显示),按常规的层内等厚分层的方法,毫无疑问会造成沉降计算等产生很大的误差。

图 2-15(a)~(f)是根据最优分割理论分别对图 2-14 长江四桥锚碇深基坑场地长江漫滩相软土工程地质分层的粉质黏土、淤泥质粉质黏土、亚砂土、淤泥质粉质黏土、粉砂土与粉质黏土夹粉砂土进行力学分层的结果。从图 2-15 中可以看出,最优分割理论能够很好地根据锥尖阻力 q_t 的变化来对地基土进行分层,充分地反映了地基土的变形指标随深度的变化,从而在进行沉降计算时充分利用了 CPTU 测试数据连续性的优点。在利用分层总和法计算沉降时,根据 CPTU 测试锥尖阻力 q_t 数据,利用最优分割理论对地基土进行分层,能够避免传统分层方法

的人为性及粗糙性,提高沉降计算的精度。

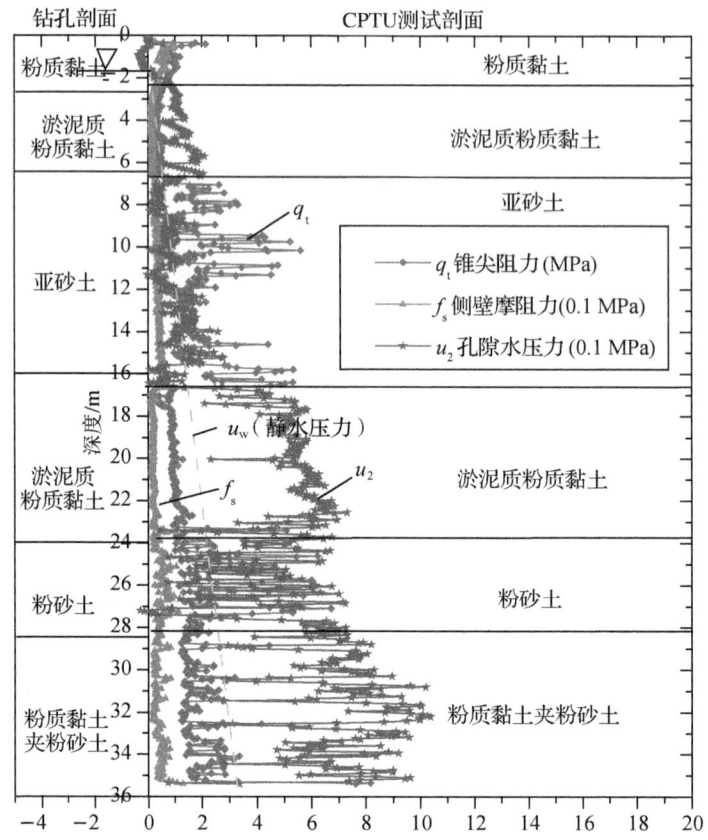

图 2-14 长江四桥长江漫滩相典型 CPTU 试验工程地质分层

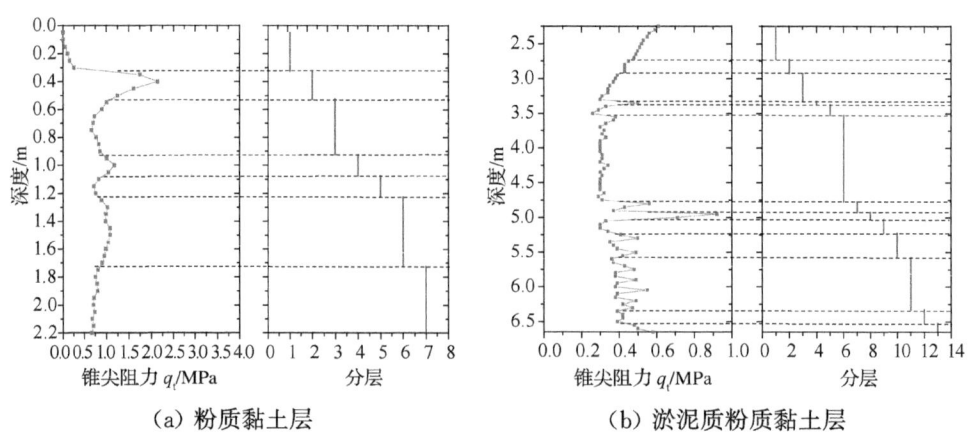

(a) 粉质黏土层　　　　　　　　　(b) 淤泥质粉质黏土层

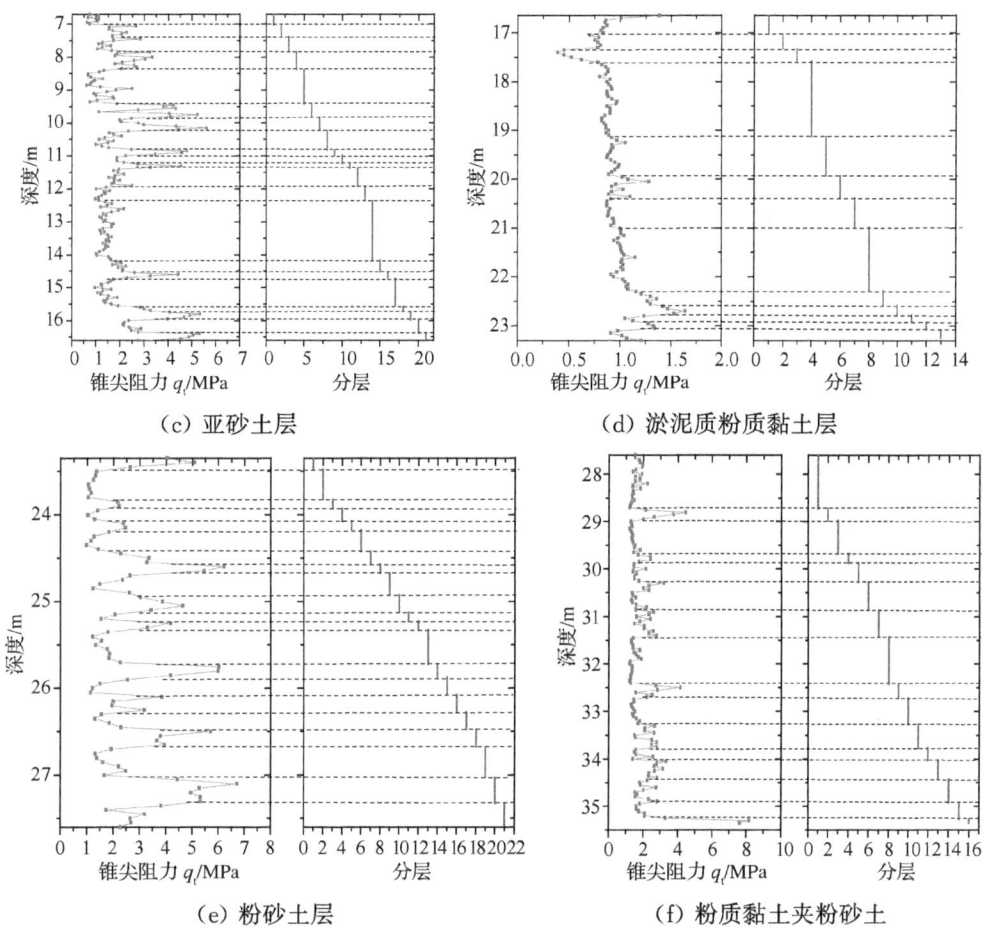

图 2-15　长江四桥长江漫滩相典型 CPTU 试验工程地质分层的力学分层

2.3　基于卷积神经网络的土体特性剖面空间变异性分析新方法

机器学习方法为 CPTU 数据的解释提供了一种新的思路。使用传统机器学习算法进行预测任务，模型的输入不是原始数据，而是从原始数据中提取的特征。然而，由于特征设计的主观性和数据中不可避免的噪声，基于传统机器学习算法的土体分类模型性能有限。深度学习算法能够自动识别原始数据中的有效特征，实现特征提取与算法的整合，从而提升预测精度。近年来，基于卷积神经网络（Convolutional Neural Networks，CNN）的模式识别方法在结构损伤识别和目标检测方面取得了很大的成功。卷积神经网络能够有效地从带有噪声的 CPTU 测量数据中提取地层信息,作为原位土壤分类方法的一个突破,显著提高了土体分类系统的性能[18-19]。

1) 实测数据处理

CPTU测试将圆锥探头推入地下,提供连续的参数测量(一维序列数据),以评估地层的力学特性。每个测点可以得到4个通道(深度、修正锥尖阻力、摩阻比和孔隙水压力)与空间相关的实测序列,如图2-16所示。在传统机器学习方法中,模型的输入为实测参数的归一化表达,模型的输出是预测的土体类型。不同于传统的建模方式,基于卷积神经网络和CPTU进行地层表征采用"端到端"的建模方法,模型的输入为CPTU的实测数据,不需要额外特征提取工作,输出则是相应土体类型。

在土层识别中,端到端的CNN模型的任务是训练一个巨大的神经网络。将CPTU数据转换为具有四个通道(d、q_t、R_f、u_2)的三维矩阵,输入CNN模型中,然后把它映射到输出y(土体类别)。在模型训练前,需要对实测数据进行数据预处理和标记。数据分割模块如图2-17所示,采用一个尺寸为1×20的滑动窗口以固定的步长将四个通道的序列分割为相同长度的子序列。分割后,四个通道的子序列被组成一例样本。不同于类别互斥的多类分类,CNN模型的输出包含的土体类型不是固定的,属于多标签分类。样本标记采用标签补齐的方法替代one-hot编码,1表示该类土体存在,0表示不存在。根据卷积神经网络模型的训练流程图2-18,

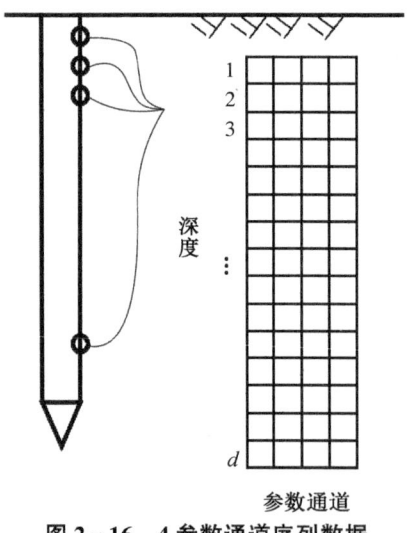

图2-16 4参数通道序列数据

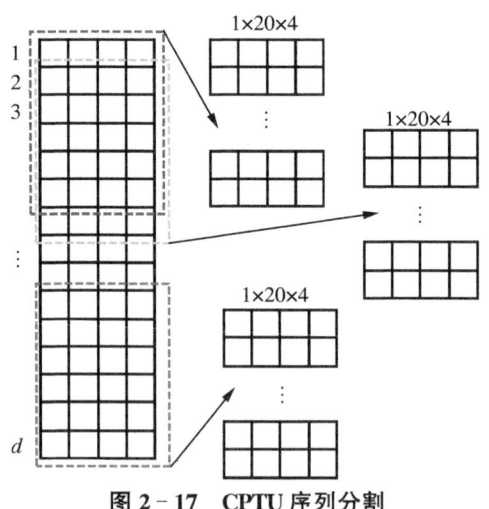

图2-17 CPTU序列分割

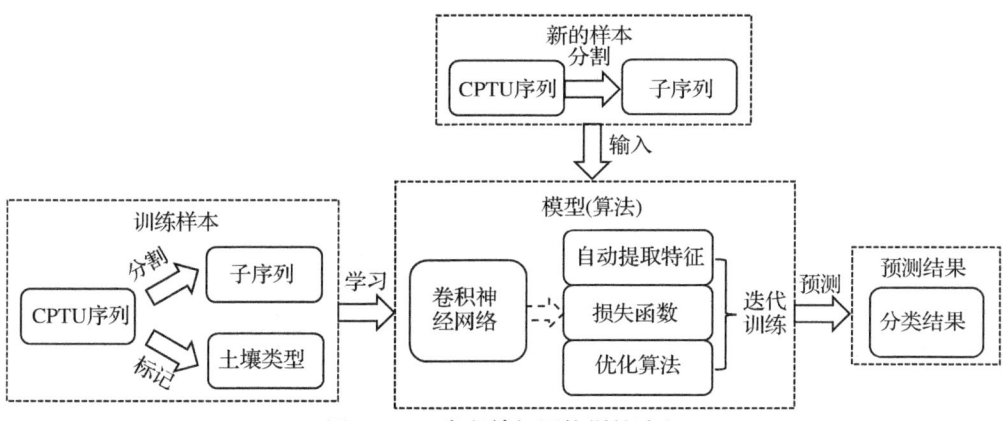

图 2-18 卷积神经网络训练流程

土体特征的提取不依赖于人工经验,卷积神经网络能够自动进行特征的提取。结合损失函数与优化算法经过多轮迭代训练后得到的预测模型对新输入的 CPTU 序列直接进行土体分类预测。

2) 卷积神经网络结构

CNN 在理解图像等结构化数据中具有强大的学习能力。卷积神经网络主要包含三个功能层结构,即卷积层、池化层和全连接层,一般的深层卷积神经网络模型就是通过这些层结构进行层层堆叠而形成的。

卷积层是卷积神经网络的核心,主要用于提取学习输入对象的特征。卷积层由一系列的卷积核组成。特征提取的操作是由卷积运算完成的,在二维卷积中,卷积核沿着输入数据的宽度和高度从左到右、从上至下与其覆盖的对应位置的元素相乘求和,得到一个二维的输出图。而一维卷积是二维卷积的特例。对于具有四个通道的一维输入,输入层的卷积核同样需要具有四个输入通道。然后,对于每个通道,对输入的一维子序列和卷积核的一维张量执行互相关运算,将所有通道上的结果相加以产生一维输出张量。图 2-19 演示了具有 4 个输入通道的一维卷积运算。

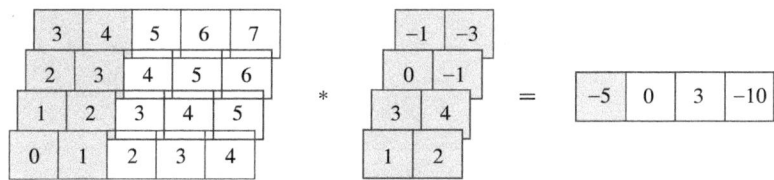

图 2-19 具有 4 个输入通道的一维卷积运算

注:阴影部分计算过程:$0\times1+1\times2+1\times3+2\times4+2\times0+3\times(-1)+3\times(-1)+4\times(-3)=-5$

一般地，根据对象特征的不变性，卷积层之间会周期性地插入池化层。池化层对输入数组完成卷积运算后得到的高维度特征图像做降维处理，降低数组的尺寸以此达到降低网络参数，有效控制过拟合。与卷积层中的卷积核具有一定的空间尺寸相同，池化层中也有类似的大小可以设置空间窗口。池化运算就是以一定的步距滑动此窗口，计算窗口中数组的最大值或平均值。

卷积层之间穿插ReLU激活函数使模型具有非线性。输入经过几轮卷积和池化运算后，输入的信息已被转换成了高维度信息，这就是自动特征提取的过程。特征提取后，最终的预测结果一般由输出端的全连接层给出。模型的输出层为全连接神经网络，位于卷积层与池化层之后，输入数组为由若干的卷积层和池化层转化为一系列的特征图。例如输出特征图的空间尺寸为128×4×4，输入全连接层之前，三维数据体重新排列为2 048×1的二维数据体，全连接层输入层的神经元数量则设置为2 048。再经过几个隐藏层后输出预测结果，模型结构如图2-20所示。

3) 模型应用

南京纬三路过江隧道江北工作井场地地质条件复杂。图2-21为场地钻孔柱状

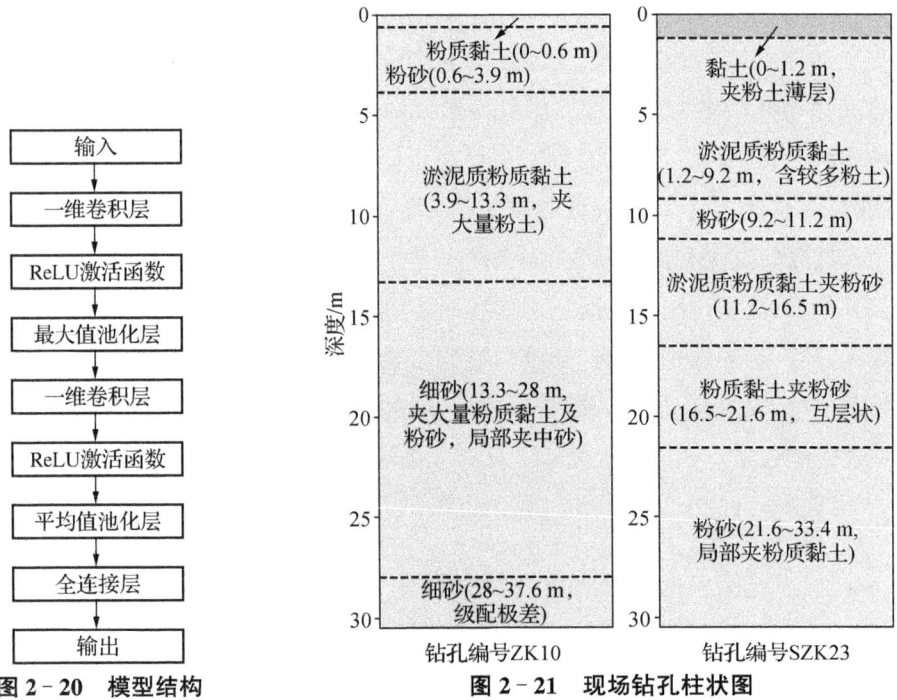

图2-20 模型结构　　图2-21 现场钻孔柱状图

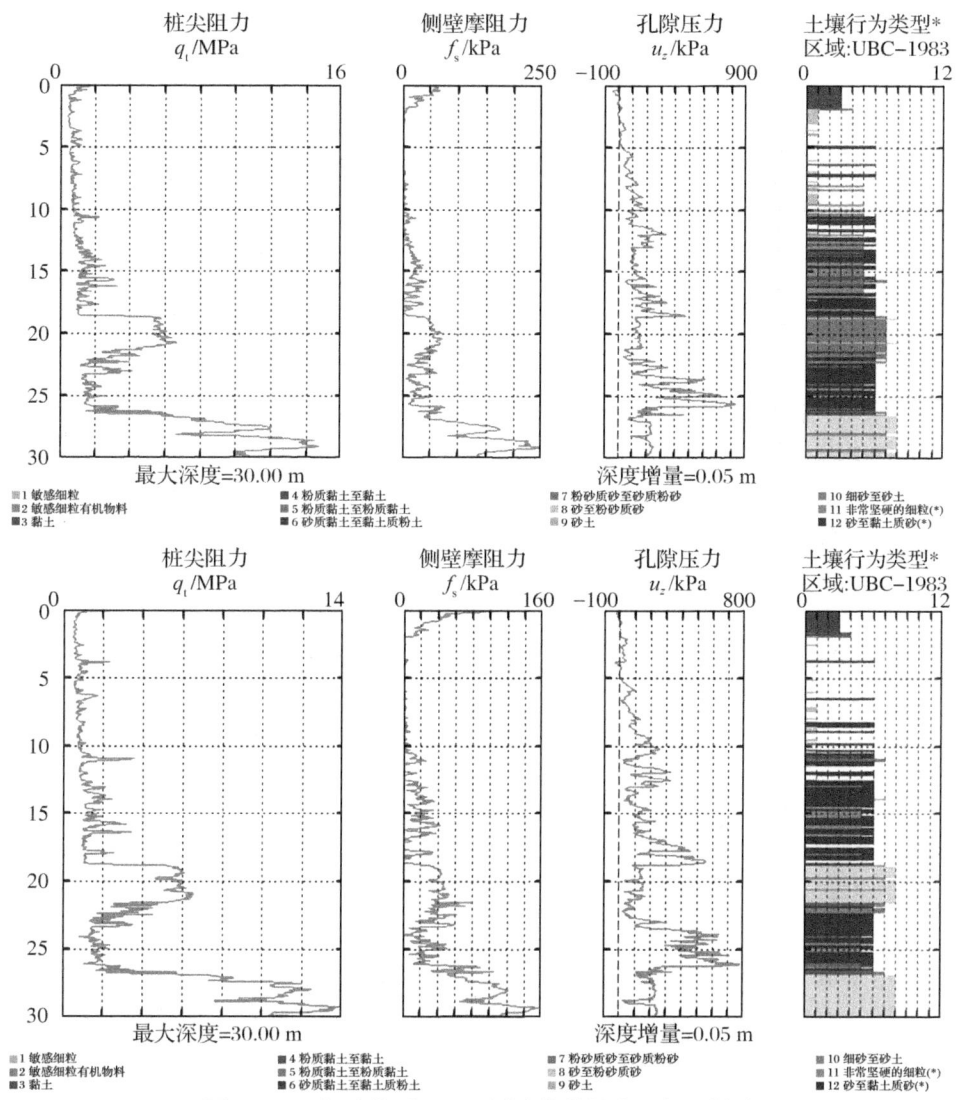

图 2-22 场地典型 CPTU 测试曲线及土层剖面划分

图,在 CPTU 触探范围内,主要包括杂填土、粉土、粉质黏土、粉砂和细砂,杂填土以粉质黏土为主。粉质黏土与粉砂呈互层状,部分地层夹少量中砂。场地 CPTU 测试曲线如图 2-22 所示。模型训练数据集使用的是长江四桥北锚碇区 CPTU 实测数据,而纬三路过江隧道场地 CPTU 数据为测试数据集,用来验证卷积神经网络模型的泛化性能。长江四桥北锚碇区和纬三路过江隧道工作场地地质条件相似。

将实测 CPTU 数据输入训练好的模型中进行土体类型预测,最终的地层剖分结果如图 2-23 所示。图 2-23(a)和(b)中 CPTU 钻孔地层分布相似,CNN 预测地层由浅至深分别为粉质黏土(粉质黏土和淤泥质粉质黏土合并为同一类)、粉土、粉砂和细砂层,其中局部夹中砂,这与场地勘探报告的结果一致。基于 SBT 土分类图,进一步分析不同 CPTU 钻孔地层分布的差异。比较预测的土层剖面图和土分类图,两者对地层划分结果几乎相同,不同地层之间的分界面有着良好的对应。虽然地层分界面的位置具有一定的偏差,但这是由土层边界处的互层状地层导致的,是完全可以理解的。根据土分类图,两个 CPTU 钻孔细粒含量具有一定的差别。在深度 20 m 位置处,图 2-23(a)中土层为粉质砂土-砂质粉土,而图 2-23(b)中土层为砂土-粉质砂土,图 2-23(a)地层细粒含量高于图 2-23(b)地层。细粒含量的差异也可以通过 R_f 来比较,细粒含量越高,R_f 越大。计算对应 CPTU 实测数据的平均 R_f,图 2-23(a)地层平均 R_f 为 1.14%,而图 2-23(b)地层平均 R_f 为 0.87%。相应的,CNN 模型预测图 2-23(b)地层比(a)含有更多的粉砂,进一步证明了预测结果的准确性。从纬三路场地的土层划分和土体分类的结果来看,基于 CNN 的智能土体分类模型具有很高的准确性和泛化性,值得在现场推广应用。

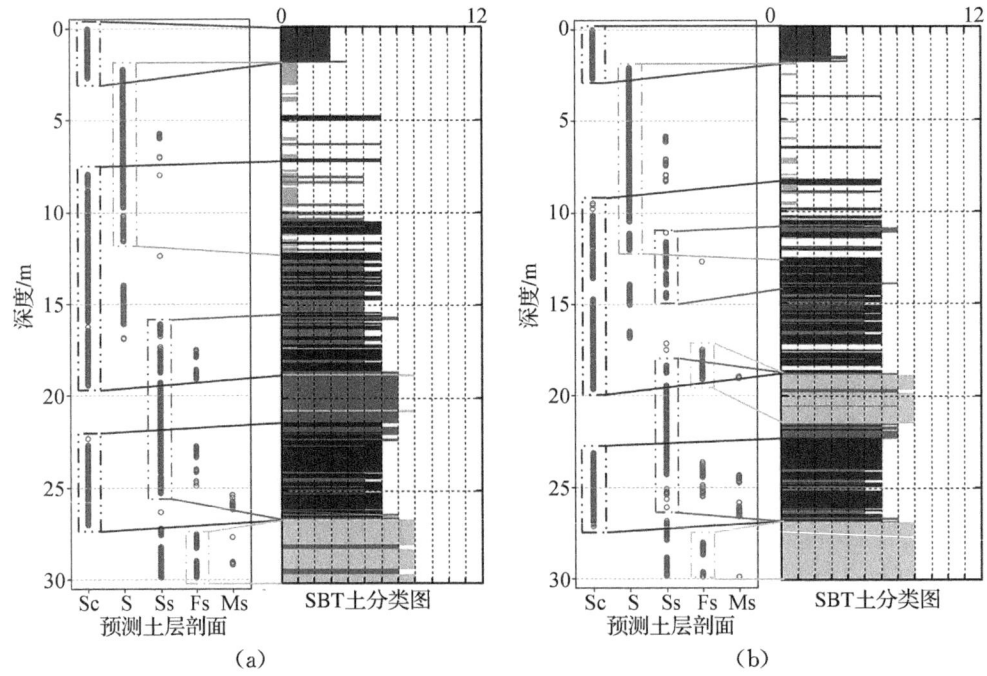

图 2-23 纬三路 CPTU 地层预测

(Sc、S、Ss、Fs 和 Ms 分别代表粉质黏土、粉土、粉砂、细砂和中砂)

2.4 基于电阻率静力触探(RCPT)的土体沉积环境特征分析研究

作为土的固有物性参数之一,土的电阻率是表征土体导电性的基本参数,其影响因素诸多,包括土的孔隙率、孔隙形状、孔隙液电阻率、饱和度、含水量、固体颗粒成分、形状、定向性、胶结状态等,因此,土体电阻率随深度变化可以在一定程度上反映出土体性状,诸如宏观物理力学特性、成分和微观结构特征。

近年来国内外学者对电阻率特性与微观结构参数、宏观力学特性参数相互联系方面也进行了研究工作。由于土的工程力学性质取决于土的成分和结构,这也导致电阻率随深度变化曲线的解读非常复杂。近年来,随着电阻率静力触探(RCPT)等原位测试技术的发展,其为研究土体电阻率提供了新的途径,与室内试验相比,现场原位试验能最大限度地保证土层原始环境状态,更详细真实地反映土体性质在空间上的变化规律。将现场原位试验与室内的化学特性分析相结合,来探讨土性本质与其工程表现之间的规律性,能有助于对影响土体特性内因的把握,为软土地基处理提供理论基础。

在我国江苏北部连云港地区广泛覆盖着自全新世以来历经多次海侵、海退而形成的海相黏土,与所有的沉积作用一样,这些沉积物在沉积过程中也在发生矿物风化、表层盐分淋滤、孔隙液的离子交换等作用,进而影响其岩土工程性质,在此基础上,海相黏土所特有的沉积化学特性势必会对其电学特性产生重要影响。

本节以江苏连云港典型海相黏土为研究对象,通过现场RCPT试验,获得土的原位电阻率测试值,同时进行室内物理化学分析试验,从物质组成上分析该海相黏土特性的形成原因,研究其矿物成分、沉积化学特征,进而分析海相软黏土电阻率指标与矿物成分、离子含量、胶结特性和氧化环境间的关系[20]。

2.4.1 试验概况

RCPT现场试验和室内物理化学分析取样地点位于连云港海陆交互沉积的滨海平原区,软土层主要为②-2层淤泥及②-3层淤泥质黏土,具有含水量高(最高达88.3%)、压缩性大、强度低、天然孔隙比大等特征。各土层主要物理力学性质指标见表2-3。

表 2-3　土层的物理力学指标

土层	密度/(g·cm^{-3})	相对密度	含水率/%	液限/%	塑性指数
耕植土	1.82	2.72	32.8	50.6	23.4
淤泥	1.55	2.76	79.6	60.5	28.8
淤泥质土	1.66	2.75	55.8	33.7	17.8
粉质黏土	1.85	2.76	40.6	46.3	13.7

试验发现，土层表面存在一层大约 2 m 厚的硬壳层，硬壳层的超固结比（OCR）通常为 2~3，可能受剥蚀、化学胶结和干燥应力等时间固化效应的影响。硬壳层以下为 2 层软土，第 1 层淤泥相对较厚（8.0~10.0 m），平均含水量为 79.6%；第 2 层淤泥质黏土厚度较薄，平均含水量为 55.8%。软土层 OCR 在 0.8~1.3 之间为欠固结-轻微超固结土，不排水剪切强度 S_u 值在 10~30 kPa 范围内。淤泥质土层以下为亚黏土层，为轻微超固结土，S_u 值在 30~50 kPa 范围内变化。

试验采用的电阻率静力触探设备如图 2-24 所示，为保证 RCPT 探头匀速贯入，系统贯入装置采用液压活塞控制，贯入速率为 20 mm/s，沿深度每 5 cm 记录一组读数。场地典型的 RCPT 试验成果如图 2-25 所示。

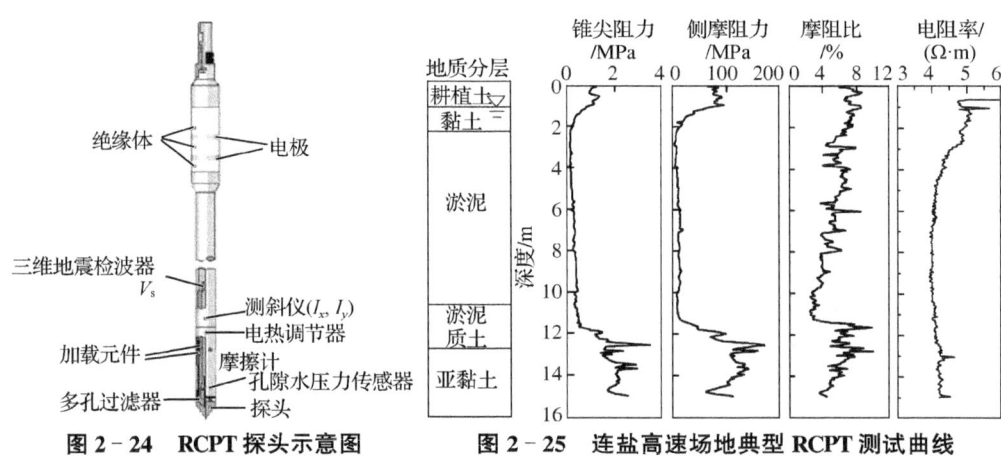

图 2-24　RCPT 探头示意图　　图 2-25　连盐高速场地典型 RCPT 测试曲线

室内物理化学分析试验取样采用固定活塞式薄壁取土器沿不同深度进行取样。薄壁取样器从钻孔中提出后，在地面上立即进行封蜡保存。在取样、运输过程中尽量避免对土样的扰动。对所取土样分别进行了 X 射线衍射分析、易溶盐分析、离子含量分析、氧化物分析以及常规的室内土工试验。

2.4.2 基于 RCPT 的海相黏土沉积特性分析

1）矿物成分与沉积特性分析

矿物成分变化反映了沉积环境的变化，从距今 6000 年到距今 1200 年连云港大部分地区仍处在海岸线以下（图 2-26），随着海岸线向内陆推进，沉积环境由陆相沉积转变为海滩沉积后，继而转变为浅海沉积。海滩相沉积以砂土为主，石英、长石等大颗粒原生矿物为其主要代表。随着海水逐渐变深，陆源碎屑物搬运到此处的距离加大，沉积颗粒逐渐变细，且黏土矿物含量逐步增多，最后成为以黏土沉积为主的海相黏土层。从距今 5000 年到距今 1000 年期间，海岸线虽略有后退，但基本保持稳定。这期间沉积矿物变化特征反映在图 2-27 中，即自深度 12.0 m 向上至 6.0 m 处的曲线变化：石英、长石减少，黏土矿物增多。距今 1000 年以来，海岸线逐渐后退，海水越来越浅，沉积环境由浅海沉积转变为滨海沉积，随着陆源碎屑物搬运距离减小，海水搬运的粗粒矿物增多，沉积物中原生矿物石英、长石的含量随海退而逐渐增多，同时黏土矿物含量逐渐减少。这期间反映在图 2-27 中的沉积矿物变化特征，即自深度 6.0 m 向上至 3.0 m 处的曲线变化：石英增多，黏土矿物略有减少。

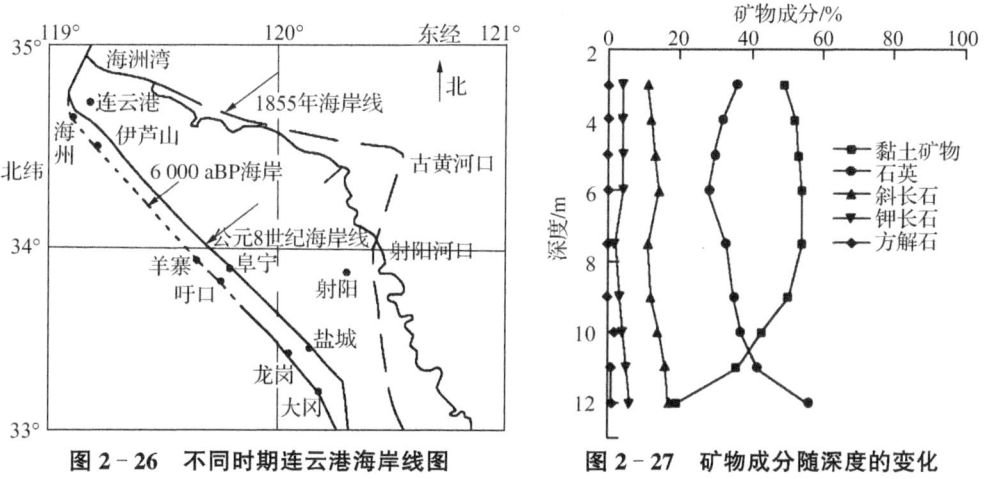

图 2-26 不同时期连云港海岸线图　　图 2-27 矿物成分随深度的变化

黏土矿物的组成与变化能够细致地反映沉积环境的特点，同时也影响着土的工程性质。对连云港海相黏土经 X 射线衍射分析表明，该黏土中蒙皂石族矿物较为复杂。图 2-28 是黏土矿物百分含量（占黏粒含量）随深度的变化曲线。黏土矿物中主要以伊-蒙混层矿物（质量占比 53%～60%）为主，其次是伊利石（质量占比 27%～

31%),而高岭石和绿泥石的各自含量均不超过10%,因此该黏土可归类为I/S混层-伊利石黏土。由图2-28可知,在6 m以上,伊利石含量变化不大,伊-蒙混层矿物含量随深度的增加而略有增加。在6 m以下,伊利石与伊-蒙混层矿物含量的随深度变化趋势恰好相反。在7.5 m以下,伊-蒙混层矿物含量随深度减小而增加,而伊利石含量却随之减少。Sridharan和Prakash[21]认为黏性土的矿物组成与孔隙间离子能够反映沉积方式。由于基性火成岩风化产物中没有伊利石,再根据矿物共生关系和该黏土组成中的石英、斜长石、钾长石等原生矿物组合的特征推断,连云港海相黏土的陆源碎屑来源很可能是酸性或中性火成岩的风化碎屑经地表水搬运而来。

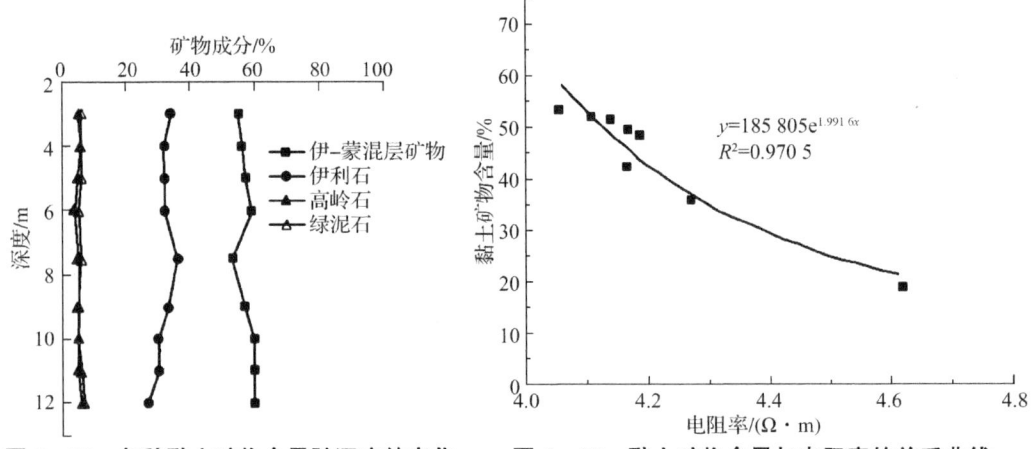

图2-28 各种黏土矿物含量随深度的变化　　图2-29 黏土矿物含量与电阻率的关系曲线

黏土矿物晶层内部均以原子键相结合,晶层之间的连接随成分不同而异,高岭石晶层以氢键和范德华键相结合,伊利石晶层以不水化的钾离子键和范德华键相结合,蒙脱石晶层间主要以水化阳离子形成的静电-离子键和分子键相结合。由晶层结合成的黏土片本身往往还有过剩的负电荷,集中到黏土片的表面和棱边上。连云港海相黏土的黏土矿物中主要以伊-蒙混层矿物为主,其次是伊利石。因此晶层之间的连接主要为钾离子键相结合,黏土片本身往往还有过剩的负电荷,因此,随着黏土矿物含量的增大,造成黏土导电性增强,电阻率降低。由图2-29可以看出,除个别点以外,两者呈明显的指数衰减趋势。

2) 离子化学分析

土体颗粒表面存在双电层,双电层中的阳离子与阴离子在电场的作用下具有导电能力。过去的50年里,有许多文献研究了离子类型与浓度对土的电学性能的影响。Mitchell与Arulanandan[22]研究了标准高岭石中电解液类型(Na^+、K^+和Li^+)与浓度对矿物电学性能的影响。文献[23]评价了电解液类型(Na^+、Li^+)与数量(如Na^+)对于土的电流扩散特征的影响。溶盐矿物通常以离子形态存在于土孔隙液中,阳离子主要有Na^+,K^+,Ca^{2+},Mg^{2+}等,阴离子主要有Cl^-,SO_4^{2-}等,影响土中离子交换作用发生的方向和双电层作用的范围。当土中含水率降低或介质酸碱度发生变化时,可溶盐便会结晶析出在土颗粒表面,从而影响土体的导电性。

图2-30表示了黏土浸出液阴、阳离子含量随深度的变化。可以看出,阳离子中Na^+含量远远大于K^+,Ca^{2+},Mg^{2+},是最主要的阳离子。在阴离子中以Cl^-为主要成分,SO_4^{2-}含量很少。连云港海相黏土的离子成分含量与海水的离子成分含量相似,说明其由于成因的关系,历经海侵、海退,在海水沉积与陆地沉积变化过程中,还保留了海水沉积的特征。连云港海相黏土的这一离子组成特点说明该土是较典型的单一NaCl型含盐黏土。其含盐成分随深度有变化,深度6.0 m和10.0 m处含盐量相对较少。图2-31为土中离子含量与电阻率变化关系曲线。可以看出,随着电阻率的增大,土中孔隙液的离子含量呈明显的指数衰减趋势。反之,也说明了孔隙液中离子含量的增加将引起电阻率测试值的减小。土的pH(酸碱度)与孔隙液的成分和浓度一样,也是土的主要环境因素之一,孔隙液中pH的高低对土中黏土矿物的形成有一定影响。图2-32(b)表示了pH随深度的变化。土样pH变化范围从7.57到8.89。靠近地表处pH较小,接近中性,5.0 m以下pH介于8.0到9.0之间,一致地呈现一定的弱碱性。通常河水的pH约为7,海水的pH在7.8~8.3之间。因此,连云港海相黏土pH随深度的变化规律也反映了浅部土体受地表径流作用的影响,而深层土体则保留了原始海水沉积的碱性环境特点。土呈碱性时,往往与其中含有较多的碱土金属和碱金属的交换性阳离子有关,在此条件下,土粒表面易于形成扩散双电层使颗粒趋于分散,从而造成连云港海相黏土在不同深度存在离子化学特征上的差异。

3)Fe^{3+}与沉积胶结作用

土中黏土矿物除了次生的晶质硅酸盐矿物以外,还有非晶质黏土矿物。虽然非晶质黏土矿物是土中的次要成分,但是它们所起的作用却是不容忽视的。从结晶化学角度来看,黏土矿物总是处在晶质和非晶质的过渡状态之中,无明显的界

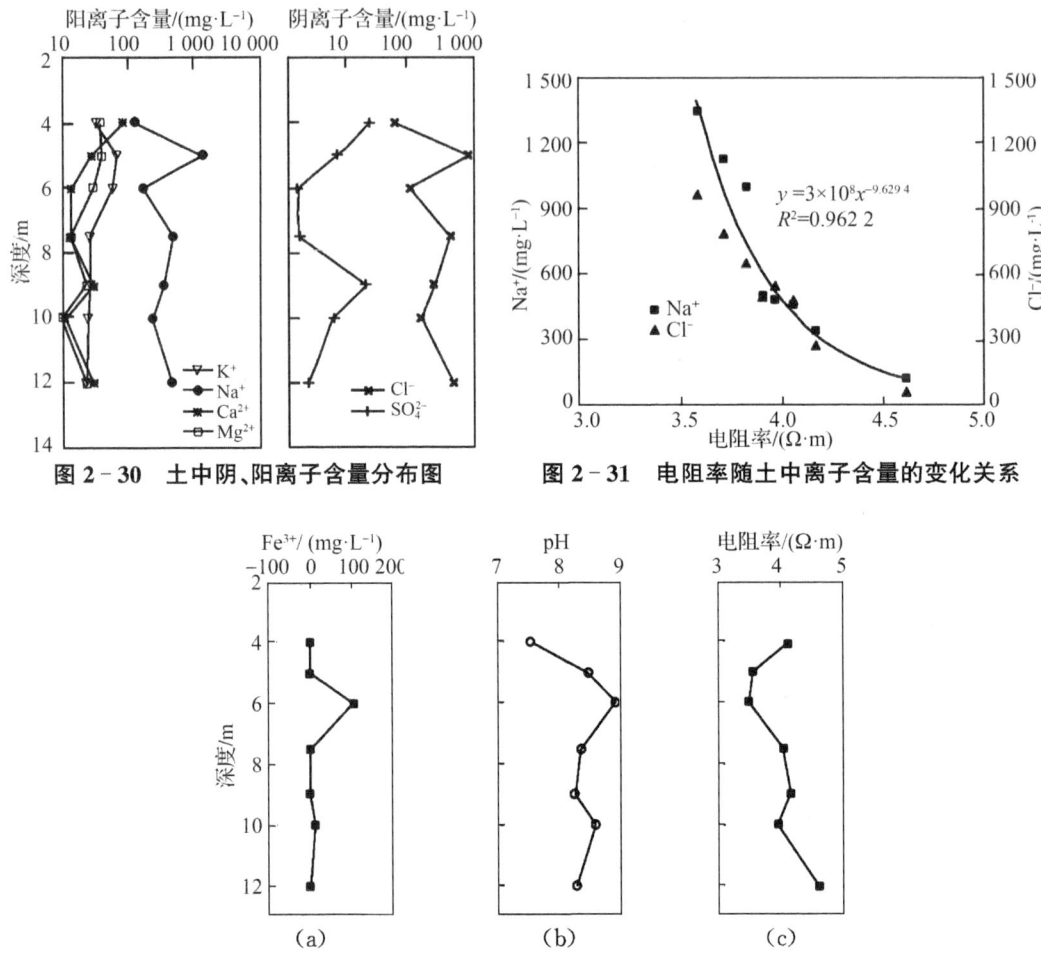

图 2-30 土中阴、阳离子含量分布图

图 2-31 电阻率随土中离子含量的变化关系

图 2-32 土中 Fe^{3+} 含量、pH 与电阻率随深度的变化

限。一般认为,非晶质黏土矿物是不发生 X 射线衍射峰的黏胶物质。在对连云港海相黏土浸出悬液进行离心分离时也发现,深度 6.0 m 和 10.0 m 处的土样需要明显高于其他深度样本的离心转速才能分离出清液。观察清液时还能发现深度 6.0 m 和 10.0 m 处的浸出液不同于其他深度的无色透明,而是呈深褐色,光束照射能够呈现丁达尔(Tyndall)效应,表明该深度土体中有大量的 $Fe(OH)_3$ 胶体存在。由图 2-32(a)中的 Fe^{3+} 分布可见,在深度 6.0 m 和 10.0 m 处,其含量明显较高,与其他深度的土层存在数量级上的差别。对比 pH 的变化,也是这两个深度的 pH 最大。由于深度 6.0 m 和 10.0 m 处的土体具有强烈的胶体凝结特点,具有吸附能力。比表面积越

大,表面能也越大,吸附作用也越强。黏粒表面的离子也可能被溶液中的离子替换,发生离子交换作用,造成电阻率值减小。图 2-32(c)中深度 6.0 m 和 10.0 m 处的电阻率明显小于相邻其他深度,正说明了这一现象。由于 Fe^{3+} 在不同埋深处存在数量级上的差别,图 2-33 给出了土中 Fe^{3+} 含量对数值随电阻率的变化关系曲线。可以看出,Fe^{3+} 含量对数值随电阻率增大而呈线性递减趋势,其关系式为 $y=-12.208x+47.966$,其中,y 为 Fe^{3+} 含量对数值(mg/L),x 为电阻率($\Omega \cdot m$)。

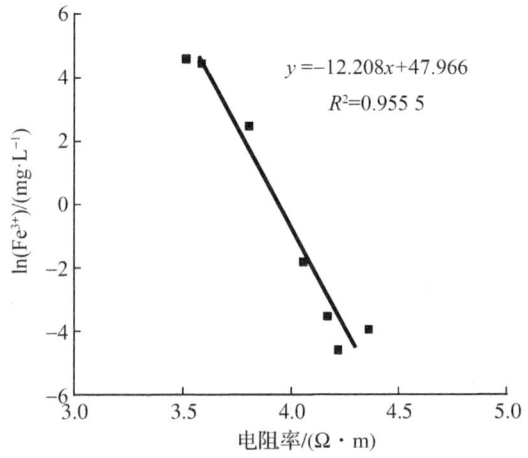

图 2-33　土中 Fe^{3+} 含量对数值随电阻率的变化关系

根据 Garrels 和 Christ[24]对铁在不同 pH 下的溶解度研究可知,铁在溶液中的溶解完全受环境的影响,控制铁的溶解度及溶解与沉淀的最根本因素就是 pH 和氧化还原电位 Eh。在碱性环境下,铁的氧化作用增强,促使铁呈三价铁存在,$Fe(OH)_3$ 迅速沉底而形成一种非晶质的容积大的深褐色胶体。这种胶体能缓慢地老化,形成土体颗粒间的原始胶结物,使土体在很疏松的絮凝结构下形成一定的胶结连接,从而影响土体的导电特性。

4)氧化物含量和氧化环境

土中氧化铁的形态、性质和含量不仅直接反映了成土的过程和环境,而且对土的结构强度和电学特性有着重要影响。氧化铁在土颗粒团聚中起着重要胶结作用,不同类型土体中黏粒级和粉粒级的团聚体与游离氧化物的含量密切相关。试验表明,已经老化的氧化铁是不起胶结作用的,并且氧化铁的胶结作用受活化度控制。氧化铁为两性胶体,在正常情况下土的 pH 范围内(pH=4~8)氧化铁带正电荷,而层状硅酸盐和有机腐殖质都带负电荷。这两种相反电荷之间,很容易发生相互吸附,凝聚成团。黏土矿物在吸附氧化铁之后将降低阳离子交换容量,降低黏土的表面活性,抑制膨胀晶格的扩张和增强颗粒之间的连接强度。

由于土中 SO_4^{2-} 含量很少,并且 pH 较高,因此可判断连云港海相黏土中的铁不是由铁的硫化物氧化而来的,铁在海水中的溶解度很低,往往分布于近岸海水区域内的 $Fe(OH)_3$ 会先沉淀。根据连云港海相黏土分布区距古黄河入海口较近的沉积特点,Fe^{3+} 可能是由河流淡水携带的胶体铁遇到海水中的电解质而聚集沉淀而来。为进一步了解连云港海相黏土中氧化物的含量及特点,分别对深度 6.0 m 和 12.0 m 处的土样采用差热分析法进行了热谱分析,表 2-4 列出了分析结果。深度 6.0 m 和 12.0 m 处土体的 Fe_2O_3 含量分别为 4.74% 和 6.74%,深度 12.0 m 处土体的 Fe_2O_3 含量高于 6.0 m。铁的氧化作用在碱性环境中进行得尤其迅速,氧化后的 $Fe(OH)_3$ 胶体对 Fe_2O_3 是次稳定的,只要有足够时间,就会脱水而生成赤铁矿,以 Fe_2O_3 的方式存在。由于深度 12.0 m 处的土层比深度 6.0 m 处的土层沉积时间更久,因此由 $Fe(OH)_3$ 胶体脱水得到的 Fe_2O_3 含量更高。连云港海相黏土的氧化产物 Fe_2O_3 含量和 pH 较高,反映出其沉积环境是典型的氧化环境。图 2-31(c)中电阻率随深度的变化可以初步反映出土层的氧化物含量以及氧化环境。

表 2-4 连云港海相黏土氧化物与有机质含量

单位:%

深度/m	SiO_2	Fe_2O_3	Al_2O_3	TiO_2	CaO	MgO	K_2O	Na_2O	MnO	有机质
6	55.95	6.74	17.45	0.80	2.02	2.70	3.27	1.66	0.13	1.29
12	64.84	4.74	14.24	0.71	1.72	1.90	2.50	2.17	0.10	1.52

2.5 本章小结

本章重点研究了基于原位测试技术的土分类及地层结构精细划分方法,并对将原位测试技术应用于复杂的土体沉积环境特征分析进行了探讨,主要结论如下:

(1) 基于概率与统计理论的非传统方法可以提高分类的合理性,一定程度上避免了常规 CPT/CPTU 分类系统的不确定性,但理论的复杂性限制了该类方法在工程实践中的推广。

(2) 基于聚类分析的土类辨别方法可以作为已有 CPT/CPTU 分类图表的有效补充,客观地用于地质土层的初步划分,不仅能够划分土层剖面、描绘不同的层边界和过渡层、鉴别出透镜体和异常区,而且不依赖于因试验设备和操作程序等产生的系统误差。

(3) 机器学习方法为 CPTU 数据的解译及地下场地特征分析提供了新的思路,使用具有足够多训练数据的多种神经网络训练算法(GRNN、GFNN、CNN 等),可以高精度地实现土层划分。

(4) 电阻率静力触探(RCPT)作为一种新型的原位测试技术,除可测锥尖阻力、侧壁摩阻力和孔隙水压力以外,还可以同时测试土的原位电阻率值,进而可以结合室内物理化学分析试验,分析电阻率指标与矿物成分、离子含量、胶结特性和氧化环境间的关系。基于 RCPT 测试成果对黏土的成因特性进行判断,为土体沉积环境及成因特性的分析提供了一种快速可靠的技术方法。

参考文献

[1] 刘松玉,蔡国军,童立元. 现代多功能 CPTU 技术理论与工程应用[M]. 北京:科学出版社,2013.

[2] 刘松玉,吴燕开. 论我国静力触探技术(CPT)现状与发展[J]. 岩土工程学报,2004,26(4):553-556.

[3] 孟高头,张德波,刘事莲,等. 推广孔压静力触探技术的意义[J]. 岩土工程学报,2000,22(3):314-318.

[4] Tumay M T, Abu-Farsakh M Y, Zhang Z J. From theory to implementation of a CPT-based probabilistic and fuzzy soil classification[C]//From Research to Practice in Geotechnical Engineering. New Orleans, Louisiana, USA. American Society of Civil Engineers, 2008:259-276.

[5] Tumay M T, Abu-Farsakh M Y, Zhang Z J. Advances from Theory to Implementation of CPT-Based Probabilistic and Fuzzy Soil Characterization and Modeling[C]. 2nd International Conference on New Developments in Soil Mechanics and Geotechnical Engineering, 2009:28-30.

[6] Kurup P U, Griffin E P, Tumay M T. Novel methodologies for soil characterization from CPT data[C]. 2nd International Symposium on Cone Penetration Testing, 2010.

[7] Zhang Z J, Tumay M T. Statistical to fuzzy approach toward CPT soil classification[J]. Journal of Geotechnical and Geoenvironmental Engineering, 1999, 125(3):179-186.

[8] Robertson P K. Soil classification using the cone penetration test[J]. Canadian Geotechnical Journal, 1990, 27(1):151-158.

[9] Ghaderi A, Abbaszadeh Shahri A, Larsson S. An artificial neural network based model to predict spatial soil type distribution using piezocone penetration test data (CPTu)[J].

Bulletin of Engineering Geology and the Environment,2019,78(6):4579-4588.

[10] Douglas J B, Olsen R S. Soil Classification using Electric Cone Penetrometer[J]. Geotechnical Engineering Division,1981.

[11] 刘松玉,蔡国军,邹海峰.基于CPTU的中国实用土分类方法研究[J].岩土工程学报,2013,35(10):1765-1776.

[12] Milligan G W. Clustering validation:Results and implications for applied analyses[M]// Clustering and Classification:WORLD SCIENTIFIC,1996:341-375.

[13] Hegazy Y A. Delineating geostratigraphy by cluster analysis of piezocone data[D]. Atlanta: Georgia Inst of Tech,1998.

[14] Hegazy Y A,Mayne P W. Objective site characterization using clustering of piezocone data [J]. Journal of Geotechnical and Geoenvironmental Engineering,2002,128(12):986-996.

[15] 蔡国军,刘松玉,童立元,等.基于聚类分析理论的CPTU土分类方法研究[J].岩土工程学报,2009,31(3):416-424.

[16] 童立元,涂启柱,刘松玉,等.基于孔压静力触探测试的改进分层总和法在软基沉降预测中的应用研究[J].岩土力学,2011,32(S2):679-682.

[17] 涂启柱.基于CPTU测试预测软土路基沉降方法研究[D].南京:东南大学,2010.

[18] Zhang J Z, Phoon K K, Zhang D M, et al. Novel approach to estimate vertical scale of fluctuation based on CPT data using convolutional neural networks[J]. Engineering Geology,2021:294.

[19] Zhang J Z,Zhang D M,Huang H W,et al. Hybrid machine learning model with random field and limited CPT data to quantify horizontal scale of fluctuation of soil spatial variability[J]. Acta Geotechnica,2022,17(4):1129-1145.

[20] 蔡国军,刘松玉,邵光辉,等.基于电阻率静力触探的海相黏土成因特性分析[J].岩土工程学报,2008,30(4):529-535.

[21] Sridharan A,Prakash K. Influence of clay mineralogy and pore-medium chemistry on clay sediment formation[J]. Canadian Geotechnical Journal,1999,36(5):961-966.

[22] Mitchell J K,Arulanandan K. Electrical dispersion in relation to soil structure[J]. Journal of the Soil Mechanics and Foundations Division,1968,94(2):447-471.

[23] Arulanandan K,Smith S S. Electrical dispersion in relation to soil structure[J]. Journal of the Soil Mechanics and Foundations Division,1973,99(12):1113-1133.

[24] Garrels R M, Christ C L. Solutions, minerals, and equilibria[M]. New York, Harper & Row:1965:175-184.

第3章
基于原位测试的地下工程设计关键岩土参数研究

基坑与隧道工程设计计算中,土的状态参数、强度参数、变形参数、渗透参数是最基本、最重要的设计参数,其中状态参数与渗透参数更是难以依据室内试验进行准确确定。本章重点对基坑与地下工程设计中所需关键状态参数(静止土压力系数、超固结比)和渗透参数的原位测试确定方法进行研究。根据原位测试所获得参数分析土体特性,并将原位测试获取的参数作为相关设计计算公式或计算曲线的录入参数,从而实现原位测试与设计计算的有效结合,这种基于原位测试的设计方法将对地下工程设计特别是基坑工程设计提供新的思路。

3.1 基于原位测试的深基坑工程静止土压力系数的评价研究

静止土压力系数(K_0)是基坑工程设计中一个关键参数,能够反映土体中水平压力的分布变化,是基坑工程数值模拟中必需的参数,也是室内试验中恢复原始应力状态的必备参数,同时也是计算挡土墙背后静止土压力的必备参数,因此能否准确地确定 K_0 对作用在挡土结构物上的土压力分布、工程造价、安全可靠性程度均有直接影响。目前,国内外对该参数进行了大量的研究,并取得了一定的成果,但由于地区经验性等原因,对于大多数自然土体的应力状态仍然无法提出准确的预测方法。

目前,获得土体静止侧压力系数的方法主要包括经验公式法、室内试验法和原位测试法。受应力历史的影响,土体经受了复杂的加载和卸载过程,取样后在试验室内难以重建,而在实际的工程中,土体往往还受到各种复杂因素的影响,所以不管哪种测试方法都在一定程度上改变了土体的原始应力状态,如何准确地确定静止土压力系数成为挑战。

基于以上背景,对常州地铁1、2号线沿线深基坑工程场地进行了原位测试,分析了其主要影响因素,并结合室内试验,对室内试验值与现场原位测试预测结果进行对比,评价了预测方法的准确性。

3.1.1 静止土压力系数影响因素

土的静止土压力系数是指土体在无侧向变形条件下的水平向主应力与竖向主应力之比,即原始应力状态下,土体的水平向主应力与竖向应力之比。具体表示方法有3种,即太沙基总应力法、Bishop有效应力法和有效应力增量法[1]。目前,Bishop有效应力法应用较为普遍,即水平向和竖向有效应力之比:

$$K_0 = \sigma'_{h0}/\sigma'_{v0} \tag{3-1}$$

式中,σ'_{h0} 为水平向有效应力;σ'_{v0} 为竖向有效应力。

静止土压力系数主要影响因素包括以下5个方面:

1) 有效内摩擦角

无黏性土的摩阻力大小可以由有效内摩擦角来反映,一般而言,有效内摩擦角越大,土体越密实,当侧限条件下稳定时,其竖向有效应力就越大,静止土压力系数 K_0 往往较小;反之,有效内摩擦角较小的无黏性土,其静止土压力系数 K_0 较大。

2) 塑性指数

塑性指数 I_P 作为黏性土的重要指标,I_P 愈大,表明土的粒径越小,则黏粒含量越多;反之,土的粒径越大。Alpan于1967年提出了正常固结土的静止土压力系数的计算方法,如式(3-2)所示。

$$K_0 = 0.19 + 0.233 I_P \tag{3-2}$$

由上式可以看出:I_P 越大,K_0 越大。

3) 应力历史

土在漫长的历史演变过程中,经受了大自然或工程施工重复地加载和卸载过程而形成了超固结土,应力状态变化如图3-1所示。

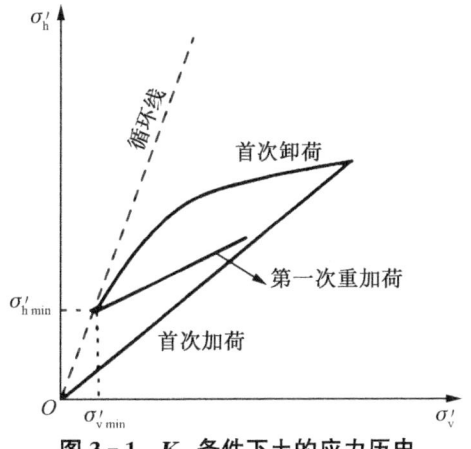

图 3-1 K_0 条件下土的应力历史

4) 土的粒径大小

静止土压力系数大小与土的粒径有关,粗粒土的静止土压力系数 K_0 要小于细粒土的;而黏性土粒径一般较小,故黏性土的静止土压力系数 K_0 一般大于无黏性土的。

5) 土的压缩性

对于正常固结土,土体的压缩性随着静止土压力系数的增大而增大,即土的压缩模量会随静止土压力系数的增大而减小。但是对于超固结土而言,土的压缩模量随 K_0 的增大而增大,即土体的压缩性随超固结比的增大而降低。

3.1.2 基于原位测试确定静止土压力系数典型方法综述

对具有加荷卸荷的简单应力历史的土体,可采用 Mayne 和 Kulhawy[2] 于 1982 年提出的一种基于大量的室内试验数据所得的预测不同类型土(黏土、淤泥质土和砂类土等)的静止土压力系数 K_0 的方法。其公式为:

$$K_{0nc}=1-\sin\varphi' \tag{3-3}$$

$$K_{0oc}=K_{0nc}OCR^{\sin\varphi'} \tag{3-4}$$

式中,φ' 为有效内摩擦角;K_{0oc} 为超固结土的静止土压力系数;K_{0nc} 为正常固结土的静止土压力系数;OCR 为超固结比。由公式可以看出,土体静止土压力系数与土体的有效内摩擦角和土体的应力历史有很大关系。

1) 有效内摩擦角原位测试方法研究

(1) 基于静力触探的有效内摩擦角测定方法

Robertson 和 Campanella[3] 基于承载力理论对五种不同砂土进行了标定槽试验,并进行了 CPT 测试,根据实验结果提出了基于锥尖阻力的预测砂土有效内摩擦角 φ' 的计算方法,试验结果如图 3-2 所示。

$$\varphi' = \arctan[0.1 + 0.38(q_c/\sigma'_{v0})] \quad (3-5)$$

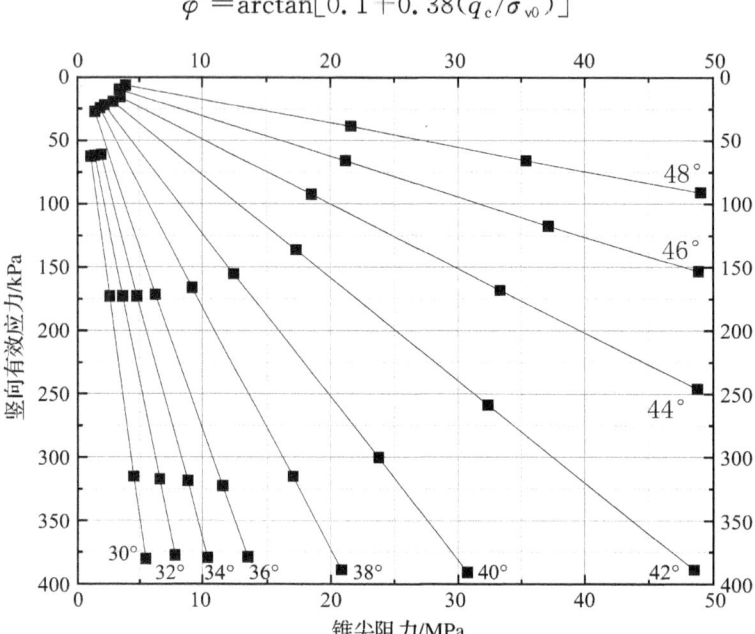

图 3-2 利用锥尖阻力估算砂土的有效内摩擦角[3]

图 3-3 中,Kulhawy 和 Mayne[4] 根据不同标定槽尺寸,选择了不同的静力触探锥头进行 24 组试验,对比分析测试结果后,对 Robertson 和 Campanella[3] 提出的计算公式进行了修正,提出了新的计算方法:

$$\varphi' = 17.6° + 11.01 \log q_{c1} \quad (3-6)$$

式中,$q_{c1} = q_c/(\sigma'_{v0}/\sigma_{atm})^{0.5}$ 为标准化锥尖阻力。

Mayne 和 Campanella[5] 又提出了估算含有细粒土的有效内摩擦角的计算公式(3-7),试验结果如图 3-4 所示。

$$\varphi' = 29.5° B_q^{0.121}[0.256 + 0.336 B_q + \log Q_t] \quad (3-7)$$

式中,$Q_t = (q_t - \sigma_{v0})/\sigma'_{v0}$;$B_q = (u_2 - u_0)/(q_t - \sigma_{v0})$。

需要注意的是,该公式只适用于 $0.1 < B_q < 10$ 和 $20° < \varphi' < 45°$ 的混合砂性土。

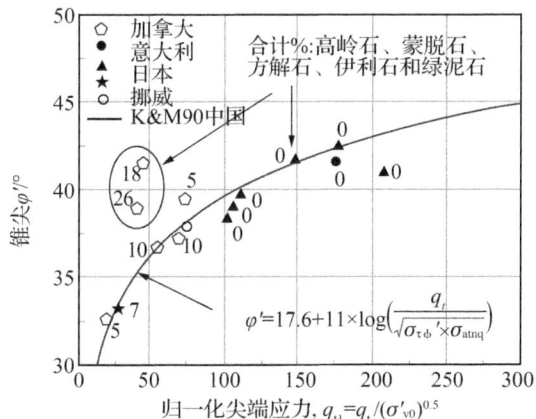

图 3-3 有效内摩擦角与归一化锥尖阻力关系图[4]

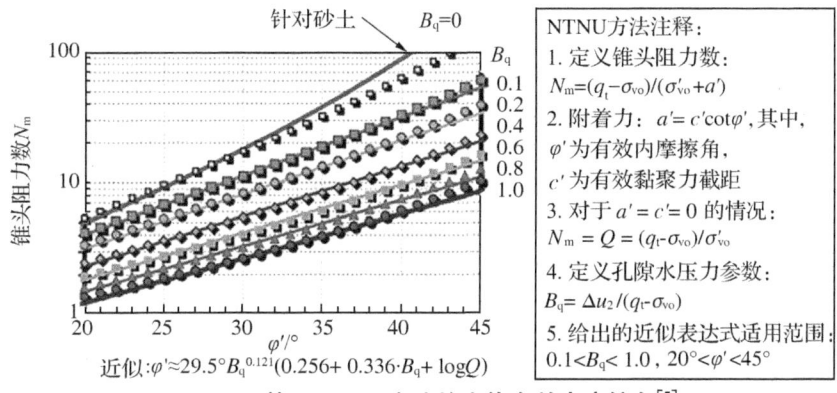

图 3-4 基于 NTNU 方法的土体有效内摩擦角[5]

(2) 基于扁铲侧胀试验的有效内摩擦角确定方法

Schmertmann[6]由孔穴扩张理论，推导出了计算砂土有效内摩擦角的公式：

$$\varphi' = f(I_D, \sigma'_{v0}, q_0) \tag{3-8}$$

Campanella 和 Robertson[7]利用土力学和弹性力学等相关理论，并结合统计资料进行分析总结得出了经验公式：

$$\varphi' = 37.3° \left(\frac{K_D - 0.8}{K_0 + 0.8} \right)^{0.082} \tag{3-9}$$

Marchetti[8]根据统计资料提出了计算有效内摩擦角的经验公式：

$$\varphi' = 28° + 14.6° \log K_D - 2.1° \log^2 K_D \tag{3-10}$$

2) 静止土压力系数原位测试研究方法

(1) 扁铲侧胀(DMT)方法

目前,国内外最常用的静止土压力系数计算方法主要是基于扁铲侧胀方法。20世纪70年代意大利学者Marchetii[9]提出了扁铲侧胀试验(DMT),因其具有经济、快速、误差小、灵敏度高等优点,而且是一种可以测定土体侧向力学反应的试验,在求取土体静止侧压力系数时有独特优势。国内外许多学者利用扁铲侧胀试验(DMT)所求的水平应力指数K_D与静止侧压力系数K_0之间具有较好的相关性,建立相应的计算公式。

1980年Marchetti[9]根据Brooker和Ireland[22]所建立的关系,结合软土地区试验与其他试验对比,最早提出了适用于砂土和非胶结黏土的经验公式;Powell等[10]在1998年基于英国地区黏性土特征对Marchetti提出的计算公式进行了修正;之后挪威学者Lacasse和Lunne[11]也在此基础上对根据不同地区各种试验方法所测定的K_0进行综合评价,认为在1.5~4的范围内,并提出了相应的经验公式。

国内自引进扁铲侧胀试验技术后,因扁铲侧胀试验求取土体静止侧压力系数具有的独特优势和依靠地区经验性的特性,许多学者在不同地区对扁铲侧胀试验推求土体静止侧压力系数展开了大量的研究。陈国民[12]于1999年根据上海地区大量的扁铲侧胀试验测试资料,对Lacasse和Lunne[11]提出的计算公式进行了修正;2005年,陈雪元[13]在苏州地区进行大量的扁铲侧胀试验,总结分析提出了静止侧压力系数计算的经验公式;唐世栋等[14]于2006年以弹性理论中的Mindlin解为基础,结合相关工程资料推导出用于上海地区的静止侧压力系数计算公式;2009年唐世栋等[15]在上海公式的基础上,结合土性和沉积成因差异推导出杭州地区计算公式;张道政等[16]在2014年通过对无锡地铁1~3号线基坑工程勘察资料的统计和整理,建立了无锡地区静止侧压力系数计算的经验公式。

(2) 静力触探(CPT)方法

Kulhawy和Mayne[4]提出利用归一化锥尖阻力,以自钻式旁压试验得到的静止土压力系数值为参考值,得到了黏性土静止土压力系数K_0的估算公式:

$$K_0 = \alpha \times \left(\frac{q_t - \sigma_{v0}}{\sigma'_{v0}}\right) \quad (3-11)$$

式中,$\alpha = 0.1$。

(3) 扁铲侧胀和静力触探结合法

Marchetti[17]在第11届国际土力学与基础工程会议上提出了估算K_0的新方法,认为可以用(q_c/σ'_{v0})来代替有效内摩擦角,K_D反映土层应力历史,基于这两个参数计算静止土压力系数。根据Marchetti的建议,Baldi等[18]通过室内试验和CPT&DMT测试,提出基于K_D和q_c/σ'_{v0}估算K_0的公式:

$$K_0 = 0.376 + 0.095K_D - 0.00172q_c/\sigma'_{v0} \quad (3-12)$$

Hossain等[19]整理了多个场地的试验数据,重新评估了影响K_0的变量,并提出了基于K_D、q_c/σ'_{v0}和OCR的估算K_0的公式(图3-5):

$$K_0 = 0.72 + 0.0456\log OCR + 0.035K_D - 0.194\log(q_c/\sigma'_{v0}) \quad (3-13)$$

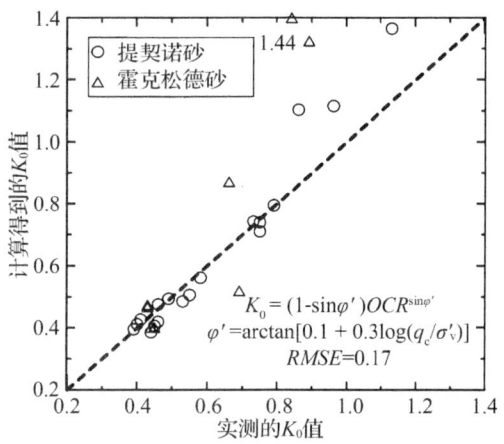

图3-5 基于DMT&CPT试验估算K_0[19]

通过查阅相关的资料和文献,对目前国内外静止土压力系数(K_0)的确定方法进行了总结,获得K_0的方法主要有四种[20]:① 经验公式法;② 室内试验法;③ 原位测试法;④ 反分析法,具体如表3-1所示。

表3-1 静止土压力系数(K_0)的确定方法总结

	来源	关系式	说明
理论关系式	Jaky[21]	$K_{0nc} = 1 - \sin\varphi'$	正常固结土
	Brooker[22]	$K_{0nc} = 0.95 - \sin\varphi'$	砂土
室内试验方法	Schmidt[23]	$K_{0oc} = K_{0nc}OCR^m$	Meyerhof, $m=0.5$ Simpson, $m=0.41\sim0.5$
	Alpan[24]	$K_0 = 0.19 + 0.233\log I_P$	正常固结黏土

续表 3-1

来源		关系式	说明
基于CPT的确定方法	Mayne 等[2]	$K_{0nc}=1-\sin\varphi'$ $K_{0oc}=K_{0nc}OCR^{\sin\varphi'}$	黏土、淤泥质土、砂类土
	Kulhawy 等[4]	$K_0=0.1\times\left(\dfrac{q_t-\sigma_{v0}}{\sigma'_{v0}}\right)$	黏土
基于DMT的确定方法	Marchetti 等[8-9]	$K_0=(2/3\times K_D)^{0.47}-0.6$	非胶结黏土和砂土
	Lunne 等[11]	$K_0=0.34K_D^m$	$m:0.44\sim0.54$ 与 I_P 相关
	Powell 等[10]	$K_0=0.34K_D^{0.55}$	黏土
	上海地区经验公式（陈国民[12]）	$K_0=0.34K_D^n$ $K_0=0.34K_D^n-0.06K_D$	淤泥质粉质黏土，$n=0.44$；淤泥质黏土，$n=0.6$ 褐黄色硬壳层，$n=0.54$；粉土、粉砂，$n=0.6$
	上海地区计算公式（唐世栋等[14]）	$K_0=0.2K_D$	$I_D\leqslant 2.6$
	杭州地区计算公式（唐世栋等[15]）	$K_0=nK_D$	$I_D\leqslant 0.6, n=0.2$，$0.6<I_D<3.3$，$n=0.085$
	苏州地区经验公式（陈雪元[13]）	$K_0=0.34K_D^{0.5}-0.06K_D$ $K_0=0.34K_D^{0.47}-0.06K_D$	黏土 砂土
	无锡地区经验公式（张道政等[16]）	$K_0=0.34K_D^{0.48}-0.05K_D$ $K_0=0.34K_D^{0.5}-0.06K_D$ $K_0=0.34K_D^{0.48}-0.06K_D$ $K_0=0.34K_D^{0.46}-0.06K_D$	黏土 粉质黏土 粉土 砂土
	《铁路工程地质原位测试规程》	$K_0=0.3K_D^{0.54}$	黏土
基于DMT和CPT的确定方法	Baldi 等[18]	$K_0=0.376+0.095K_D-0.00172q_c/\sigma'_{v0}$	砂土
	Hossain 等[19]	$K_0=0.72+0.0456\log OCR+0.035K_D-0.194\log(q_c/\sigma'_{v0})$	砂土

注：φ' 为有效摩擦角；I_P 为塑性指数；σ_{v0}，σ'_{v0} 分别为总上覆应力和有效上覆应力；K_D 为水平应力指数；I_D 为材料指数。

3.1.3 有效内摩擦角预测结果分析

1）基于静力触探试验方法

以常州地铁2号线怀德站为例，对于砂性土，通过 Robertson 和 Campanella[3] 提出的基于锥尖阻力预测砂土有效内摩擦角的计算公式和 Kulhawy 和 Mayne[4]

提出的公式分别进行计算。两种计算方法结合室内试验,前后两次原位测试对比如图3-6所示。

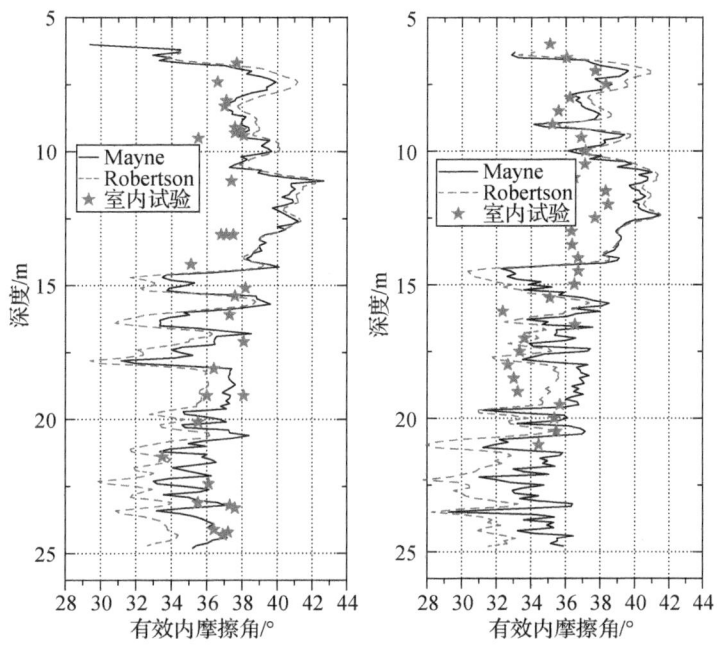

图3-6 怀德站两次CPT测试砂性土有效内摩擦角随深度的变化图

由图3-6可以看出,Kulhawy和Mayne基于静力触探原位测试所提出的公式计算砂性土的有效内摩擦角相较于Robertson提出的计算公式,离散性较小,与室内固结排水三轴试验所得的计算结果有较好的一致性,所以对于常州地区典型Q_3土层采用Kulhawy和Mayne的公式计算更为准确。

2) 基于扁铲侧胀试验方法

对于砂性土,可采用Campanella和Robertson方法[7]和Marchetti方法[8]进行计算,计算结果如图3-7所示。

由图3-7可以看出,Campanella和Robertson所提出的公式计算砂性土的有效内摩擦角相较于Marchetti提出的计算公式,离散性较小,与室内固结排水三轴试验所得计算结果有较好的一致性,所以对于常州地区典型Q_3土层采用Campanella和Robertson的公式计算更为准确。

3) 两种方法对比

选取两个测孔分别进行计算,计算结果对比如图3-8所示。

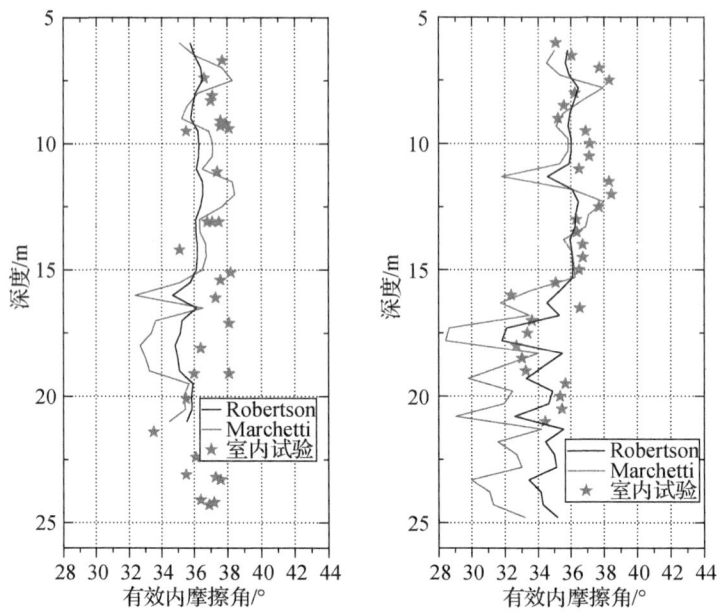

图 3-7 怀德站两次 DMT 测试砂性土有效内摩擦角随深度的变化图

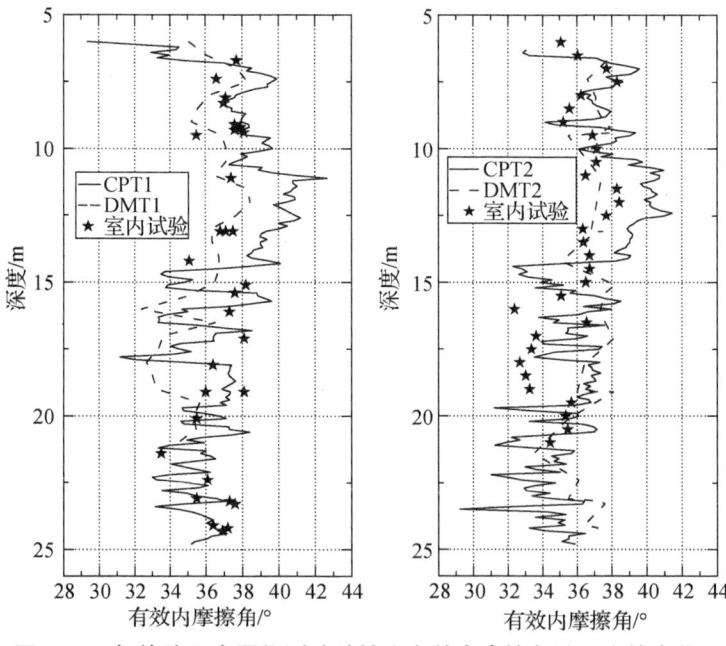

图 3-8 怀德站两次原位测试砂性土有效内摩擦角随深度的变化图

由图 3-8 可以看出，Kulhawy 和 Mayne 基于静力触探原位测试所提出的公式计算砂性土的有效内摩擦角相较于扁铲测试试验计算结果，与室内固结排水三轴试验所得计算结果有较好的一致性，所以对于常州地区典型 Q_3 土层采用 Kulhawy 和 Mayn 的公式计算是可靠的。同时，可以看出砂性土的有效内摩擦角范围在 32°~40°之间。

3.1.4 静止土压力系数预测结果分析

1) 基于 CPT 方法预测结果分析

(1) 对于黏性土

采用 Kulhawy 和 Mayne[4] 提出的黏性土静止土压力系数 K_0 估算公式：

$$K_0 = 0.1 \times \left(\frac{q_c - \sigma_{v0}}{\sigma'_{v0}} \right) \tag{3-14}$$

(2) 对于砂性土

① 有效内摩擦角 φ' 的估算

Kulhawy 和 Mayne[4] 提出的公式适用于常州地区典型砂性土层，具体如下：

$$\varphi' = 17.6° + 11.01° \log q_{c1} \tag{3-15}$$

式中，$q_{c1} = q_c / (\sigma'_{v0}/\sigma_{atm})^{0.5}$ 为标准化锥尖阻力。

② 超固结比 OCR 的估算

对于粉砂层：

$$OCR = 0.035 \left(\frac{q_c - \sigma_{v0}}{\sigma'_{v0}} \right) = 0.035 Q_{t1} \tag{3-16}$$

式中，σ'_{v0} 为有效应力，σ_{v0} 为总应力。

对于正常固结砂土，采用 Brooker 和 Ireland[22] 所建立的关系：

$$K_{0nc} = 0.95 - \sin \varphi' \tag{3-17}$$

对于超固结砂土，采用 Mayne 和 Kulhawy[2] 提出的公式计算静止土压力系数：

$$K_{0oc} = K_{0nc} OCR^{\sin \varphi'} = (0.95 - \sin \varphi') OCR^{\sin \varphi'} \tag{3-18}$$

式中，φ' 为有效内摩擦角；K_{0oc} 为超固结土的静止土压力系数；K_{0nc} 为正常固结土的静止土压力系数；OCR 为超固结比。

以室内 K_0 固结试验结果作为参考，根据怀德站前后两次 DMT 试验结果对表 3-1 所总结的国内外提出的关系式进行了计算并比较，结果如图 3-9 所示。

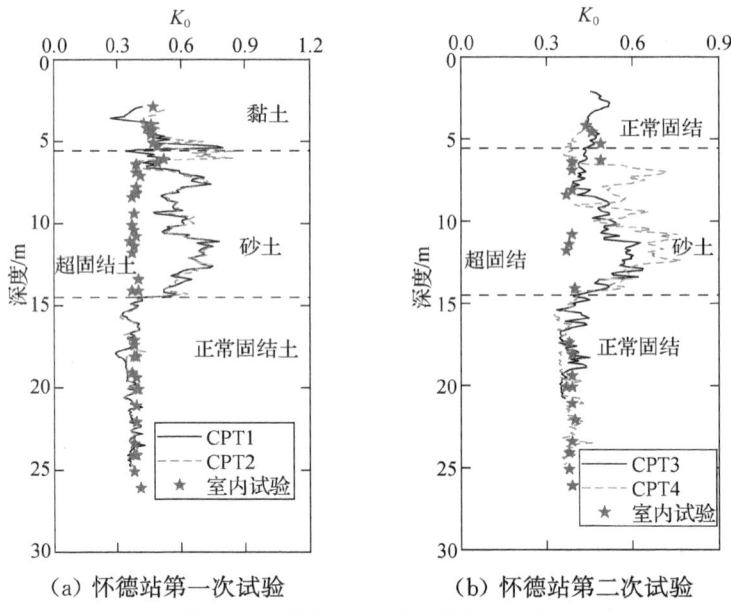

图 3-9 基于 CPT 方法预测 K_0 值

对于黏土层,试验数据较少,其可靠性有待验证。

对于粉砂层,对于正常固结土,Brooker 和 Ireland[22]方法的确定值与室内试验值吻合较好;对于超固结土,Mayne 和 Kulhawy[2]方法趋向于高估了 K_0 值(与室内实验值相比),究其原因:① 考虑到常州地区土层中粉粒含量较高,具有低的化学固结,取样时对应力释放的高灵敏性,可能使得土的超固结特性无法在室内试验中体现出来,实际上在一定程度上低估了真实的 K_0 值;② 尽管土的超固结会使得土体静止土压力系数增大,但正如纠永志和黄茂松[25]对上海地区的研究表明(图 3-10),Mayne 和 Kulhawy 提出的公式并不适用于所有地区土层,可能过高地估算了超固结土的 K_0 值。

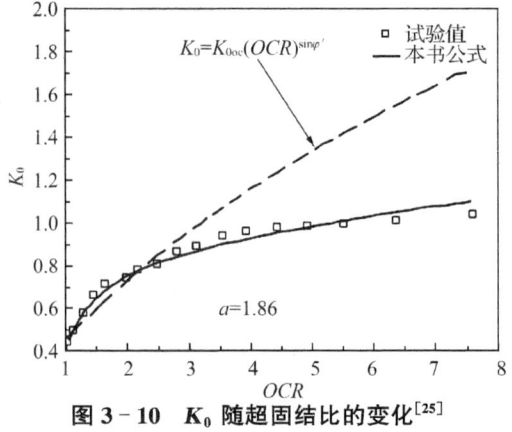

图 3-10 K_0 随超固结比的变化[25]

2）基于 DMT 方法预测结果分析

扁铲侧胀作为一种侧向受力的试验技术，且所得的试验参数 K_D 对于土体应力历史有较高的敏感性，该试验可以同时反映土体应力历史和侧向受力特性，通过扁铲侧胀试验确定静止侧压力系数的方法是较为可靠的。

需要注意的是，在过去很多学者推导出了粒状土和黏性土的 K_0 与 K_D 的关系式，但是这些经验关系主要是针对某一特定地区的，由于扁铲侧胀试验引进国内的时间较短，还没有很多的经验关系，因此对于已经提出的关系也应该慎用。

以室内 K_0 固结试验结果作为参考，根据怀德站前后两次 DMT 试验结果对表 3-1 所总结的国内外提出的关系式进行了计算并比较，结果显示如图 3-11 所示。Marchetti[17]、Lunne 和 Lacasse[11] 提出的经验公式计算出的 K_0 普遍较大，严重地高估了 K_0 值，对于常州地区并不适用，其中 Lunne 和 Lacasse[11] 方法相对更接近于试验值；杭州地区计算公式是基于弹性力学中的 Mindlin 解进行推导，需要根据不同地区土性进行修正，由于杭州地区土性和沉积成因与常州地区不同，因此计算结果离散型较大，不能直接运用于常州地区侧压力系数计算；上海地区经验公式趋向于轻微地高估了 K_0 值，而无锡与苏州的地区经验公式与常州地区室内试验 K_0 值吻合程度较高，主要是因为经验公式来源于室内试验与 DMT 试验参数的比较，

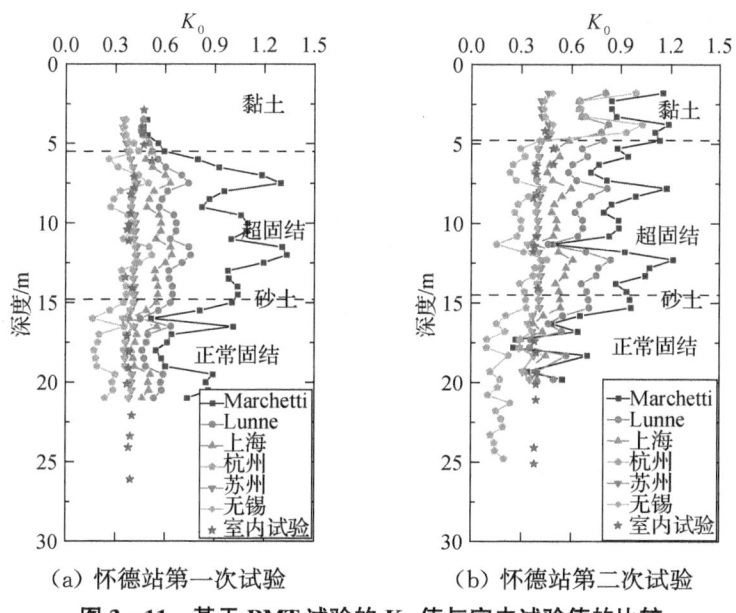

（a）怀德站第一次试验　　　　（b）怀德站第二次试验

图 3-11　基于 DMT 试验的 K_0 值与室内试验值的比较

分析可得,地区土性和地质历史的差异是造成这种不吻合现象的主要原因。国外 Marchetti[17]、Lunne 和 Lacasse[11] 方法在常州地区的应用需要进行适当的校核修正。

3) 基于 CPT 和 DMT 方法预测结果分析

针对怀德站前后两次试验,对 Baldi 等[18] 和 Hossain 等[19] 提出的计算方法进行比较,结果如图 3-12 所示。由图可知,相较于室内试验值,Baldi 等[18] 和 Hossain 等[19] 的方法都在一定程度上高估了 K_0 值,Baldi 法相比于 Hossain 法,其离散性大,对土层的固结特性反应更敏锐。

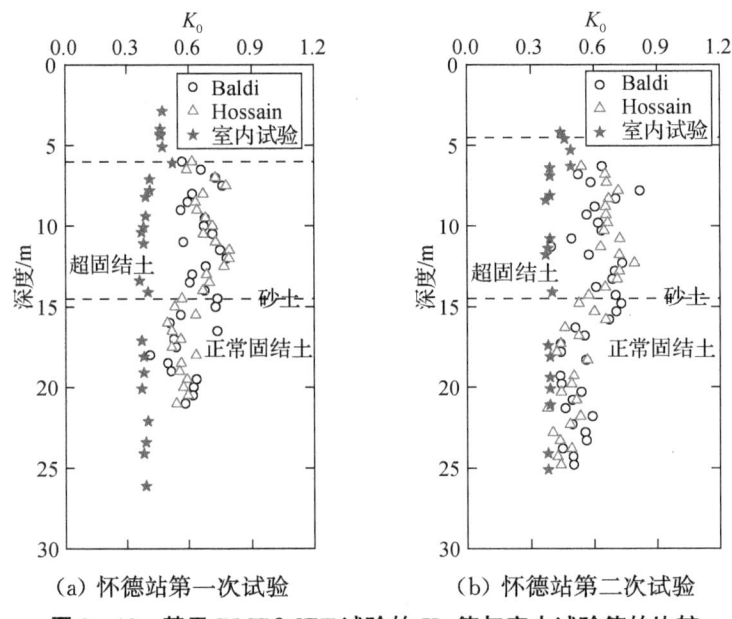

图 3-12　基于 DMT&CPT 试验的 K_0 值与室内试验值的比较

4) 基于原位测试方法预测结果综合评价

对三种原位测试方法进行综合评价,如图 3-13 所示。由图可知,扁铲侧胀确定方法相较于其他两种方法吻合度高(相较于室内试验和设计推荐),较为可靠,分析认为主要原因是扁铲侧胀作为一种侧向受力的试验技术,且所得的试验参数 K_D 对土体应力历史有较高的敏感性,该试验可以同时反映土体应力历史和侧向受力特性,因此在求解土体静止土压力系数上相较于其他原位测试技术具有显著的优势。

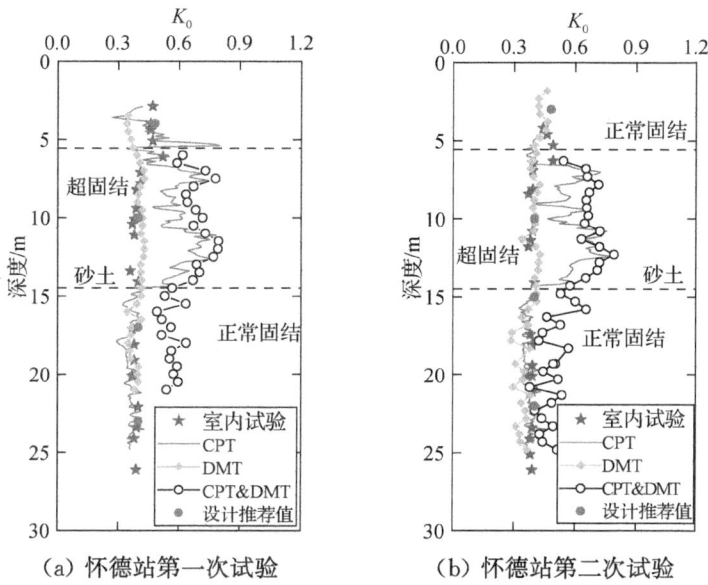

(a) 怀德站第一次试验　　　　(b) 怀德站第二次试验

图 3.13　基于原位测试综合评价图

3.2　土体应力历史对降水诱发变形影响及其原位测试分析

超固结比 OCR 是评价土的固结状态、结构性以及变形和强度特性的一个非常重要的参数。土的固结和压缩特性与由 OCR 所代表的土体应力历史高度相关。不同地区土层应力历史大不相同,相关的研究结果不可直接套用,因此,为了正确选择相应的土体参数对工程性降水引发的地层固结沉降进行估算,有必要对土体应力历史进行深度剖析。

目前国内外对土层超固结比的确定主要采用室内固结压缩试验的方法,存在试验成本高、效率低,且难以克服取样扰动的问题。本节首先整理了长江中下游冲积平原地区各区域(常州、苏州、上海、无锡)相关地质资料[1,26],对该区域土层应力历史进行系统分析;其次分析土体应力历史对地下水降水诱发土体变形的影响,并结合 CPTU&DMT 原位测试提出基于原位测试的土体超固结比 OCR 的确定方法。

3.2.1　长江下游冲积平原地区应力历史统计分析

1) 常州地区典型土层应力历史

(1) 水文地质条件

图 3-14 展示了该地区水文地质剖面简单示意图,根据含水层成因、埋藏条件

及水力联系等,将该区域对工程建设有影响的含水层划分为三个部分:潜水含水层、第Ⅰ承压含水层(组)、第Ⅱ承压含水层(组)。由图可知,常州地区第Ⅰ承压含水层主要为第⑤层粉土粉砂层及第⑧层粉土粉砂层。由于第Ⅱ承压含水层埋深大,因此对基坑工程产生安全风险的主要为第Ⅰ承压含水层。浅水层及第Ⅰ承压含水层所赋存的地层分布深度在地表以下30 m范围内,属于常州地区主要地下开发空间。

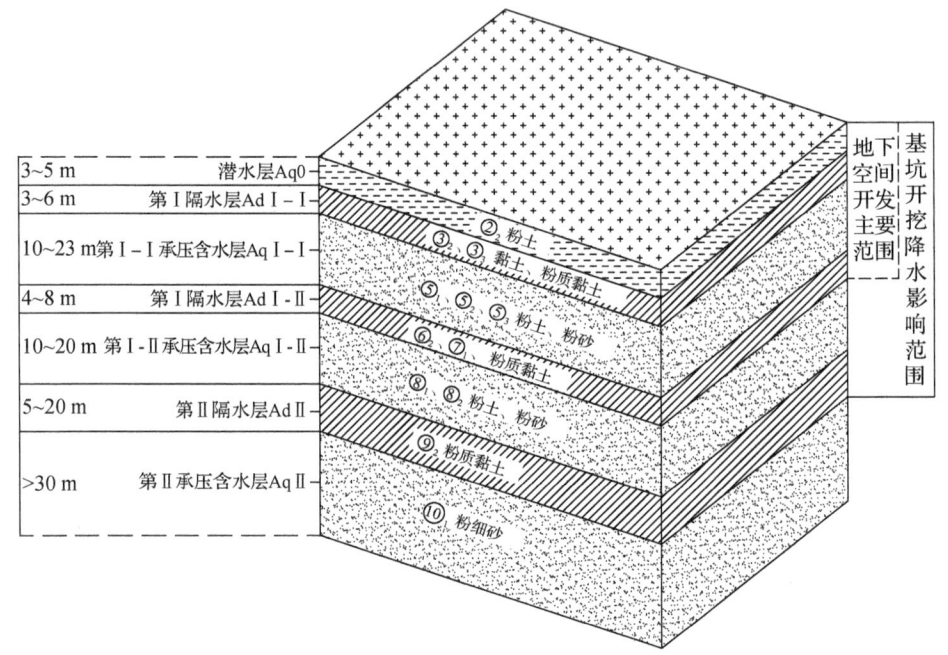

图 3-14 常州地区水文地质剖面示意图

(2) 土层应力历史统计

① 地下水开采历史

地下水超量开采是导致土体应力历史状态发生变化的因素之一。在过去的几十年间,长三角地区经济快速发展,为满足人类生活及社会生产的需要,水资源的需求量大幅度增加,进而导致该地区重点城市地下水被大量开采。

常州地区从20世纪70年代开始统计地下水年开采量及城区水位,如图3-15所示。1995年省政府发布规定限制超采区地下水开采,地下水位下降的速度由此开始放缓,并出现局部水位回升现象。2000年省人大常委会颁布相关决定,限定2005年底之前停止对该地区第Ⅱ承压层及其以下含水层的地下水进行开采,地下水位得以进一步回升。

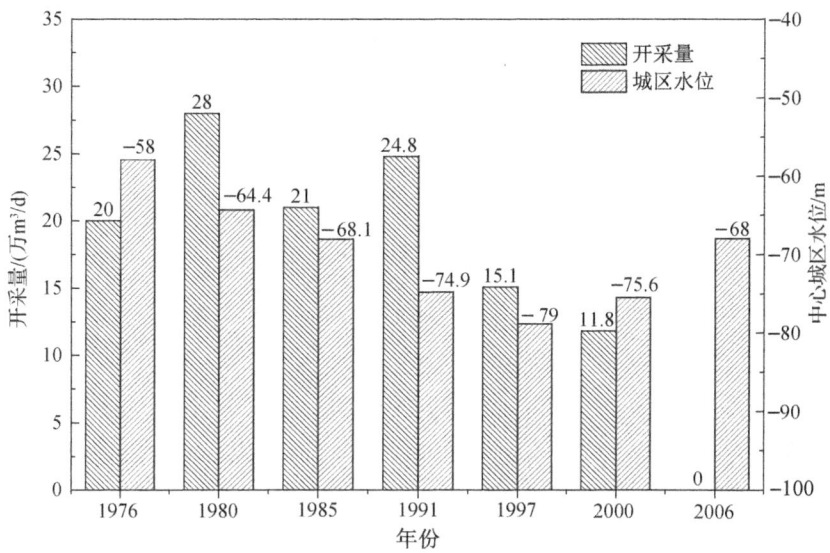

图 3-15 常州地区地下水历年开采量及城区水位统计图

② 典型土层应力历史状态

由于前期常州地区地下水的大量开采,造成了部分土层的应力历史状态发生改变,进而对地表沉降产生了影响。图 3-16 展示了该地区典型基坑工程进行工程降水引起的地表沉降示意图。由图可知,采用分层总和法计算所得的地表沉降明显大于监测数据。其中,实例 1 中最大地表沉降监测值为 7.6 mm,分层总和法计算值为 35.5 mm;实例 2 中最大地表沉降监测值为 2 mm,分层总和法计算值

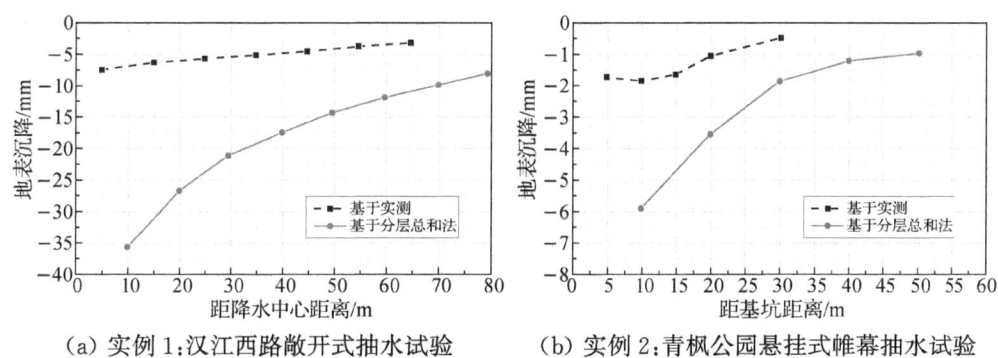

(a) 实例 1:汉江西路敞开式抽水试验　　(b) 实例 2:青枫公园悬挂式帷幕抽水试验

图 3-16 常州地区实例工程地表沉降对比图

最大为 5.9 mm。大量工程实践也表明常州地区基坑降水引发的地表沉降相比理

论计算值明显偏小,这表明该地区一定范围内的土层处于超固结状态。

本节整理了该地区多个基坑工程场地典型土层应力历史的相关资料,以此绘制了常州地区土层超固结比统计图(图 3-17)。结合图 3-14、图 3-17 及表 3-1 可知,上部相对隔水层所赋存土体的超固结比在 4~12 之间,为严重超固结土;第 Ⅰ 承压含水层上部所赋存土体(第⑤层粉土、粉砂层)的超固结比在 3~6 之间,为重超固结土;第 Ⅰ 承压含水层下部所赋存土体(第⑧层粉土、粉砂层)的超固结比主要分布在为 1~3 之间,为正常~轻微超固结土。

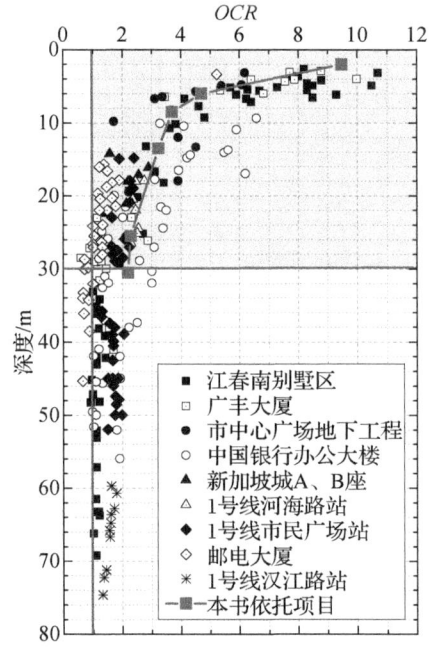

图 3-17 常州地区典型土层超固结比统计

由上述分析可知,自地面以下 30 m 范围内是常州地区地下空间开发的主要空间,该范围内的土体多处于超固结状态。因此,针对该地区研究含水层土体应力历史状态对减压降水的影响及其原位测试研究具有重要意义。

2) 上海地区典型土层应力历史

上海浅部典型土层指的是自地面以下分布在 35~40 m 以内的土层,包括晚更新世时期形成的厚度 3 m 左右的硬土层及其上覆厚度超过 30 m 的全新世软黏土层,这是目前上海地下空间开发的主要影响层。主要包括:②层褐黄色粉质黏土;③层灰色淤泥质粉质黏土;④层灰色淤泥质黏土;⑤层灰色粉质黏土;⑥层暗绿色硬土层。自 20 世纪 80 年代起,上海地区软黏土固结特性得到广泛研究。

魏道垛和胡忠雄[27]通过对上海浅部土的应力历史的分析研究,发现②层和⑥层土为超固结土(其中②层土超固结比 OCR 变化范围较大,在 2～10 之间;⑥层土超固结比约为 2),其余的③～⑤层基本为正常固结土。张诚厚等[28]采用压缩试验得到的上海黄浦江岸边某场地淤泥质黏土的 OCR 随深度的变化曲线,OCR 在 1.4～2.4 之间。

武朝军等[29]根据魏道垛和胡忠雄[27]提出的上海浅部土层的分布规律,采用 Becker 等[30]提出的能量法对上海莲花南路②到⑥层连续浅部土的前期固结压力进行分析,并辅以不同围压的三轴试验,从多个角度验证了 OCR 分布规律,具体数据如图 3-18 所示。

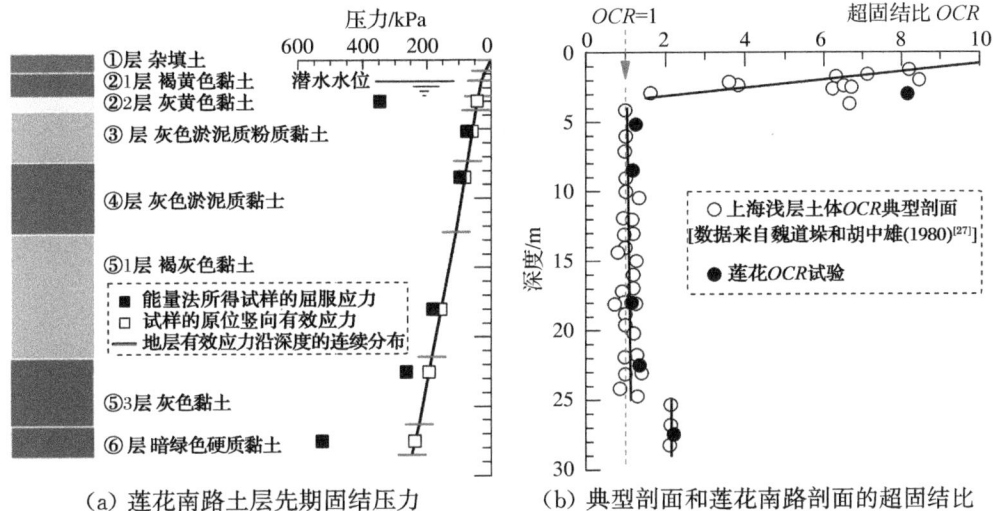

(a) 莲花南路土层先期固结压力　　(b) 典型剖面和莲花南路剖面的超固结比

图 3-18　莲花南路浅部土层先期固结压力及 OCR 断面分布[31]

根据图 3-18 中试验所得莲花南路各土层 OCR 数据,可以发现上海浅部各土层之间超固结状态有所不同:首先,②层和⑥层土为超固结土,OCR 分别为 8.16 和 2.22;其次,③④和⑤层土为正常固结或弱超固结土,OCR 为 1.16～1.36。图 3-18(b)同时给出了魏道垛和胡中雄[27]所整理的上海浅部土层 OCR 的分布规律,所得结论基本吻合。

高彦斌和陈忠清[32]分析了上海地区滨海平原和湖沼平原的 19 个重要工程项目的原位十字板强度,对上海 3 个典型软黏土层的超固结比 OCR 及其地质成因进

行了分析,得到以下结论(图 3-19):

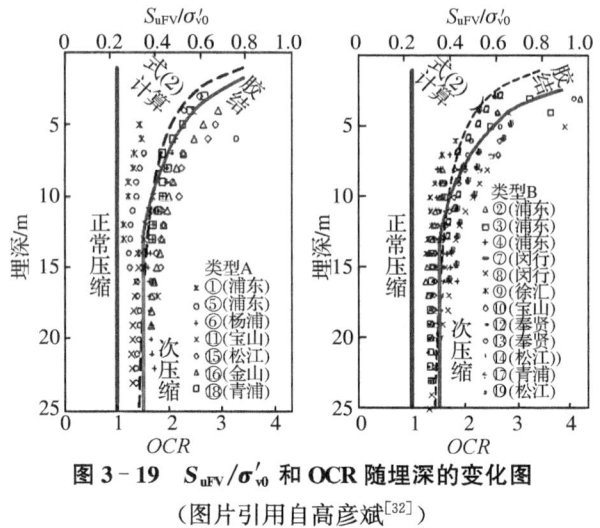

图 3-19 S_{uFV}/σ'_{v0} 和 OCR 随埋深的变化图

(图片引用自高彦斌[32])

① 上海软黏土的 OCR 在浅部 3~13 m 为 2.0~5.0,在深度 13~25 m 为 1.2~2.2,并考虑到中国工程界存在的突出的取土扰动问题,认为基于原位测试确定 OCR 的方法在沿海地区值得发展和推广。

② 不同程度的胶结作用(即结构性)是造成上海浅层土(小于 13 m)超固结的主要因素,次压缩作用是深层土(大于 13 m)超固结的主要因素。

虽然不同学者对上海地区土层超固结比的研究结果略有不同,但总体而言,上海地区浅层土层(5 m)为超固结土,5 m 以下至 25 m 范围土层为正常固结或轻微超固结土。

3) 苏州地区典型土层应力历史

苏州位于江苏省东南部,地处长江三角洲前缘、长江中下游、太湖东北,地势低平,总体呈西南高而东北低展布,除少量的低山残丘外,95% 以上土地为冲积平原,Q_4 土层松散,沉积物较厚且空间分布复杂。周春慧[33]、周臻[34]通过钻孔取样对苏州地区第四纪地层进行了精细化分层,对于苏州地区主要地下空间开发深度范围(30 m 以内)的 Q_3、Q_4 地层进行划分。其中①层填土、②层填土为全更新世(Q_4)土层(8 m 内),③~⑥层土为晚更新世土层(Q_3)土层(8~30 m)。

为获得更精确的土层应力历史数据,对于苏州地区浅层土层应力历史,通过王强[35]、邹海峰[36]等此前在苏州地区取高精度土样获得的土体超固结比的试验数据,统计可得苏州地区典型土层超固结随深度变化的统计图,如图3-20所示。

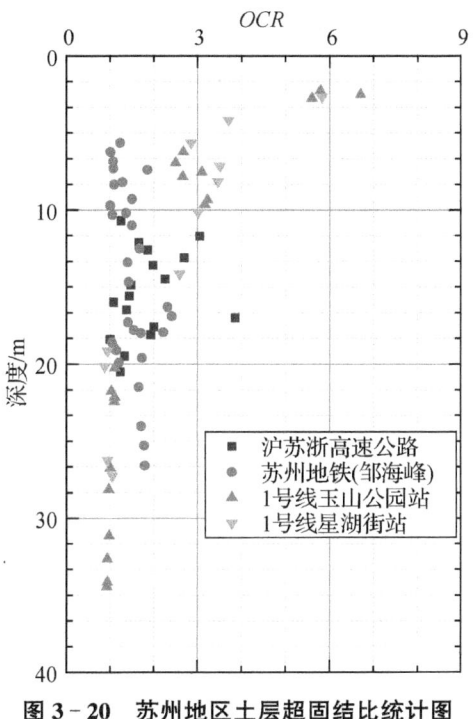

图3-20 苏州地区土层超固结比统计图

由图3-20可知,考虑试验存在的苏州地区浅层黏土层为超固结土,随深度变化埋深10 m以下土层为轻微超固结土。

4) 无锡地区典型土层应力历史

无锡地区属长江三角洲的一部分,地层结构以砂(砾)与黏性土互层为特征,韵律清晰,沉积相以河流、河湖相为主,一般在60 m以浅为陆海交互相沉积。根据无锡地铁沿线几个车站典型土层微扰动情况下室内固结试验所得的前期固结压力资料,统计分析得到了无锡地区典型区域土层超固结比统计图,如图3-21所示。

由图3-21可知,由于无锡地区广泛分布于第四纪全新统地层,因此除浅层为超固结土(OCR:2~4)外,较深层土均为正常固结土或轻微超固结土(OCR:1~2),在基坑设计时可看作是正常固结土进行计算。

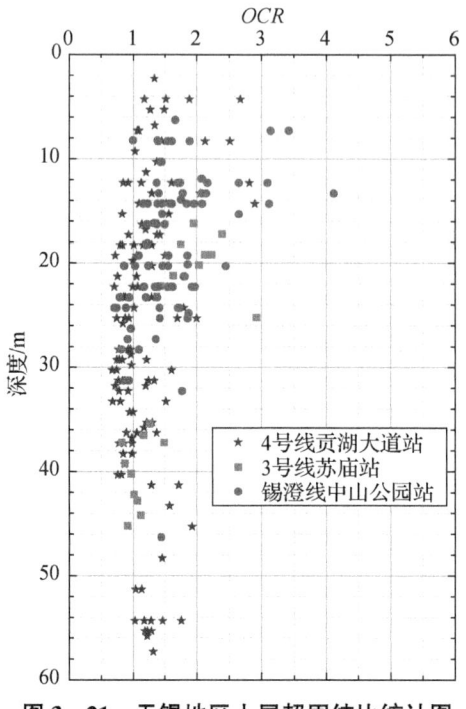

图 3-21　无锡地区土层超固结比统计图

3.2.2　土体应力历史对工程降水引起土体变形的影响

选择常州地区典型水文地质剖面,创建第Ⅰ承压含水层上部减压降水的数值模拟计算模型(图 3-22),采用有限差分数值软件进行完全流固耦合数值模拟,以此分析土体应力历史对减压降水引起土体变形的影响。模拟中降水井水位降深最大为 21 m,降水范围内渗透系数加权平均为 2.95 m/d,则降水影响半径为 360 m。为保证模型边界与每个降水井的距离大于降水影响半径,计算中模型尺寸拟定为 720 m×720 m×45 m。

根据整个减压降水过程中各含水层内水头的变化,降水过程、模拟分为以下 5 个阶段:

S_1 阶段:在降水初期,第Ⅰ承压含水层上部 AqⅠ-Ⅰ水头下降明显,其余含水层水位暂无变化,降水井的水源仅来自 AqⅠ-Ⅰ层,该阶段时间跨度相对较小。

S_2 阶段:承压含水层上部 AqⅠ-Ⅰ上下隔水层内水位开始发生变化,其余含水层水位仍旧稳定,降水井的水源仅来自 AqⅠ-Ⅰ、AdⅠ-Ⅱ及 AdⅠ-Ⅰ,同时在该阶

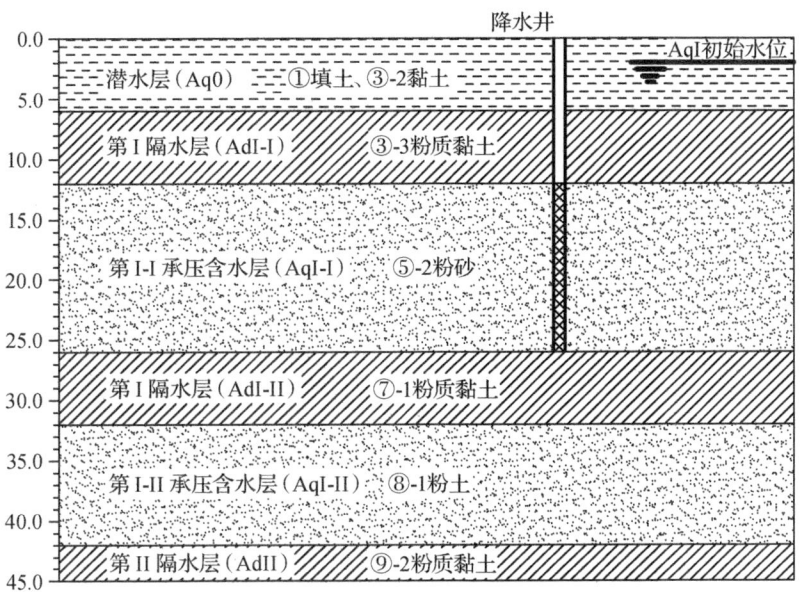

图 3-22 数值模拟计算概念模型剖面图

段 AdⅠ-Ⅰ进入水位稳定期。该阶段时间跨度明显大于 S_1 阶段,约为 S_1 阶段的 10 倍。

S_3 阶段:Aq0 及 AqⅠ-Ⅱ水位开始降低,即开始出现越流补给,此时降水井的水源来自 AqⅠ-Ⅰ、AdⅠ-Ⅱ、AdⅠ-Ⅰ、Aq0 及 AqⅠ-Ⅱ,同时在该阶段 AdⅠ-Ⅱ 及 AdⅠ-Ⅰ 先后进入稳定期。

S_4 阶段:此阶段只有 AqⅠ-Ⅲ 及 Aq0 水头在持续降低,并先后进入稳定期。

S_5 阶段:降水影响范围的边界水源补给持续稳定,各含水层水头降低到了最终值。此时降水井抽水量为降水影响范围边界处的水源补给量。

减压降水引起各含水层内水头降低,即减小了孔隙水压,增大了土颗粒之间的有效应力,从而引起土体的变形。在流固耦合分析中,土体变形的同时会影响渗流状态。图 3-23 为在不同降水阶段,采用等值线表示各含水层竖向位移发展变化的示意图,图中等值线的正值代表土体隆起,负值代表土体沉降,单位为 mm。结果显示,通过各个阶段是否考虑应力历史可知,考虑应力历史的工况在相同降水条件下所引发的土体沉降及部分土层隆起明显小于不考虑应力历史的工况。

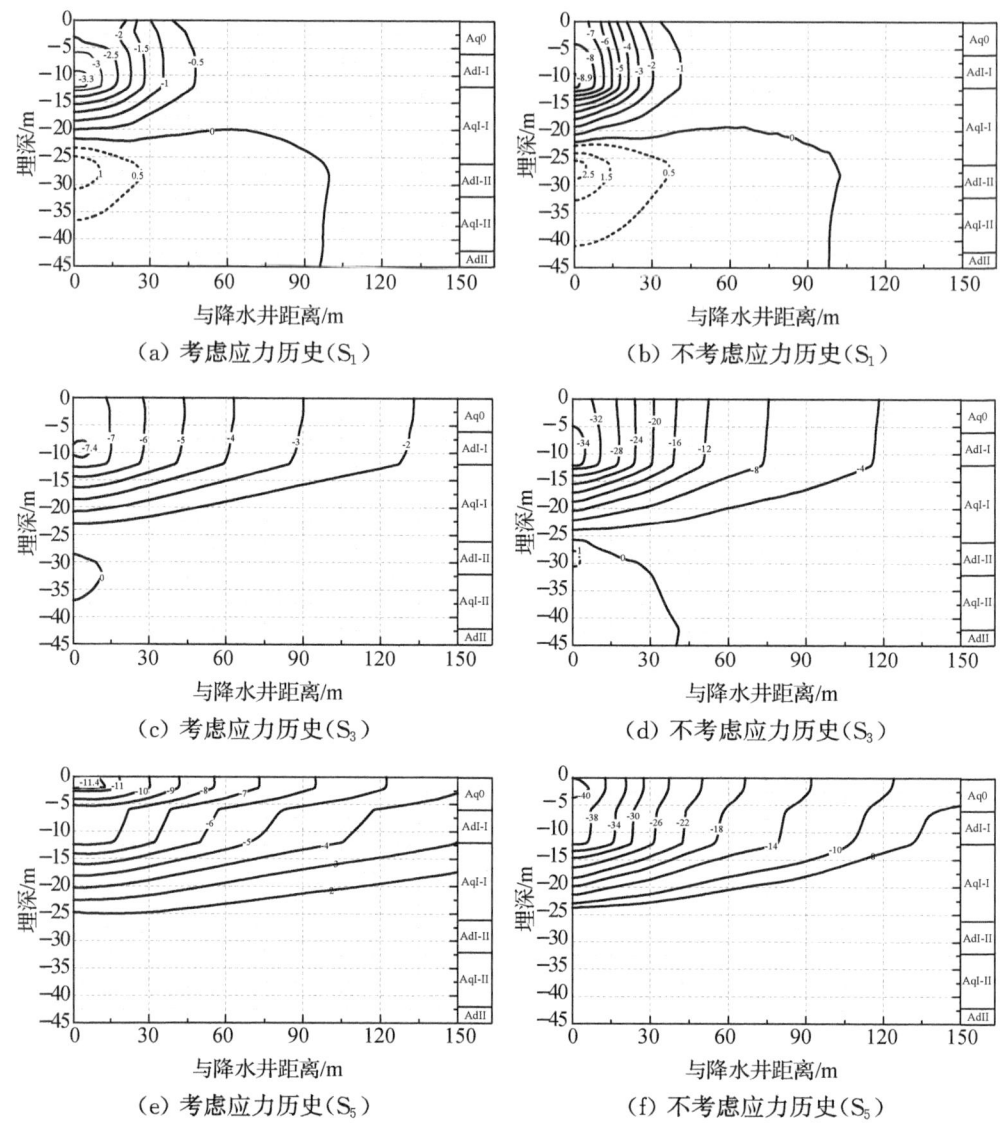

图 3-23 各阶段土体竖向位移变形等值图

除此可以看到，土体内部沉降范围分布形式有很大不同，具体表现为不考虑应力历史的工况条件下，承压水层内沉降变形占最终地表沉降变形的比例大于考虑应力历史的工况。图 3-24 给出了各个含水层在不同降水阶段的压缩变形量，图中负值表示压缩变形，正值表示拉伸变形。

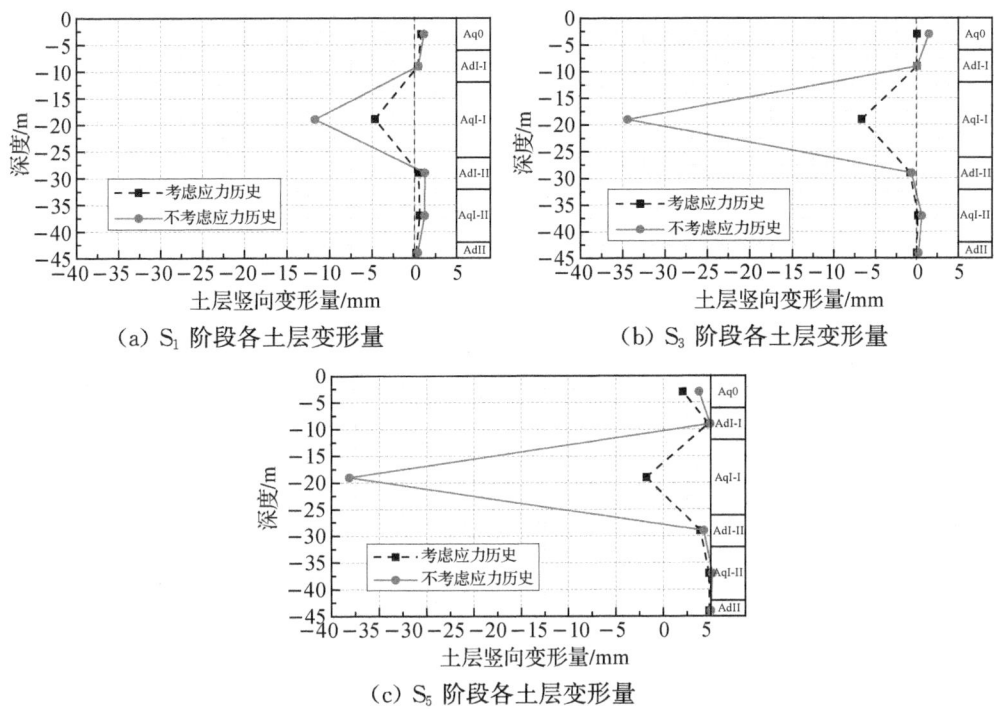

图 3-24 降水不同阶段各土层压缩量分布图

在对承压含水层进行减压降水的过程中,由于孔隙水压的变化导致土层发生竖向压缩变形,与此同时由于土体变形协调及地下水渗流力的综合作用,各含水层还会发生水平位移。图 3-25 展示了不同工况下各含水层水平位移分布图,图中正值表示土体向降水井方向发生水平位移,负值表示土体背离降水井方向发生水平位移,承压水层内的测点位于赋存土层顶部,其他含水层内的测点位于土层中部。

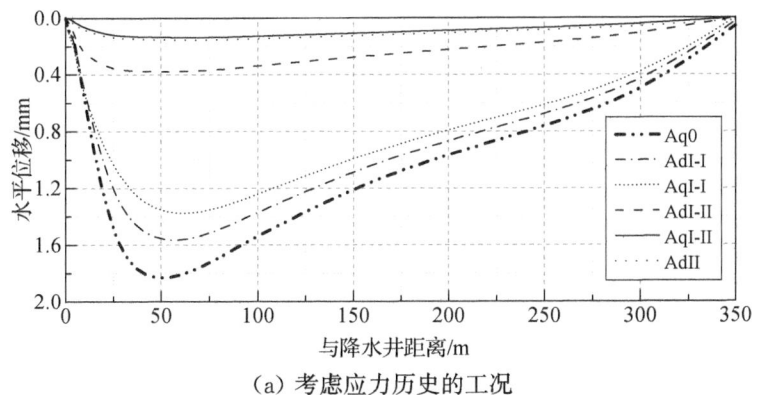

(a) 考虑应力历史的工况

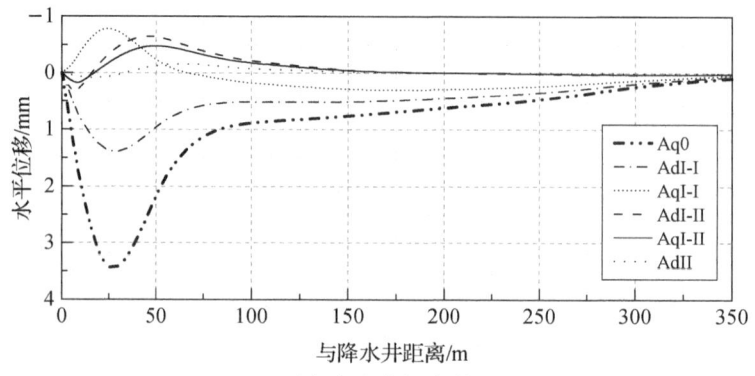

(b) 不考虑应力历史的工况

图 3-25 降水引起的各含水层水平位移分布图

由图 3-25(a)可知,降水结束后引起的地表水平位移约为 1.8 mm,地表沉降约为 7.3 mm,两者属于同一量级,因此承压含水层减压降水引起的水平位移不可忽略[60]。由图 3-25(b)可知,在不考虑应力历史的工况中,最终阶段地表的最大水平位移约为 3.5 mm,不足最大地表沉降的 1/10,故在此工况计算条件下容易忽略降压降水引起的水平位移。

3.2.3 超固结比 OCR 原位测试研究

1) 现场试验概况

试验场地位于常州轨道交通 1 号线、2 号线沿线,位于冲湖积平原,水系发育,地下水丰富,存在潜水含水层及多层承压水,典型地质剖面参见图 3-14。本节针对 1 号线中的 26 个车站及 2 号线中的 13 个车站建设过程中的原位试验数据进行了整理分析,表 3-2 为各原位试验实例统计的基本情况。

表 3-2 常州轨道交通 1、2 号线原位试验实例统计

统计项目	试验类型		
	CPT	DMT	PMT
1 号线试验场地数量	26	25	25
2 号线试验场地数量	13	1	13
测点数量	671	58	77

图 3-26 统计了常州地铁 1、2 号线车站所在场地各土层平均厚度,由图可知 3 黏土层、5-1 粉质黏土夹粉砂层及 5-2 粉砂层分布范围广、平均厚度大。此外,上述土层为常州地区第 I 隔水层(AdI-I)及第 I-I 承压含水层(AqI-I)所赋存

土层,属于严重超固结及重超固结土体,并且位于该地区地下空间开挖主要影响范围内。因此,本章节分别针对上述三种土层进行原位试验计算土体超固结比。

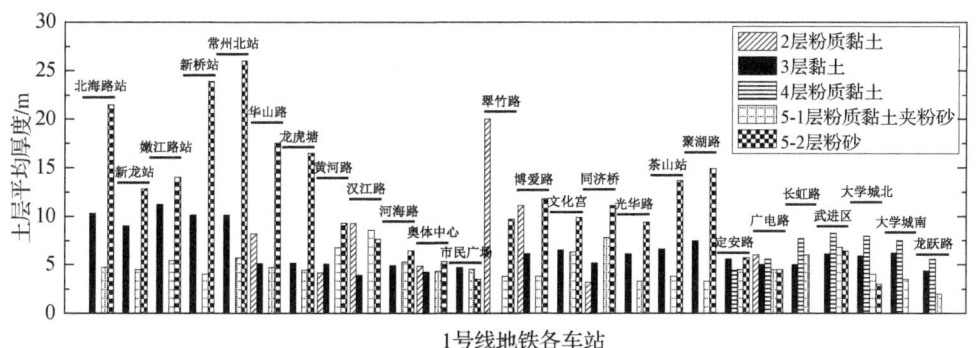

(a) 1号线各土层厚度

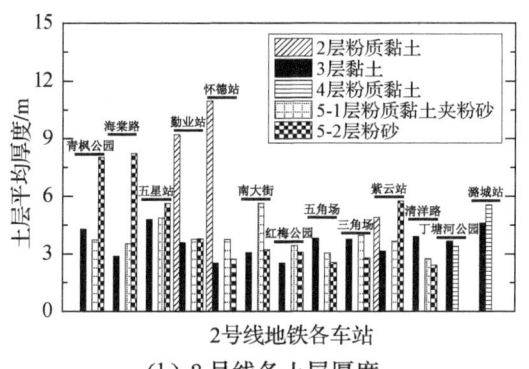

(b) 2号线各土层厚度

图 3-26 常州轨道交通 1、2 号线土层厚度统计示意图

2) 原位测试试验数据的整理

(1) 基于 CPT 试验

利用薄壁取土器对原位试验所在地进行原状土的提取,并进行室内固结试验,利用卡萨格兰德作图法得到相应土层的超固结比(OCR)。该方法得到的 OCR 作为参照,对不同原位试验方法所得的 OCR 进行比较分析。在本章节,不同原位试验方法计算 OCR 可行性的评价标准主要有两点:① 结果数据离散性大小;② 不同试验方法所得结果的趋同性,即若有不同方法所得结果相近,则可认为该方法其可行性高于其他方法。

针对 3 层黏土层,分别采用基于归一化锥尖阻力 Q_t 的经验公式法和基于修正剑桥模型解析解的半经验半理论法对 OCR 进行归纳求解,所得公式分别如下所示。由图 3-27 可知,这两种计算方法对应的计算公式在对室内试验获得的 OCR 上的拟合度基本一样,但在归一化锥尖阻力 Q_t 小于 20 的情况下,经验公式对应的拟合度更高,在归一化锥尖阻力 Q_t 大于 20 的情况下,半经验半理论公式对应的拟合度更高。因此,针对常州地区 3 层黏土层基于 CPT 试验的 OCR 计算,对不同归一化锥尖阻力 Q_t 按照上述分界值选取对应的计算方法,可以获得更为准确的结果。

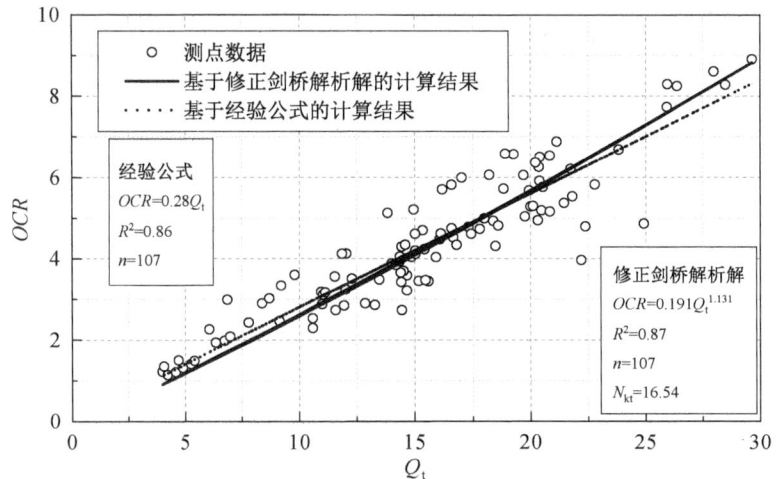

图 3-27 室内试验 OCR 与基于不同算法下归一化锥尖阻力的关系(黏土层)

$$OCR = 0.28Q_t \tag{3-19}$$

$$OCR = 0.191Q_t^{1.131} \tag{3-20}$$

针对 5-1 层粉质黏土夹粉砂层及 5-2 层粉砂层,采用基于归一化锥尖阻力 Q_t 的经验公式法对 OCR 进行归纳求解,室内试验 OCR 与归一化锥尖阻力的关系分别如图 3-28 及图 3-29 所示,所对应公式分别如下:

$$OCR = 0.043Q_t \tag{3-21}$$

$$OCR = 0.02Q_t \tag{3-22}$$

(2) 基于 DMT 试验

针对常州地区的 3 层黏土层及 5-1 层粉质黏土夹粉砂层,采用 OCR-K_D 拟合关系式进行基于扁铲侧胀试验的 OCR 计算分析。首先,选取常州市地铁 1、2 号线中的部分 DMT 测试孔数据进行 K_D 分布统计分析,分布图如图 3-30 所示。

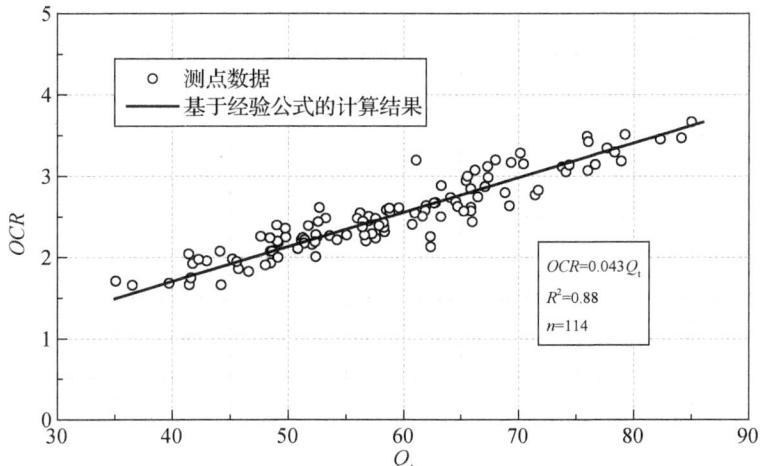

图 3-28 室内试验 OCR 与归一化锥尖阻力的关系（粉质黏土夹粉砂层）

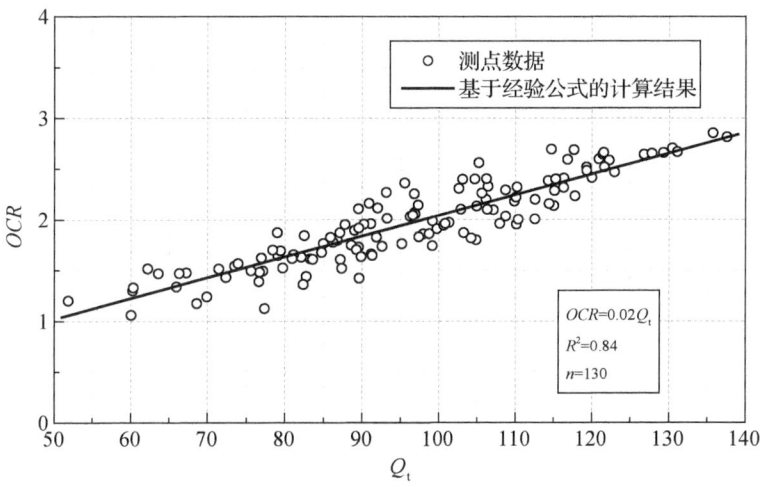

图 3-29 室内试验 OCR 与归一化锥尖阻力的关系（粉砂层）

由图 3-30 可以看出，常州地区 3 层黏土层 K_D 值在 2～22 之间，5-1 层粉质黏土夹粉砂层 K_D 值一般在 2～7 之间。初步分析，由于 3 层黏土层在相同埋深条件下 K_D 值分布差异较大，因此不会与室内试验测定的 OCR 之间有理想的线性关系。对 5-1 层粉质黏土夹粉砂层室内测定的 OCR 与该层 K_D 值进行回归分析，可得到该土层基于扁铲侧胀试验的 OCR 计算公式（3-23），分析结果如图 3-31 所示。

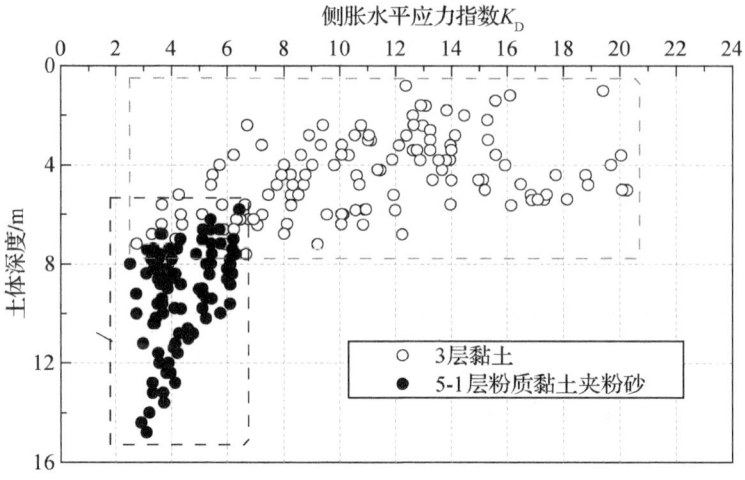

图 3-30　不同类型土体 K_D 的取值范围

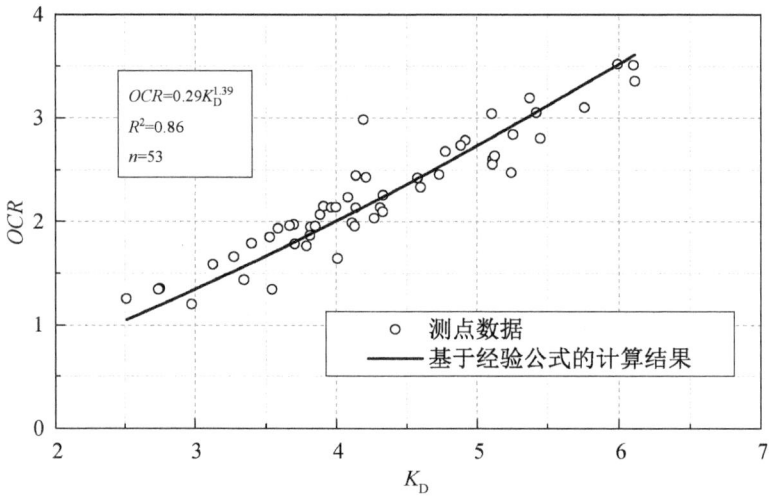

图 3-31　5-1 层粉质黏土夹粉砂层 OCR 与 K_D 的关系图

$$OCR = 0.29 K_D^{1.39} \quad (3-23)$$

针对常州地区的 5-2 层粉砂层，采用 OCR-M_{DMT}/q_c 关系式拟合计算常州地区砂性土的 OCR。室内试验 OCR 与 M_{DMT}/q_c 的关系如图 3-32 所示，所对应的公式如下：

$$OCR = 0.008\ 5 \left(\frac{M_{DMT}}{q_c}\right)^2 - 0.027\ 6 \left(\frac{M_{DMT}}{q_c}\right) + 1.324 \quad (3-24)$$

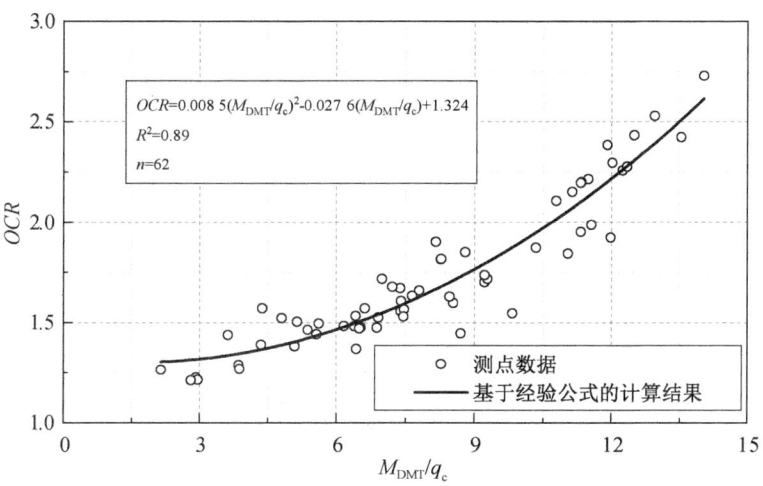

图 3-32 5-2 层粉砂层 OCR 与 M_{DMT}/q_c 的关系图

(3) 基于 PMT 试验

图 3-33 展示了常州地铁 1、2 号线部分典型场地的 OCR 试验数据。由图可以看出,针对黏土层,用预钻式 PMT 试验得到的 OCR 值大于室内试验值;针对

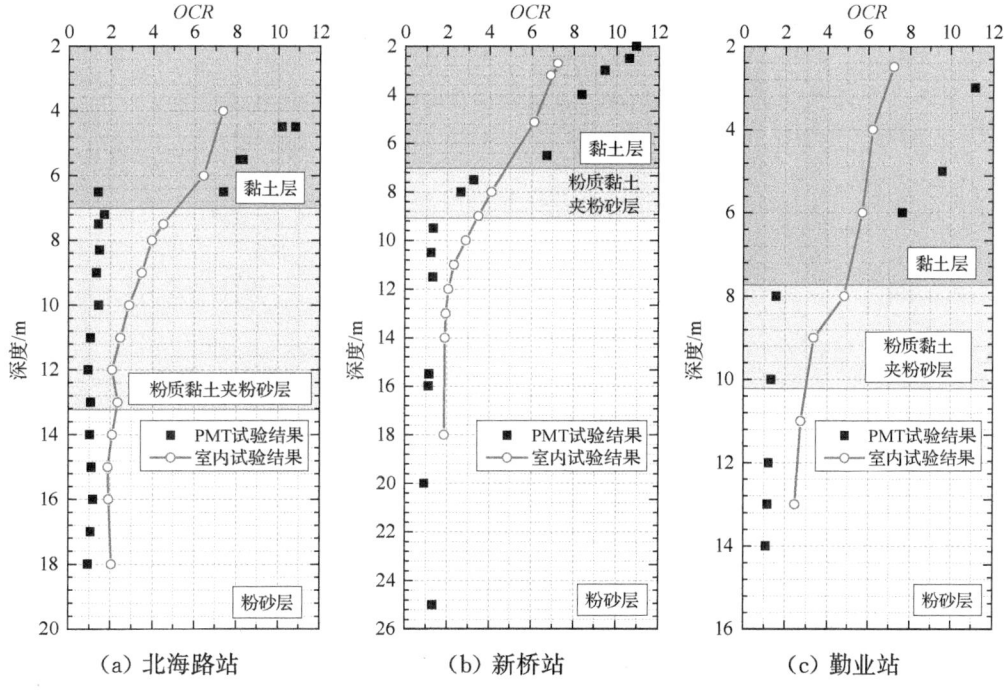

图 3-33 基于 PMT 试验的 OCR 值与室内试验值的比较

粉质黏土夹粉砂层及粉砂层，PMT 试验得到的 OCR 值相较于室内试验值是偏低的。这说明采用基于 PMT 试验获取的 OCR 与其他试验结果具有相当的差异性，也可初步说明该方法得到的结果可靠性相对较低。造成此种情况的原因主要是由于预钻式 PMT 自身的局限性和弊端，如预钻孔的过大扰动、旁压器与孔壁的接触、试验时气液压力的损失等。图 3-34 至图 3-36 基于常州地铁 1、2 号线各车站现场及相应室内试验结果进一步统计了各土层基于 PMT 试验 OCR 值与室内试验值的比较。

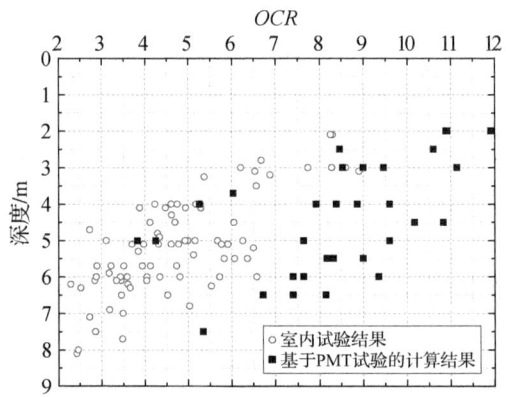

图 3-34 基于 PMT 试验的 OCR 值与室内试验值的比较（黏土层）

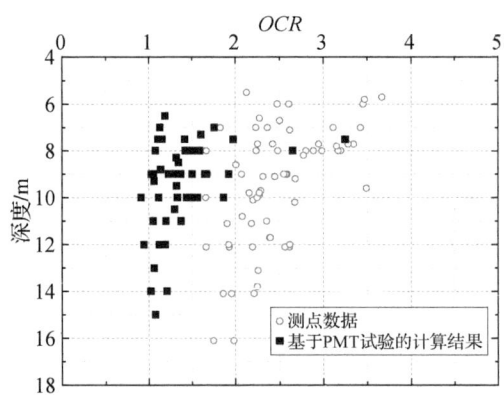

图 3-35 基于 PMT 试验的 OCR 值与室内试验值的比较（粉质黏土夹粉砂层）

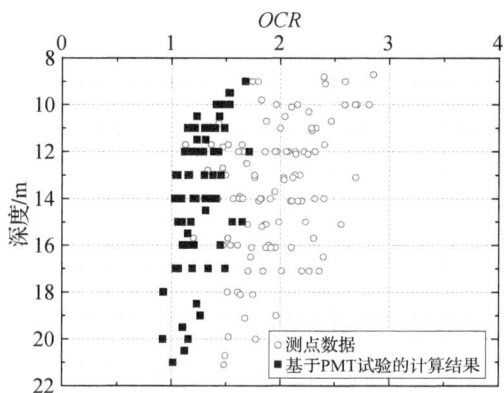

图 3-36　基于 PMT 试验的 OCR 值与室内试验值的比较(粉砂层)

3) 工程应用

为验证所提出的基于原位试验参数的 OCR 确定方法的可行性及考察比对其准确性,选取了常州地铁 2 号线青枫公园站作为工程实例进行分析研究。图 3-37 为该站试验场地平面图及地质剖面示意图。其中,降水井 J1、J2 及 J3 的平均抽水量分别为 1.99 m³/h、0.67 m³/h 和 1.35 m³/h,降水时间为 271 h。

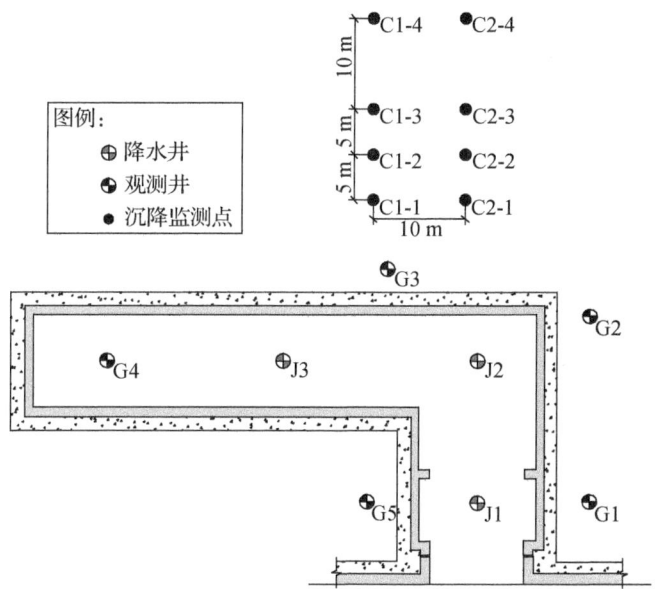

(a) 场地降水井、观测井和沉降监测点平面布置图

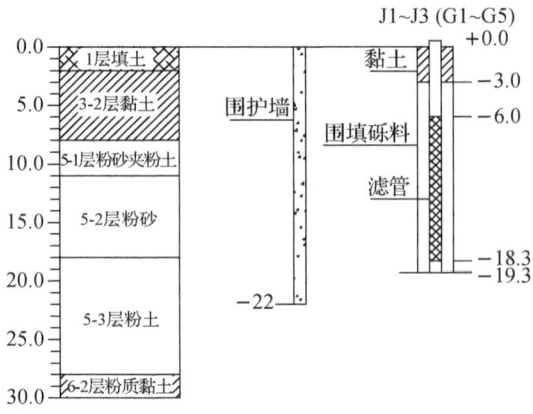

(b) 地质剖面及降水井结构示意图

图3-37 青枫公园站试验场地平面图及地址剖面示意图

根据上述工程条件建立模型,进行降水引起地表沉降的模拟验证计算。针对青枫公园站抽水试验中降水井的结构设计,降水井水位降深最大为8.3 m,⑤粉砂层渗透系数加权平均为3.5 m/d,理论计算得到的降水影响半径为155.3 m。因此,青枫公园站抽水试验中的模型尺寸拟定为340 m×330 m×45 m,网格划分如图3-38所示。各土层物理力学参数参照表3-3,表3-3统计了通过各试验方法得到的土层OCR数据,图3-39展示了基于不同计算方法下的地表沉降与实测对比。

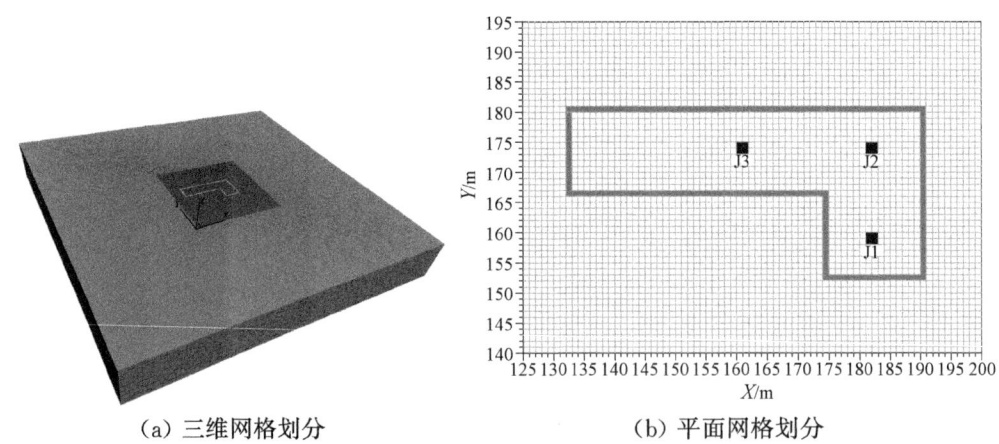

(a) 三维网格划分　　　　　(b) 平面网格划分

图3-38 青枫公园-数值模型网格划分

表 3-3 基于各试验方法计算的 OCR

土层	CPT	PMT	室内试验
黏土层	4.8	7.24	4.61
粉质黏土夹粉砂层	3.14	1.82	3.28
粉砂层	2.71	1.18	2.79

注:各土层的 OCR 均为土层范围内的平均值。

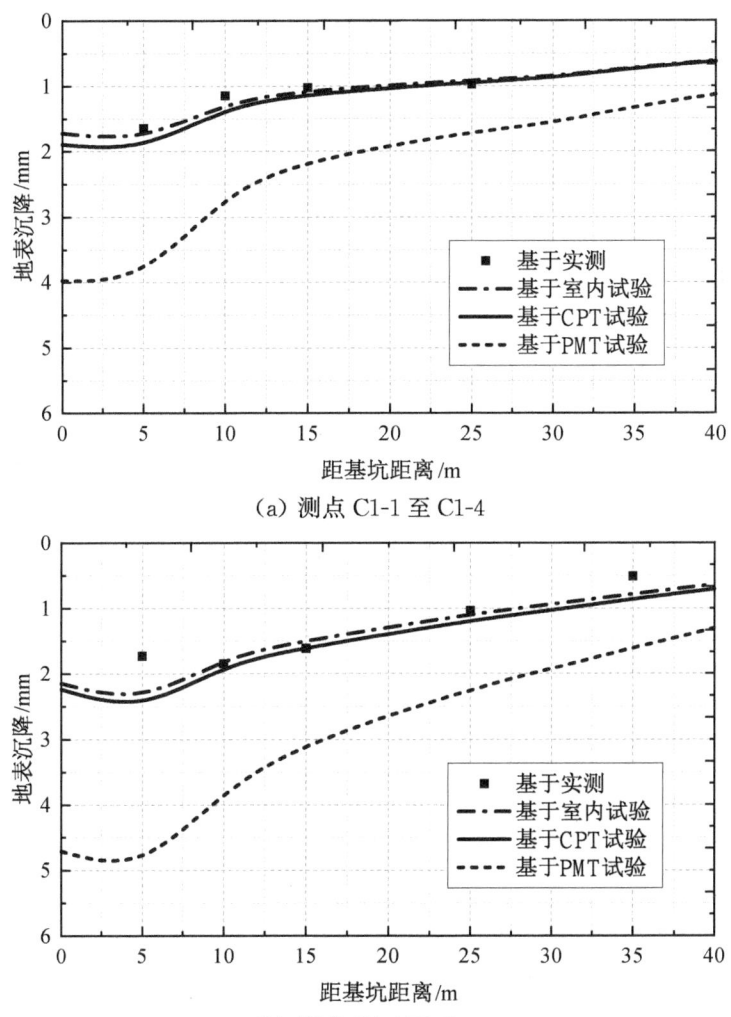

(a) 测点 C1-1 至 C1-4

(b) 测点 C2-1 至 C2-4

图 3-39 基于各试验方法所得的不同 OCR 条件下的地表沉降比较

由与实测地表沉降数据对比可知,基于高质量室内试验与基于本章节 CPT 试验所获得的 OCR 相较于基于 PMT 试验结果更为准确。因此,在数值模拟中考虑土体应力历史,采用高质量室内试验或根据基于 CPT 试验及 DMT 试验得到的 OCR,能够在数值模拟反演分析中得到更为准确的土体参数,进一步缩短反演过程,并使模拟结果更加准确地反映实测结果。

3.3 基于 CPTU 的土体渗透系数确定方法试验研究

水文地质参数通常包括渗透系数、固结系数、导水系数、水位传导系数、储水系数、给水度、释水系数和越流系数等,其中前两者最常用。渗透系数是沉降计算的重要参数,影响着土体长期固结变形和土体稳定性,其广泛应用于基坑降水[37]、地基沉降[38]、土体固结分析[39-40]等诸多岩土工程领域,因此,准确获取渗透系数具有重要意义。确定渗透系数的主要方法是室内外试验,但是通过室内试验得到的参数往往可靠性不高,甚至与实际情况差距较大(比如相差 1~2 个数量级)[41],因此现场抽水试验和原位测试技术得到广泛应用,抽水试验存在费时费力的问题,并且稳定性差,也不一定准确;而分析原位测试技术不失为一种快速、简洁、可靠、高效的方法。常用原位测试技术对测定渗透系数和固结系数的适用性如表 3-4 所示。

表 3-4 常用原位测试技术对测定渗透系数和固结系数的适用性

系数	SPT	CPT	CPTU	SCPTU	DMT	SDMT	PMT	HPT	BST	HF
渗透系数	×	低	高	高	低	低	中	低	×	低
固结系数	×	低	高	高	中	中	高	低	×	低

3.3.1 基于 CPTU 的渗透系数解确定方法

孔压静力触探(CPTU)是一种广泛应用的现代新型原位测试技术,可以同时测量锥尖阻力 q_t、侧壁摩阻力 f_s 和孔隙水压力 u_2,具有准确、经济、快速和扰动小等特点,并可以直接或间接求取土层物理力学参数,使其在准确获取土体原位渗透系数的方法中展现越来越广阔的前景。因此,国内外诸多学者致力于用该技术确定土体的原位渗透系数,常用的方法分为三种:(1) 利用 CPTU 孔压消散试验首先计算水平固结系数,进而求解水平渗透系数,但此试验通常费时费力;(2) Robertson 提出的基于土性指数的方法[42],然而这种方法具有经验性且若使用不同参数时,可能引起较大误差;(3) 基于孔穴扩张理论、位错理论和达西定律的理论分析方法[42-47],该方法推导 CPTU 测试指标与渗透系数之间的理论关系式,再根据实测数据进行修正。

1) 理论分析方法

Elsworth 和 Lee[43-44] 首次提出经典的半理论半经验分析方法(图 3-40),基于此,Chai 等[45] 提出半球面径流模型(图 3-41)。国内学者也开展了研究,主要包括王君鹏等[46] 提出的考虑锥头角度变化的径流模型和邹海峰等[47] 提出的圆柱面流模型(图 3-42)。

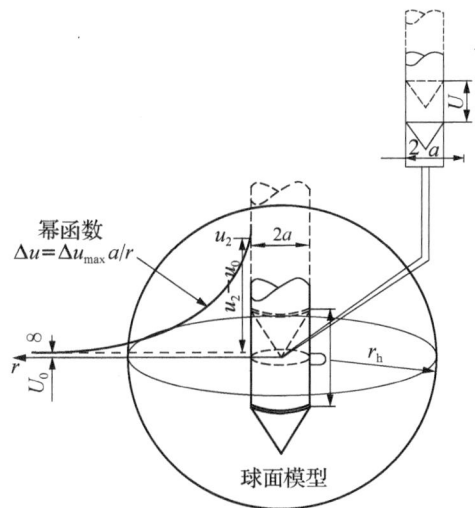

图 3-40 Elsworth 方法的基本概念图
(根据文献[45]修改)

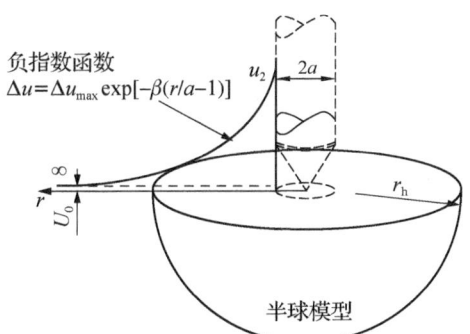

图 3-41 Chai 方法的基本概念图
(根据文献[45]修改)

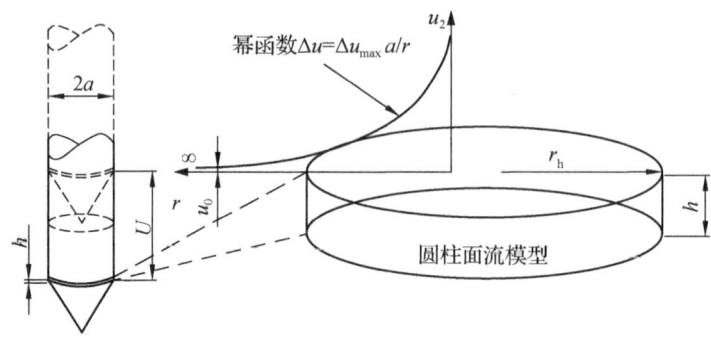

图 3-42 邹海峰方法[47]的基本概念图

2) 基于孔压消散的方法

对于黏性土,通常基于孔压消散试验首先确定固结系数 c_h,然后得到渗透系数[48]

$$k_h = \frac{c_h g_w}{E_s} \quad (3-25)$$

式中,E_s 为压缩模量。

Houlsby 和 Teh[49]提出了一个解译方法,他们采用与 Levadoux 和 Baligh[50]相似的理论,但是考虑了刚性指数 $I_r(=G/S_u,G$ 为剪切模量,S_u 为不排水抗剪强度)的变化,研究表明,由于初始孔隙水压力的分布取决于刚性指数 $I_r(=G/S_u)$,提出应采用修正的时间参数 T^* 取代时间参数 T 来计算固结系数 c_h。

$$c_h = \frac{r_0^2 \sqrt{I_r} \times T^*}{t} \quad (3-26)$$

式中,T^* 为修正的时间参数,可以查表得到,孔压测量位置在锥肩时,$T^* = 0.245$;$r_0 = 17.85$ mm;I_r 为刚性指数。

Parez 和 Fauriel[51]从 t_{50} 直接得到 k_h 的经验方法,近似公式如下:

$$k_h(\text{cm/s}) = (251 t_{50})^{-1.25} \quad (3-27)$$

式中,t_{50} 为孔压消散 50% 对应的时间;k_h 为水平渗透系数。

Baligh 和 Levadoux[52]建议通过土的水平向固结系数评价土的水平渗透系数,即用下式估算:

$$k_h = \frac{\gamma_w}{2.3 \sigma'_{v0}} RR c_h \quad (3-28)$$

式中,RR 为超固结土的压缩比,表示为压缩试验中有效应力的每个对数循环的应变,可以从室内固结试验确定,Baligh 和 Levadoux 认为 $0.5\times10^{-2}<RR<2.0\times10^{-2}$。

3) 基于土类指数的渗透系数确定方法

Lunne 等[53]提出了基于 Robertson 土性分类(SBT)图[42,54]方法来估算土层渗透系数的方法。Jefferies 和 Davies 建议利用土性指数 I_c 来表示土性分类图[55],其中 I_c 是规定土类边界同心圆的半径,Robertson 和 Wride[56]以及 Robertson[57]提出了 I_c 的经验公式:

$$I_c=[(3.47-\lg Q_{tn})^2+(\lg F_r+1.22)^2]^{0.5} \quad (3-29)$$

式中,Q_{tn} 为归一化锥尖阻力;F_r 为归一化摩阻比。

Robertson[58]得到 I_c 与渗透系数之间的经验公式:

$$\begin{cases} k=10^{(0.952-3.04I_c)}, & 1.0<I_c\leqslant3.27 \\ k=10^{(-4.52-1.37I_c)}, & 3.27<I_c\leqslant4.0 \end{cases} \quad (3-30)$$

杨溢军[59]对于场地土的土性指数、水平渗透系数之间的相关关系进行了回归分析,拟合出了渗透系数 k_h 与土性指数 I_c 之间的函数关系($k_h=10^{-0.22-2.32I_c}$),并把该关系与 Lunne 等[53]和 Robertson[57]总结的相关关系式做了比较,如图 3-43 所示,从比较结果来看,本书方法的拟合曲线与他们的拟合曲线相近,但又有一定的区别。从图中可以看出,所统计的长三角地区粉质黏土的渗透系数值要大于 Lunne 等[53]和 Robertson[57]的曲线预测值,而黏质粉土层到粉砂层的渗透系数值与曲线预测值相当。

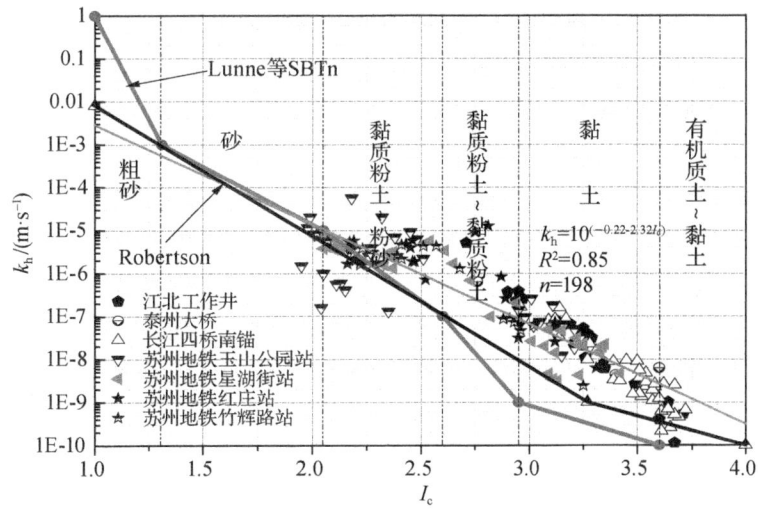

图 3-43 水平渗透系数 k_h 与土性指数 I_c 的拟合

3.3.2 基于CPTU的渗透系数改进分析方法研究

1) 基于改进圆柱面径向渗流模型的渗透系数确定方法

在土层的分层沉积中,水平向渗透系数 k_h 通常大于竖直向渗透系数 k_v,并且室内渗透试验所用圆柱形试样的纵向土层主要对应于现场的竖向土层,所以土样的孔隙水压力消散主要沿着水平方向。既有方法假设将孔隙水压力分布在孔压原件厚度 h 范围内,并且经典的 Elsworth 方法或 Chai 方法均采用了球面流(或半球面流)的假设。根据孔压静力触探的数值模拟[60](图3-44),孔隙水压力消散不仅仅局限于过滤环的厚度 h,而是扩展到更大的区域 ηh(其中,η 为扩大系数,需要通过试验和数值模拟确定)。然而这些没有在前述方法中体现。

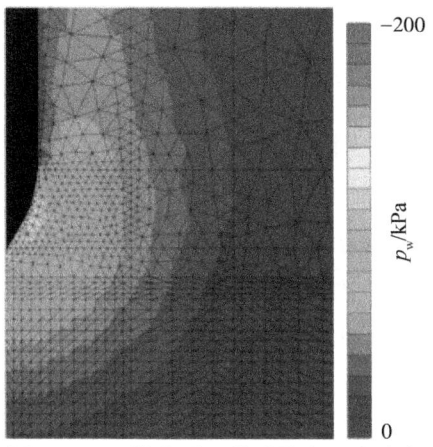

图3-44 锥尖附近的孔隙水压力分布

因此,改进的假设如下(图3-45):

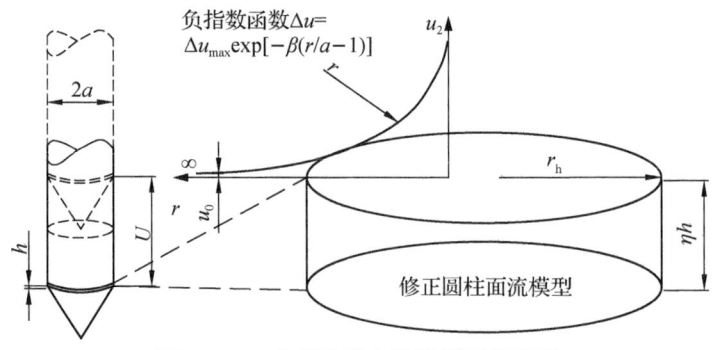

图3-45 本书改进方法的模型示意图

- 孔压静力触探过程中，孔隙水压力的"动态稳定"圆柱形流存在于锥头周围；
- 单位时间内探头周围流体沿圆柱面径向渗流量 q 等于单位时间内探头的贯入量 $\Delta \dot{V}$；
- 初始超孔隙水压力径向分布曲线为负指数函数的形式。

假设 $q = \Delta \dot{V} (= \pi a^2 U)$ 可以表示为：

$$2\pi a \cdot \eta h \cdot k_h \cdot i_a = \pi a^2 U = \Delta \dot{V} \tag{3-31}$$

研究贯入过程中的初始孔压分布相当重要，因此很多学者进行了诸多室内试验和现场试验[61-64]，这些试验表明锥尖附近的初始孔压分布更符合负指数分布（图 3-46）。假设在半径 $r \to \infty$ 时，孔隙水压力为零，则孔隙水压力分布可用下式表示：

$$u - u_s = (u_2 - u_s) e^{-\theta(r/a-1)} \tag{3-32}$$

式中，θ 为常数：对于黏土，$0.35 < \theta \leqslant 1.5$；对于粉土，$0.3 < \theta \leqslant 0.35$；对于砂土，$0.1 < \theta \leqslant 0.3$。根据达西定律，圆柱面 $r = a$ 处的水力梯度为：

$$i_a = \theta \frac{u_2 - u_s}{a \gamma_w} e^{-\theta(r/a-1)} \Big|_{r=a} = \theta B_q Q_t \frac{\sigma'_{v0}}{a \gamma_w} \tag{3-33}$$

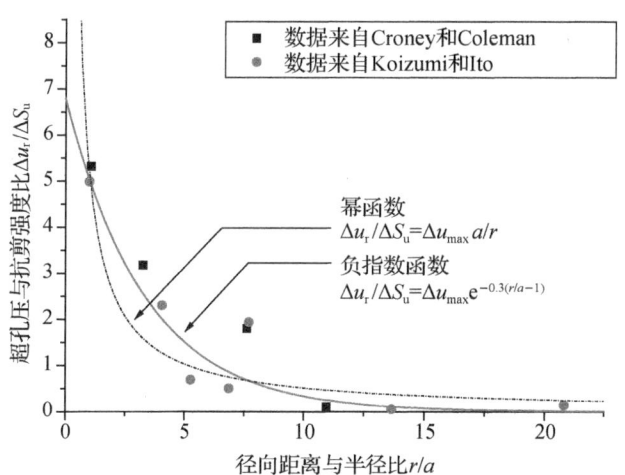

图 3-46 负指数型初始超孔压分布曲线与实测数据的拟合
（修改于文献[59-60]）

Chai 等[45]认为 K_D 或 k 的值，主要代表天然沉积地层水平向的渗透系数。国外学者进行了一系列经典的孔压消散数值模拟，结果表明大范围内锥型常规

CPTU(图 3-47 和图 3-48)锥尖周围的孔压消散面为圆柱,尽管锥尖附近的小范围内呈现出半球状;而锚形和球形 CPTU 更符合球面流模型。因此圆柱面径向渗流模型更符合常规 CPTU 渗透特征。

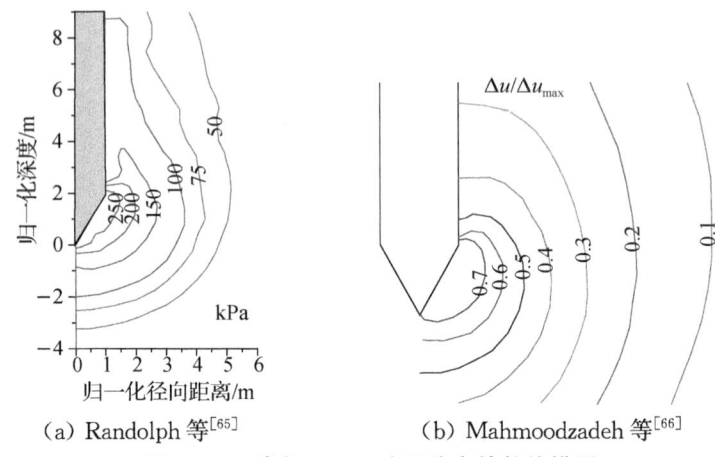

(a) Randolph 等[65]　　(b) Mahmoodzadeh 等[66]

图 3-47　常规 CPTU 孔压分布的数值模拟

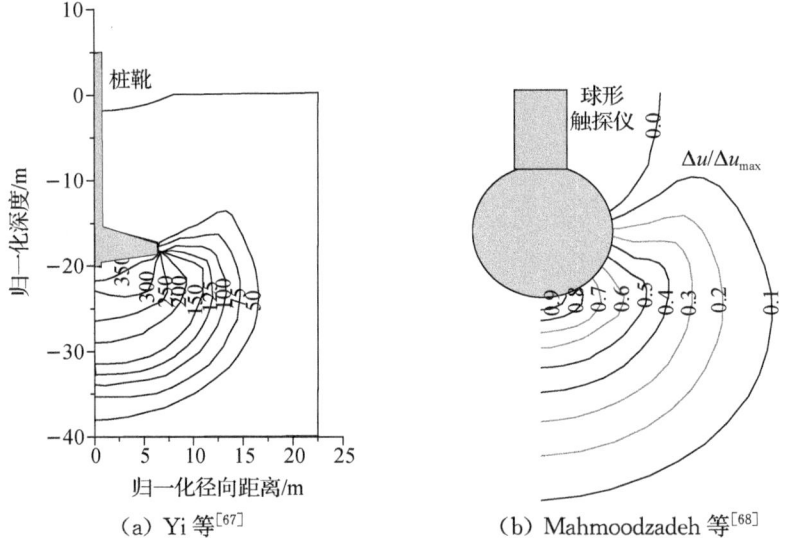

(a) Yi 等[67]　　(b) Mahmoodzadeh 等[68]

图 3-48　非常规 CPTU 孔压分布的数值模拟

将式(3-33)与 Elsworth 方法对比,可以得到:

$$k_h = \frac{Ua}{2\eta h} \cdot \frac{1}{i_a} = \frac{a}{2\eta h} \cdot \frac{1}{B_q Q_t \theta} \cdot \frac{U a \gamma_w}{\sigma'_{v0}} \tag{3-34}$$

定义无量纲渗透系数 $K_D''' = 1/B_q Q_t$,上式可以简化为:

$$k_h = \frac{a}{2\eta h} \cdot \frac{K_D'''}{\theta} \cdot \frac{Ua\gamma_w}{\sigma_{v0}'} \qquad (3-35)$$

类比之前的方法，它可以表示为分段函数，如图 3-49 所示。

$$K_D''' = \begin{cases} 1/B_qQ_t, & B_qQ_t < 0.98 \\ 0.87/(B_qQ_t)^{7.81}, & B_qQ_t > 0.98 \end{cases} \qquad (3-36)$$

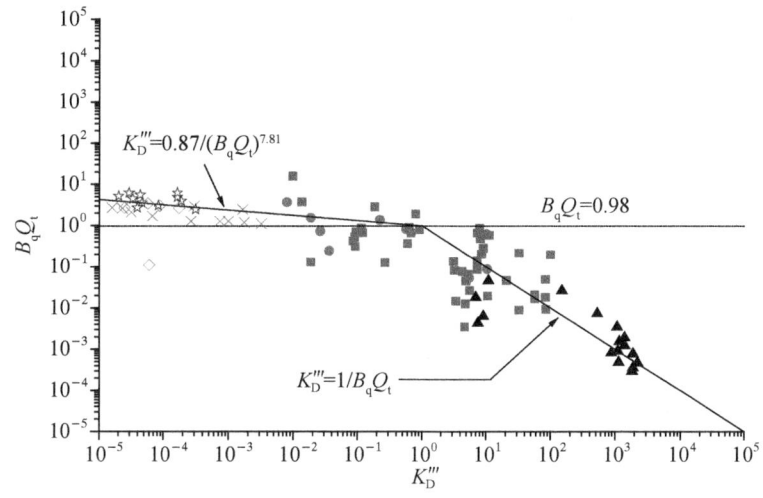

图 3-49　$K_D''' - B_qQ_t$ 之间的关系

（数据来自文献[45]，B_q 为孔压比，Q_t 为归一化锥尖阻力）

2) 简化经验公式法

由于 Elsworth 方法等理论分析法，针对不同土层时往往出现误差；部分排水与不排水的边界线对于 $K_D - B_qQ_t$ 关系式影响较大，且选择具有一定程度的主观性。另外，部分排水与不排水的点有可能在对方的折线区域附近，这使我们怀疑折线法的必要性以及尝试经验曲线的可能性。因此，从实际应用角度，一个/一组简化经验曲线可能是可行的，事实上邹海峰等[47]已经尝试用圆心坐标为（-6.6，-13.4）、半径为 13.2~15.2 的同心圆弧对 Elsworth 文章中的数据[43]进行拟合。

在此基础上，本书提出三种类型的简化曲线：圆弧、抛物线和椭圆，并用来自美国、日本和中国的数据进行计算和比较。

图 3-50 表示 K_D 和无量纲渗透系数 B_qQ_t 之间的关系（数据来自文献[45]），图中的分界线表示 $B_qQ_t = 0.45$。虚线 $K_D = 0.62/(B_qQ_t)^{1.61}$ 和实线 $0.044/(B_qQ_t)^{4.91}$ 分别来自 Elsworth 方法和 Chai 方法，而 $K_D = 1/B_qQ_t$ 为两者所共有，

两者皆为折线。显然,Elsworth 方法比 Chai 方法更接近实测数据,但图中不排水和排水土体的分界线 $B_qQ_t=0.45$ 有一定的主观性且有波动。基于此结论,忽略不同土层差异的经验曲线可能提供一个/一组简化公式。因此,图 3-50 中的点划线、点线和粗实线分别代表三种常见曲线:圆弧、抛物线和椭圆。通过 MATLAB 软件拟合文献[41]中的数据,得到最佳的圆弧、抛物线和椭圆曲线表达式如下:

$$(\log K_D + 3.8)^2 + [\log(B_qQ_t) + 9.9]^2 = 10.3^2 \quad (3-37)$$

$$\log(B_qQ_t) = -0.06\log^2 K_D - 0.42\log K_D - 0.3 \quad (3-38)$$

$$(\log K_D + 5)^2/9.4^2 + [\log(B_qQ_t) + 5]^2/5.5^2 = 1 \quad (3-39)$$

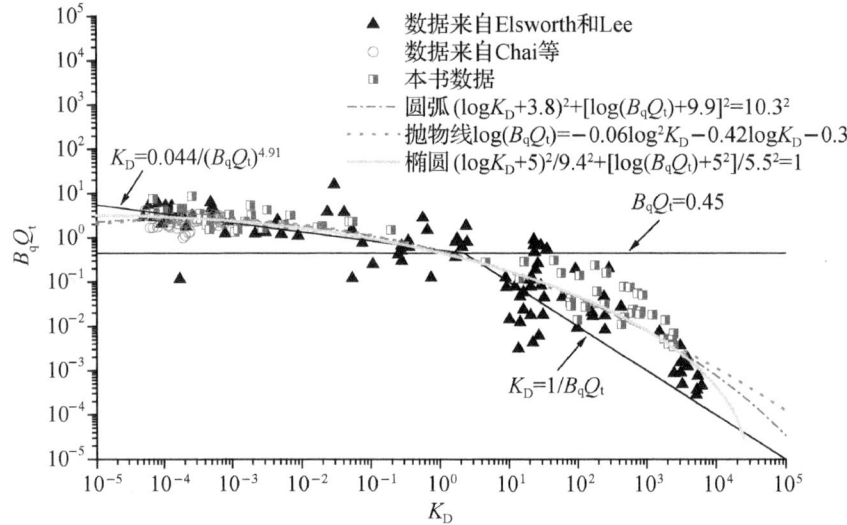

图 3-50 K_D 和 B_qQ_t 之间的关系
(数据来自文献[45])

这三种曲线以对数形式表达,看起来是复杂的,但是它们的计算过程相对简单,因为绘图时 x 轴和 y 轴本身就是对数坐标。需要注意的是,这三种曲线分别有 3 个、3 个和 2 个变量。

3.3.3 不同渗透系数确定方法的评价比较

1) 室内外试验

在长三角南部地区选择 7 个典型场地(玉山公园站、星湖街站、红庄站、竹辉路站、南京纬三路过江隧道、南京长江四桥、泰州长江大桥)进行了 CPTU 试验。

表3-5为试验场地的主要土层的概况。试验场地的地下水埋深为0~5 m。每个CPTU测试孔附近进行了钻孔取样和相应的室内试验,相邻的CPTU孔和对比钻孔之间的距离不超过5 m,利用现场钻探资料、室内土工试验资料和CPTU测试资料进行对比和验证。试验场地多为长江下游漫滩区,由于沉积过程中的环境变化,广泛分布有黏土、粉土和砂土的混合物,在空间上表现出极大的不均匀性,位置相差不远的土样颗粒分布往往就有大的变化。

表3-5 场地及基本土性描述

场地名称	主要土层	深度/m	状态特征
玉山公园站(苏州)	黏土	1.0~4.8	灰黄色,均匀,硬塑,平均厚度2.50 m
	粉土夹粉砂	5.5~7.0	灰色,中密~密实,饱和,夹有少量薄层状粉质黏土,平均厚度10 m
	粉质黏土	18.6~22.4	灰色,软塑~流塑,夹有少量薄层状粉土,平均厚度7 m
星湖街站(苏州)	黏土	2.0~11.8	可塑~硬塑,均匀致密,平均厚度2.6 m
	粉砂土	12.0~18.5	稍密~中密,湿~很湿,夹有薄层粉质黏土,平均厚度4.2 m
	粉质黏土	19.5~28.6	灰色,软塑~流塑,局部可塑,平均厚度5.10 m
红庄站(苏州)	黏土	0.8~3.8	灰黄色,可塑,局部为硬塑,平均厚度2.23 m
	粉质黏土	5.5~13.6	灰色,流塑,具水平层理,夹有薄层状粉土,平均厚度9.98 m
	粉砂夹粉黏	21.2~28.0	灰色,饱和,以密实状为主,顶部呈中密状,平均厚度12.48 m
竹辉路站(苏州)	黏土	1.7~4.9	黄褐~褐黄,可塑~硬塑,含铁锰质结核,平均厚度3.12 m
	粉土	11.0~16.8	灰色,中密,饱和,夹有薄层状粉质黏土,平均厚度2.28 m
	粉质黏土	16~22.6	灰色,流塑,夹有较多薄层状粉土或粉砂,平均厚度11.49 m
纬三路过江隧道(南京)	粉质黏土	2.3	灰黄色,可塑~软塑,局部以黏土为主
	淤泥质黏土	8~10	流塑,分布较为稳定,土质较均匀,属软弱黏性土
	黏土	16~18	灰色,软塑,分布稳定,土质均匀
长江四桥(南京)	粉质黏土	1.2~4.1	灰黄色,可塑~软塑,平均厚度3.41 m
	粉砂	6.2~9.8	灰色,饱和,松散,分选性较好,平均厚度2.21 m
	粉砂	16.5~18.4	灰色,饱和,稍密~中密,分选性较好,平均厚度8.05 m
泰州长江大桥(泰州)	淤泥质黏土	0.8~1.8	灰色,流塑状态,夹粉砂薄层,层厚1.3~6.95 m
	粉质黏土	3.1~13.4	软塑~流塑,夹粉砂薄层,土性欠均匀,层厚4.1 m
	粉砂	18.1~28.6	灰色,中密~密实,饱和,分选性良好,层厚12.3 m

现场的 CPTU 试验采用 200 kN 的地震波孔压静力触探仪,探头规格符合国际通用标准(ASTM 5778),探头锥底面积为 10 cm²,锥角为 60°,摩擦套筒面积为 150 cm²;孔压元件(厚 5 mm)位于锥肩位置(u_2)。贯入的速率为 2 cm/s,沿深度方向每 5 cm 测试一组读数。贯入过程中连续测量锥尖阻力 q_t、侧壁摩阻力 f_s、孔隙水压力 u_2。为了保证孔压测试的准确性与精确性,试验前和试验时都要采取抽真空措施,在试验前,孔压过滤环要抽真空 24 h,并浸泡于脱气甘油中密封;现场试验时,先用饱和装置将已安装孔压过滤环的 CPTU 探头抽真空 1 h,保证整体的饱和度[61]。同时由于孔压参数比 B_q 对地下水位较为敏感,所以先进行 CPTU 测试,然后再测量 CPTU 钻孔中的地下水位线。

对于低渗透性的黏性土,在试验场地 CPTU 孔周边对应深度取高质量土样进行室内试验,测定土样的水平向渗透系数。对于粉土粉砂土层,由于难以获得无扰动试样,因此在现场进行了单井及群井抽水试验,以测定土层原位水平向渗透系数。

2) 试验结果分析

(1) 分析方法

① 常用统计分析指标

常用的分析评价的统计指标主要包括以下四个:均方根误差(RMSE)[69]、比值(K)[70]、等级指数(RI)[70]和等级距离指数(RD)[71-72]。

a. 均方根误差(RMSE)是观测值与真值偏差的平方和的平均值的平方根,是用来衡量观测值与真值之间的偏差,越小说明方法越好。RMSE 中的差值先平方后平均,因此,对较大的误差给予相对较高的权重。这就意味着当误差很大时,RMSE 是最有用的,其值越小,说明方法越好。该指标已经被诸多专家学者应用于不同领域[73-76],以评价不同方法或公式。RMSE 通过以下公式确定:

$$\text{RMSE} = \sqrt{\frac{1}{n}\sum_{i=1}^{n}(h_1 - h_c)^2} \tag{3-40}$$

式中,n 为数据点个数;h_c 为计算渗透系数;h_1 为实测渗透系数。

b. 比值 K 是计算值与实测值的比值,它的一阶统计矩(均值)表示一组数的平均水平,指的是准确度,但二阶统计矩(标准差)则表示这一组数的离散程度,指的是精确度。因此某方法计算数据均值越接近 1,标准偏差越小,说明该方法越好。

同时方差不仅仅表达了样本偏离均值的程度,更是揭示了样本内部彼此波动的程度,也可以理解为方差代表了样本彼此波动的期望。当然,这个结论目前在二阶统计矩下成立。标准差与方差不同的是,标准差和变量的计算单位相同,比方差清楚,因此我们在分析的时候更多使用的是标准差。理论上,K 的范围是从最小值 0 到无穷大,最佳值为 1。这就导致 K 在平均值附近是非对称分布的,对于预测值偏低和偏高赋予的权重不等。比值 K 通过以下公式确定:

$$K = h_c/h_1 \tag{3-41}$$

c. 等级指数 RI 是 $\ln K$ 均值的绝对值与其标准差之和,因此可以综合考虑均值和标准差的相关性,是为了描述比值 K 的非对称偏离程度。它是 Briaud 和 Tucker[70]提出的两种减少 K 值的非对称分布问题的方法之一。另一种是以对数正态分布曲线的形式呈现所有方法的结果。因此,利用 RI,可以在考虑所有 K 值的平均值和标准偏差的情况下,对某个关系式做出总体判断。该指标也被诸多专家学者应用于不同领域,以评价不同方法或公式。等级指数 RI 可以用下式定义:

$$RI = |\mu_{\ln K}| + \sigma_{\ln K} \tag{3-42}$$

式中,μ 为均值;σ 为标准差。

d. 等级距离指数 RD 是 Cherubini 和 Orr 提出的另一种综合考虑均值和标准差的统计指数[71-72],其定义是以均值为 x 轴、标准差为 y 轴的坐标系中,某点与特殊点(1,0)的距离。其可表示为:

$$RD = \sqrt{(1-\mu_K)^2 + \sigma_K^2} \tag{3-43}$$

它与 RI 是评价同一函数可靠性的不同方法。对于同一函数,当标准差表示的精确度和平均值表示的准确度相似时,RD 比 RI 更好;而对于那些要么非常准确、要么非常精确的函数,RI 更佳;RD 对精确度和准确度赋相等的权重,两者的值都是越小越好。

② 相对误差指数(RED)

相对误差指数 RED 是本书提出的一种统计标准,是计算值与实测值的差值与实测值之比的绝对值,其值越小表示与真实数据的偏离度越小,它主要用于评价较为接近的数据之间的优劣,其公式如下[77-78]:

$$RED = |(h_1 - h_c)/h_1| = |K - 1| \tag{3-44}$$

③ 误差累计曲线分析方法

误差累计曲线主要用于分析粒径的级配,该方法是比较全面和通用的一种图解法。本书将该方法与相对误差和与最佳直线的距离结合起来,用于分析比较不同公式的差异,因为该方法可以较为全面地比较不同公式对于数据的计算趋势。

相对误差(RE)是计算值与实测值的差值与实测值之比,其公式如下:

$$RE=(h_1-h_c)/h_1 \qquad (3-45)$$

在定性分析中的计算值—实测值图中,最佳直线是 $y=x$,图中某点与该直线的距离可用以下数学公式计算:

$$L_P=\frac{|h_1-h_c|}{\sqrt{2}} \qquad (3-46)$$

累计曲线的坡度可以大致判断计算点分布的均匀程度,不均匀系数可以作为判断计算点分布的均匀程度的指标,借用土力学中的不均匀系数定义:

$$C_u=\frac{p_{60}}{p_{10}} \qquad (3-47)$$

式中,p_{60} 和 p_{10} 分别相当于小于某误差值的计算点所占比例为 60% 和 10% 的相对误差,分别称为限制相对误差和有效相对误差。

(2) 分析结果

① 定性分析

主要使用定性分析方法,对改进理论分析方法和经验曲线方法进行分析与评价。

a. 理论分析方法比较

针对长江三角洲地区沉积土,使用上述理论方法获得的渗透系数与室内试验和现场抽水试验的结果进行比较(图 3-51~图 3-58)。其中有超过 90% 的数据点分布在折线的上方(图 3-51 和图 3-53),或最佳直线的下方(图 3-52 和图 3-54),这表明 Elsworth 方法和 Chai 方法大大低估了饱和土的渗透系数。因为在图 3-52、图 3-54、图 3-56 和图 3-58 中,最佳直线 $y=x$ 表示计算水平渗透系数 k_h 与实测水平渗透系数 k_h 相等,位于其下方的点表示计算值小于实测值。而使用邹海峰方法获得的数据点,有一半以上位于折线之上(图 3-55)或最佳直线之下(图 3-56),这说明此方法的预测精度更高。但相比而言,本书提出的修正圆柱面径流模型最适用于长江三角洲地区沉积土(图 3-57~图 3-58),因为其计算值更接近实测值,如图 3-58 所示,数据点在最佳直线 $y=x$ 周围基本均匀分布。

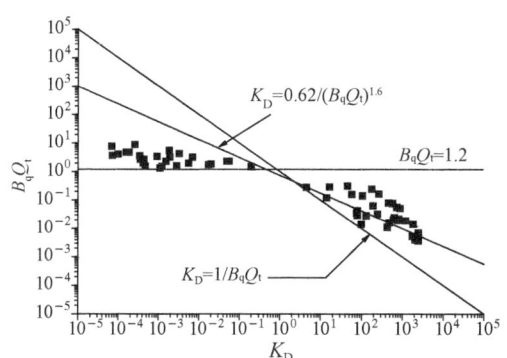

图 3-51 K_D 和 B_qQ_t 之间的关系（Elsworth 方法）

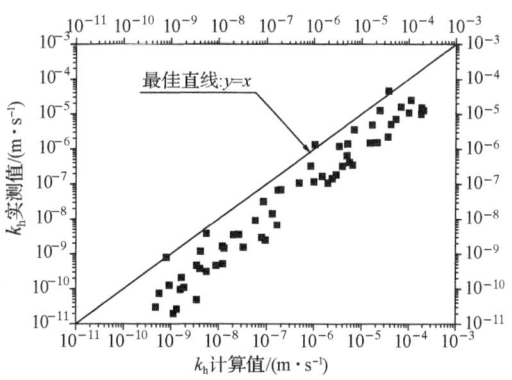

图 3-52 水平向渗透系数 k_h 计算值与实测值的对比（Elsworth 方法）

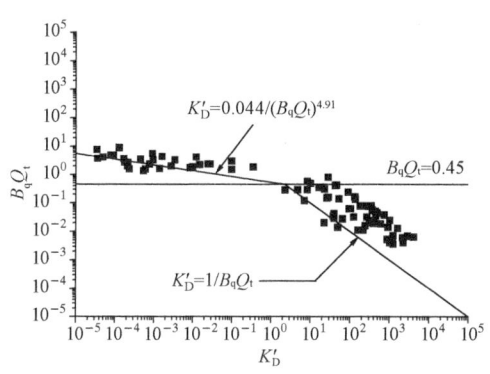

图 3-53 K'_D 和 B_qQ_t 之间的关系（Chai 方法）

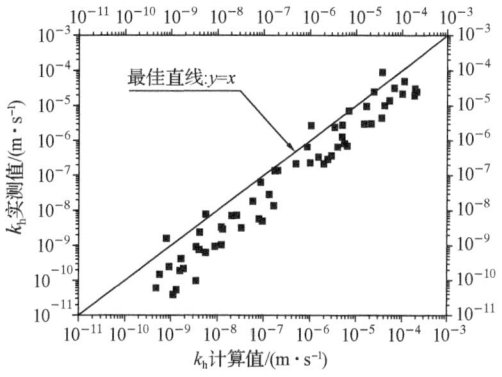

图 3-54 水平向渗透系数 k_h 计算值与实测值的对比（Chai 方法）

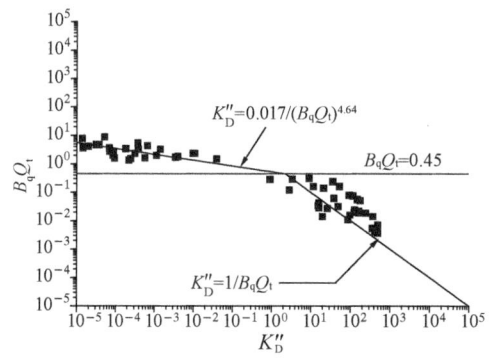

图 3-55 K''_D 和 B_qQ_t 之间的关系（邹海峰方法）

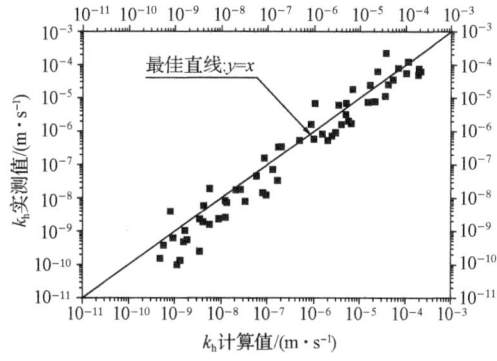

图 3-56 水平向渗透系数 k_h 计算值与实测值的对比（邹海峰方法）

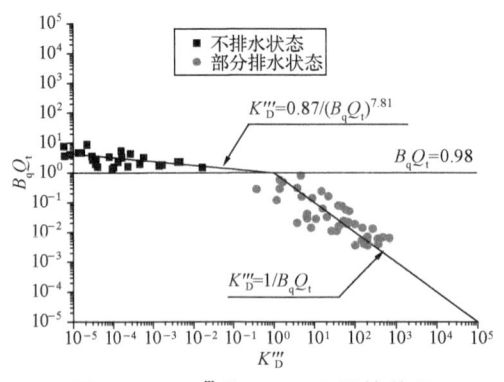

图 3-57 K_D''' 和 B_qQ_t 之间的关系（本书方法）

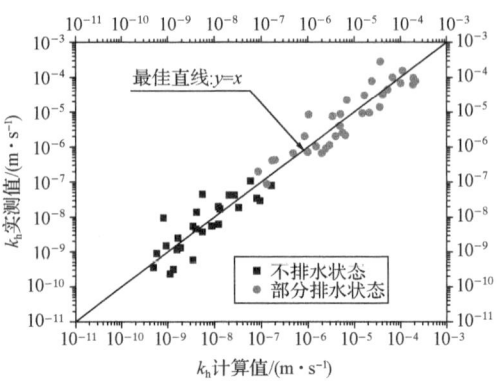

图 3-58 水平向渗透系数 k_h 计算值与实测值的对比（本书方法）

b. 经验曲线方法比较

通过处理长三角南部地区的数据，对这四种经验曲线进行了评价。

虽然四种曲线均可以较好地满足美国和日本的数据（图 3-50），但对于江苏的数据（图 3-59），很显然，折线表现最差，因为约 80%（部分排水状态土）和全部不排水状态土分布在折线的一侧，而理想的线使得一半的数据点分布在该线的一侧。同样的道理，圆弧、抛物线和椭圆，这三种曲线明显优于折线，因为这三种曲线较为均为地"分开"部分排水状态土和不排水状态土。

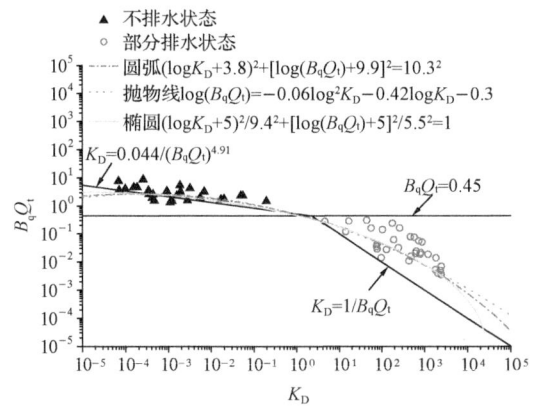

图 3-59 K_D 和 B_qQ_t 之间的关系

② 定量分析

本节主要使用统计学和累计曲线等定量分析方法，可以更为可靠和精确地评价改进理论分析方法和经验曲线方法。

a. 理论分析方法比较

本部分中,实测数据和计算数据在计算过程中均采用对数 lg 的形式,将既有统计分析指标(均方根误差 RMSE,比值 K,等级指数 RI 和等级距离指数 RD)和提出的分析指标(相对误差指数 RE)应用于江苏黏土,得到的结果如表 3-6 所示,相对误差指数 RE 的计算结果如图 3-60 所示。

表 3-6 理论分析方法的统计分析结果

方法	RMSE	K			RED			RI	RD	C_u
		>1(%)	$|\mu|$	σ	>0(%)	$|\mu|$	σ			
Elsworth 方法	2.347	96.6	1.149	0.079	96.6	0.149	0.076	0.206	0.168	0.63
Chai 方法	1.744	89.8	1.100	0.073	89.8	0.100	0.062	0.161	0.124	0.53
邹海峰方法	1.121	71.2	1.034	0.070	71.2	0.034	0.041	0.101	0.078	0.34
本书理论分析法	0.940	54.2	1.003	0.068	54.2	0.003	0.038	0.070	0.068	0.25

就均方根误差 RMSE 而言,本书所提出的方法提供了最好的相关性(RMSE=0.940),其后依次是邹海峰方法(RMSE=1.121)、Chai 方法(RMSE=1.744)和 Elsworth 方法(RMSE=2.347),因为 RMSE 越小,相关性越好。然而,所有方法产生的 K 值大于 1 的点的占比均在 50% 以上,表明这些方法容易低估所研究土体的渗透系数。举例说明,假设实测渗透系数大于计算渗透系数,两者分别为 1×10^{-7} 和 1×10^{-8},取常用对数后为 -7 和 -8,则 K 值为 $-8/(-7)$,大于 1;反之则小于 1。准确度(accuracy)是指在一定实验条件下多次测定的平均值与真值相符合的程度,以误差来表示。精确度(precision)是指得到的测定结果与真实值之间的接近程度,以偏差来表示。在准确性方面(K 与 1 或 RE 与 0 的接近程度),所提出的方法再次得到最佳结果(K=1.003)。在精确性方面(K 值的标准差 σ 与 0 的接近程度),所提出的方法仍然得到最佳结果(σ=0.068)。类似地,对于 RI 值,所提出的方法依旧较为准确(RI=0.070)。然而,就统计指标而言,RMSE 和 RI 都具有某些缺点,前者主要突出显著的误差(即准确度较低)且未包含精度,后者考虑准确度和精确度,但未赋相等的权重。相比之下,对准确度和精确度赋予相等权重的 RD,可以作为更好的指标,用于评价不同公式的适用性。对于 RD,分析江苏黏土的最佳方法是本书提出的方法(RD=0.068)。

对于相对误差指数 RE,其评价不同公式准确度和精确度如表 3-6 所示,评价结果和 K 值几乎相同。但若考虑到相对误差限,小于某误差值的计算点所占百分比(PRELA),在图 3-60 中以图形表示;对于每种方法,该百分比越高,该方法越好。由图可知,对于误差限 3%～10%,本书提出的方法计算效果最优,其次是邹海峰方法,如误差限为 8% 时,本书方法 PRELA=78%,再次是邹海峰方法 PRELA=64%。

最后使用误差累计曲线分析方法(图 3-61 和图 3-62)结合相对误差或与最佳直线的距离,对这四种理论分析法进行评价,因为该方法不但可以清晰直观地显示离相对误差或与最佳直线的距离等于零的距离,更能表示不同方法的变化趋势,更便于比较不同方法的优劣。由于图 3-61 中,相对误差有正负之分,图中竖向虚线是相对误差为零的线。典型误差累计曲线图 3-61 中,坐标为(0,40%)指的是在有所有数据点中,共有 40% 的点的误差大于 0。

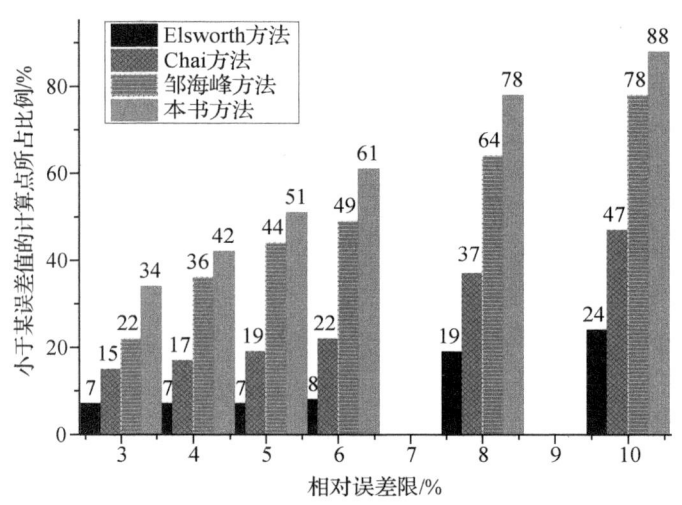

图 3-60 相对误差指数的计算结果

相比而言,Chai 方法和 Elsworth 方法的最大误差分别接近 30% 和 40%,且都偏向于零误差线的一侧;其余方法最大值均在 20% 左右,且左右分布几乎相等。某条线与零误差线相交于某一百分比,说明有该百分比的数据点的计算值小于实测值,因此约有 95%、90%、70% 和 40% 的点计算值偏小。

与最佳直线 $y=x$ 之间的距离(图 3-52、图 3-54、图 3-56 和图 3-58)的累计曲线如图 3-62 所示,因为距离 y 轴越近,说明计算值越准确,该图清晰地说明了本书方法效果最佳。

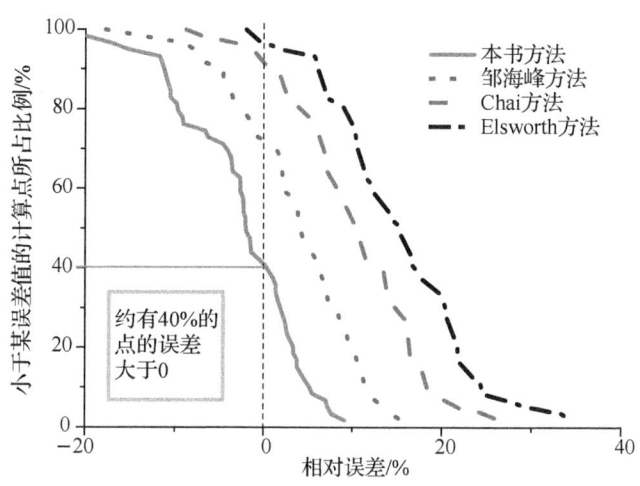

图 3-61 相对误差的累计曲线

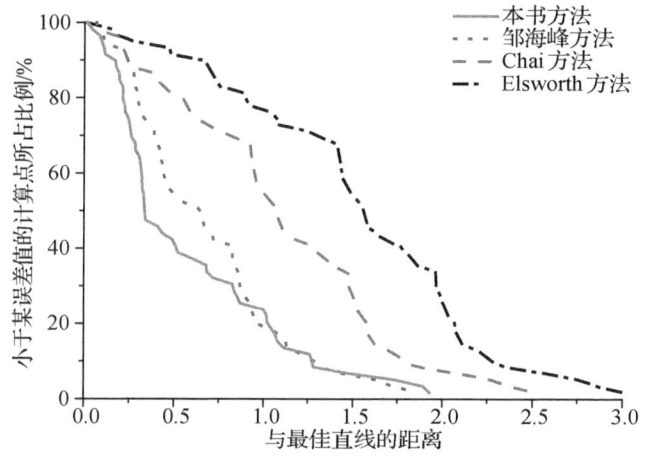

图 3-62 与最佳直线之间距离的累计曲线

总之,对于长三角典型沉积土而言,四种研究方法中最有效的是本书提出的改进圆柱面径流模型。

b. 经验曲线方法比较

基于江苏黏土的四种曲线 $B_q Q_t$ 的计算值与实测值的对比图如图 3-63 所示。由图可知,折线的计算效果最差,其决定系数(R^2)仅为 0.86,其余基本都为 0.90。

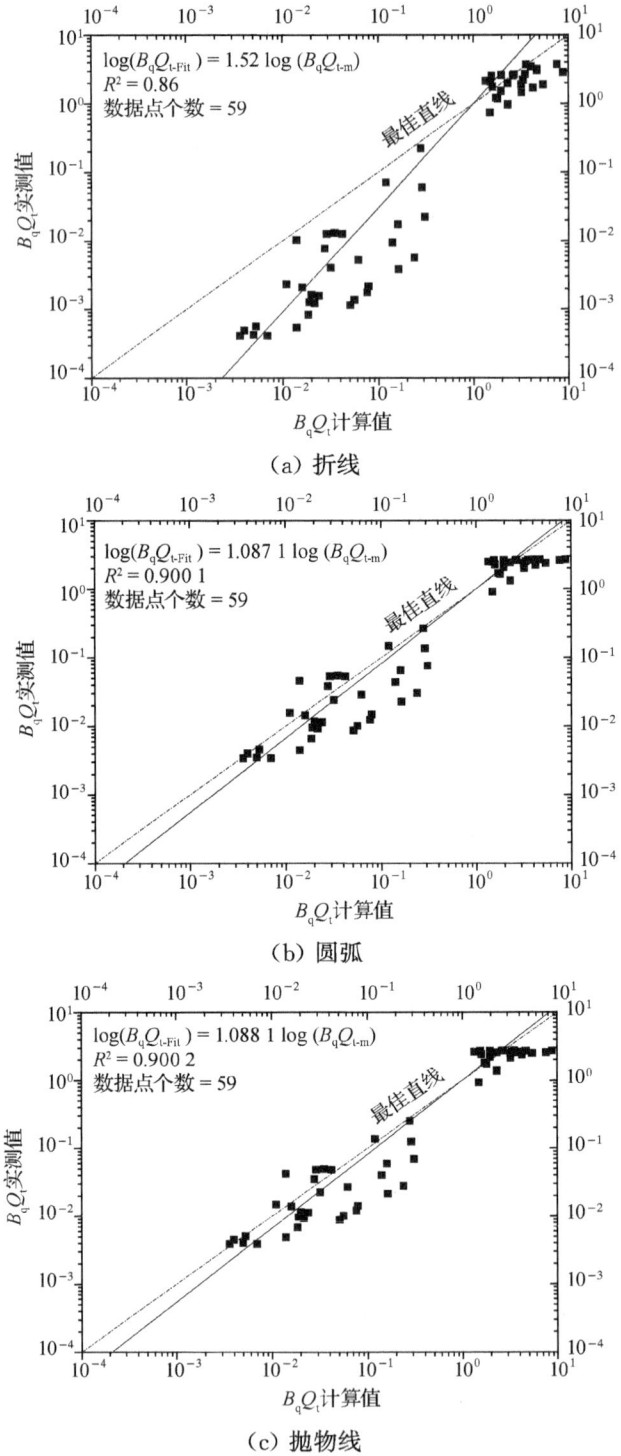

(a) 折线

(b) 圆弧

(c) 抛物线

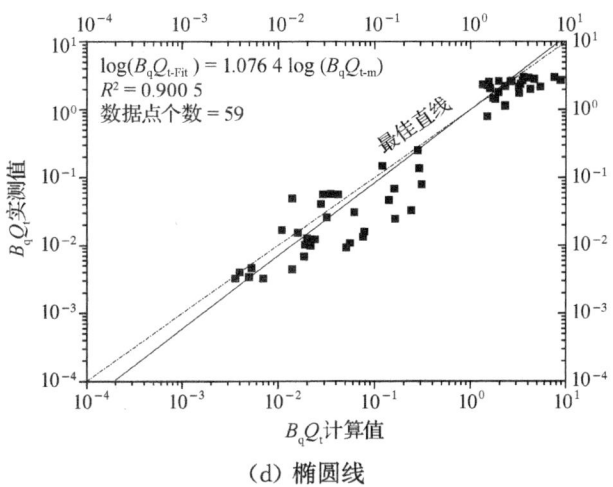

(d) 椭圆线

图 3-63 B_qQ_t 的计算值与实测值的对比

四种曲线的 RMSE, K, RED, RI 和 RD 计算结果见表 3-7, 对于 RMSE, 折线 (RMSE=1.234) 出乎意料地给出了最好的预测。在准确度方面, 本书提出的具有两个变量的椭圆曲线, 是最佳方法, 其平均 K 值为 0.667, 双线性曲线确实表现最差, 平均 K 值为 0.463。对于 K 值的标准差而言, 折线是最佳预测曲线, 平均标准差为 0.432。然而, 在 RED 值的标准差方面, 抛物线曲线给出了最精确的预测, 其平均标准差为 0.282。对于 RI, 本书提出的圆弧预测效果最好(RI=1.408)。根据前文所述, RD 作为更为合理的方法, 以该指标来评价, 最有效的曲线是本书提出的椭圆曲线(RD=0.580)。

表 3-7 四种曲线的 RMSE, K, RED, RI 和 RD 计算结果

曲线	RMSE	K			RED			RI	RD
		>1(%)	$|\mu|$	σ	>0(%)	$|\mu|$	σ		
折线	1.234	0.119	0.463	0.432	0.119	−0.537	0.305	2.692	0.689
圆弧	1.330	0.153	0.656	0.469	0.153	−0.344	0.288	1.507	0.581
抛物线	1.342	0.186	0.656	0.474	0.186	−0.344	0.282	1.559	0.586
椭圆线	1.327	0.203	0.667	0.475	0.203	−0.333	0.290	1.408	0.580

四种曲线相对误差指数的计算结果如图 3-64 所示, 由图可知, 折线预测效果最差, 其余三种曲线相差不多, 椭圆线稍差, 但若考虑到圆弧、抛物线和椭圆线三种曲线的变量分别为 3 个、3 个和 2 个, 则可以忽略这种差异, 况且这三种曲线的相关系数之平方(R^2)几乎相同。因此, 总体而言, 最佳曲线是只有 2 个变量的椭圆线

(RD=0.580)。

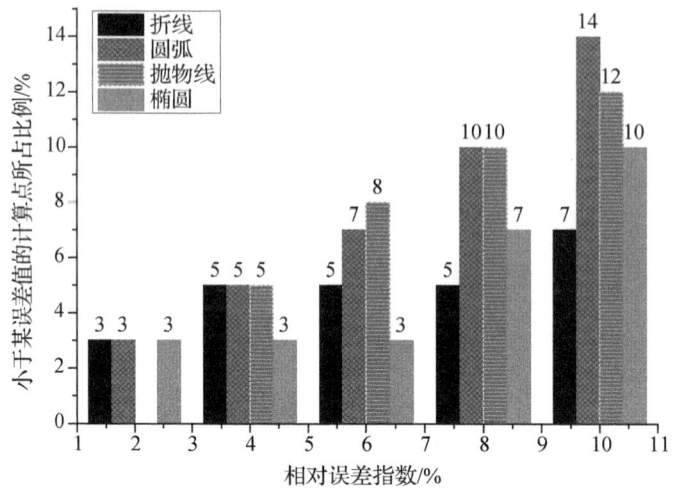

图 3-64 不同曲线相对误差指数的计算结果

3.4 本章小结

本章基于长三角南部地区所开展的现场 CPTU、DMT 等原位测试,重点对基坑与地下工程设计中所需关键状态参数(静止土压力系数、超固结比)和渗透参数的原位测试确定方法进行研究,得到如下主要结论:

(1) 分析了基坑工程设计中的重要参数静止土压力系数(K_0)的主要影响因素,包括应力历史、土的粒径、土体内摩擦角、土的塑性指数等。

(2) 通过室内试验结果与现场原位测试预测的值进行对比,评价了多种预测方法,研究表明 Mayne 和 Kulhawy[4]的方法适用于常州地区典型砂性土层有效内摩擦角的计算;对于常州地区浅层第⑤层砂土层,扁铲侧胀作为一种侧向受力的试验技术,且所得的试验参数 K_D 对于土体应力历史有较高的敏感性,该试验可以同时反映土体应力历史和侧向受力特性,通过扁铲侧胀试验确定静止侧压力系数的方法相比于其他方法是较为可靠的。

(3) 对考虑应力历史条件下减压降水引起的土体位移场变化与分布规律进行了研究,分析和总结了土体应力历史对减压降水效应的影响机理。结果表明,考虑应力历史的工况在相同降水条件下所引发的土体沉降及部分土层隆起在各个降水阶段明显小于不考虑应力历史的工况；土体内部沉降范围分布形式有很大不同，考虑应力历史的工况最终得到的较大沉降范围集中于地表，而不考虑应力历史的工况最终得到的较大沉降范围集中于承压含水层。

(4) 基于原位测试试验，给出了常州地区典型土层关键岩土设计参数-状态参数 OCR 的确定方法。首先，针对常州地区黏性土层，通过静力触探（CPT）测试及室内试验提出了基于修正剑桥模型的 OCR 半理论半经验计算公式；其次，针对粉质黏土夹粉砂层及粉砂层提出了基于归一化锥尖阻力 Q_t 的 OCR 经验公式；最后，通过 DMT 试验及室内试验数据回归分析，分别提出了粉质黏土夹粉砂层和粉砂层 OCR 经验公式。

(5) 针对地下水降水设计及其诱发土体变形计算中的重要参数-渗透系数，研究提出了基于 CPTU 测试技术的改进圆柱面径流模型和三种经验曲线，通过长江三角洲地区 7 个典型试验场地的渗透系数实测值，采用均方根误差 RMSE、比值 K、等级指数 RI、等级距离指数 RD 和相对误差指数 RED 以及误差累计曲线方法，对理论分析方法和经验公式进行分析评价，并通过实测结果与理论和经验计算结果的对比验证了理论和经验公式的合理性，进而提出较为合理的渗透系数确定方法。

参考文献

[1] 谢政鑫. 基于原位测试参数的深基坑工程设计方法研究[D]. 南京：东南大学，2020.

[2] Mayne P W, Kulhawy F H. K_o-OCR relationships in soil[J]. Journal of the Geotechnical Engineering Division, 1982, 108(6): 851 - 872.

[3] Robertson P K, Campanella R G. Interpretation of cone penetration tests. part I: Sand[J]. Canadian Geotechnical Journal, 1983, 20(4): 718 - 733.

[4] Kulhawy F H, Mayne P W. Manual on estimating soil properties for foundation design[R]. Electric Power Research Inst., Palo Alto, CA (USA): Cornell Univ., Ithaca, 1990.

[5] Mayne P, Campanella R. Versatile site characterization by seismic piezocone[C]. Proceedings of the International Conference on Soil Mechanics and Geotechnical Engineering, 2005: 721.

[6] Schmertmann J H. A method for determining the friction angle in sands from the Marchetti dilatometer test (DMT)[C]. Proc. 2nd European Symp. on Penetration Testing, 1982: 853 - 861.

[7] Campanella R G, Robertson P K. Use and interpretation of a research dilatometer[J]. Canadian Geotechnical Journal,1991,28(1):113-126.

[8] Marchetti S. The flat dilatometer: design applications[C]. Proc. Third International Geotechnical Engineering Conference,Cairo University,1997:421-448.

[9] Marchetti S. The in situ determination of an "extended" overconsolidation ratio[J]. Proc. 7th ECSMFE,Brighton,1979,2:239-244.

[10] Powell J J M,Uglow I M. The Interpretation of the marchetti dilatometer test in UK clays [J],1989,29(9):43-46.

[11] Lunne T,Lacasse S,Aas G,et al. Design parameters for offshore sands:Use of in situ tests [M]//Offshore Site Investigation. Dordrecht:Springer Netherlands,1985:269-292.

[12] 陈国民. 扁铲侧胀仪试验及其应用[J]. 岩土工程学报,1999,21(2):42-48.

[13] 陈雪元. 扁铲侧胀试验方法在苏州地区的实践[C]//江苏省地质学会. 地球科学与社会可持续发展—2005年华东六省一市地学科技论坛论文集. 中国地质大学出版社,2005:5.

[14] 唐世栋,吕建春,傅纵. 扁铲侧胀试验求解初始水平应力和静止侧压力系数[J]. 岩土工程学报,2006,28(12):2144-2148.

[15] 唐世栋,肖勇,王松平. 杭州地区用扁铲侧胀试验求解静止侧压力系数 K_0 的研究[J]. 工程勘察,2009,37(7):5-9.

[16] 张道政,段永强,蔡君. 无锡地区静止侧压力系数试验研究[J]. 现代交通技术,2014,11(6):78-81.

[17] Marchetti S. On the field determination of K_0 in sand[C]. International Conference on Soil Mechanics and Foundation Engineering,1988:2667-2672.

[18] Baldi G,Bellotti R,Ghionna V,et al. Flat dilatometer tests in calibration chambers[C]. Use of in Situ Tests in Geotechnical Engineering,1986:431-446.

[19] Hossain A M,Andrus R D. At-rest lateral stress coefficient in sands from common field methods[J]. Journal of Geotechnical and Geoenvironmental Engineering,2016,142(12):22-24.

[20] 童立元,刘松玉,张焕荣,等. 应用SCPTu确定静止土压力系数的试验研究[J]. 土木工程学报,2013,46(4):117-123.

[21] Jaky J. Pressure in silos[C]. International Conference on Soil Mechanics and Foundation Engineering,1948.

[22] Brooker E W,Ireland H O. Earth pressures at rest related to stress history[J]. Canadian

Geotechnical Journal,1965,2(1):1-15.

[23] Schmidt B. Earth pressures at rest related to stress history[J]. Canadian Geotechnical Journal,1966,3(4):239-242.

[24] Alpan I. The geotechnical properties of soils[J]. Earth-Science Reviews,1970,6(1):5-49.

[25] 纠永志,黄茂松.超固结软黏土的静止土压力系数与不排水抗剪强度[J].岩土力学,2017, 38(4):951-957,964.

[26] 杨涛.深厚承压含水地层降水开挖对周边环境耦合影响及水位控制研究[D].南京:东南大学,2023.

[27] 魏道垛,胡中雄.上海浅层地基土的前期固结压力及有关压缩性参数的试验研究[J].岩土工程学报,1980,2(4):13-22.

[28] 张诚厚,王伯衍,汪兆京.上海黄浦江岸边淤泥质粘土的固结状态及强度特性[J].水利水运科学研究,1981(1):12-22.

[29] 武朝军,叶冠林,王建华.上海莲花路浅部土层超固结特性试验研究[J].上海交通大学学报,2016,50(3):331-335.

[30] Becker D E,Crooks J H A,Been K,et al. Work as a criterion for determining *in situ* and yield stresses in clays[J]. Canadian Geotechnical Journal,1987,24(4):549-564.

[31] 武朝军.上海浅部土层沉积环境及其物理力学性质[D].上海:上海交通大学,2016.

[32] 高彦斌,陈忠清.上海地区软黏土的OCR及地质成因[J].岩土工程学报,2017,39(S2):79-82.

[33] 周春慧.苏州地面沉降区第四纪地层结构精细化研究[D].南京:南京大学,2013.

[34] 周臻.苏州关键工程地质要素评价研究[D].南京:南京大学,2014.

[35] 王强.深大基坑设计参数原位测试及优化反分析研究[D].南京:东南大学,2012.

[36] 邹海峰.多功能CPTU工程应用软件开发研究[D].南京:东南大学,2013.

[37] Ma L,Xu Y S,Shen S L,et al. Evaluation of the hydraulic conductivity of aquifers with piles [J]. Hydrogeology Journal,2014,22(2):371-382.

[38] Xu Y S,Shen S L,Cai Z Y,et al. The state of land subsidence and prediction approaches due to groundwater withdrawal in China[J]. Natural Hazards,2008,45(1):123-135.

[39] 陈云敏,林政,Schellingerhout A J G. IFCO BAT系统测试地基孔压及原位渗透系数理论及其应用[J].岩石力学与工程学报,2005,24(24):4440-4448.

[40] 许烨霜,沈水龙,马磊.地下构筑物对地下水渗流的阻挡效应[J].浙江大学学报(工学版), 2010,44(10):1902-1906.

[41] 蔡国军,刘松玉,童立元,等. 基于孔压静力触探的连云港海相黏土的固结和渗透特性研究[J]. 岩石力学与工程学报,2007,26(4):846-852.

[42] Robertson P K. Soil classification using the cone penetration test[J]. Journal of Geotechnical & Geoenvironmental Engineering,1990,27(1):984-986.

[43] Elsworth D, Lee D S. Limits in determining permeability from on-the-fly uCPT sounding [J]. Géotechnique,2007,57(8):679-685.

[44] Elsworth D, Lee D S. Permeability determination from on-the-fly piezocone sounding[J]. Journal of Geotechnical and Geoenvironmental Engineering,2005,131(5):643-653.

[45] Chai J C, Agung P M A, Hino T, et al. Estimating hydraulic conductivity from piezocone soundings[J]. Géotechnique,2011,61(8):699-708.

[46] 王君鹏,沈水龙. 基于孔压静力触探确定土体的渗透系数[J]. 岩土力学,2013,34(11):3335-3339.

[47] 邹海峰,蔡国军,刘松玉. 基于位错理论的饱和土渗流特性CPTU评价研究[J]. 岩土工程学报,2014,36(3):519-528.

[48] Burns S E, Mayne P W. Analytical cavity expansion-critical state model for piezocone dissipation in fine-grained soils[J]. Soils and Foundations,2002,42(2):131-137.

[49] Houlsby G T, The C I. Analysis of the piezocone in clay[C]. Proceeding of the international Symposium on Penetration Testing ISOPT-1,Orlando,1988,2:777-783.

[50] Levadoux J N, Baligh M M. Consolidation after undrained piezocone penetration. I: Prediction[J]. Journal of Geotechnical Engineering,1986,112(7):707-726.

[51] Parez L, Fauriel R. Le piezocone améliorations apportées à la reconnaissance des sols[J]. Revue Française de Géotechnique,(44):13-27.

[52] Baligh M M, Levadoux J N. Pore pressure dissipation after cone penetration [J]. Massachusetts Institute of Technology,Department of Civil Engineering,1980:80-110.

[53] Lunne T, Powell J J M, Robertson P K. Cone Penetration Testing in Geotechnical Practice [M]. Boca Raton:CRC Press,2002.

[54] Robertson P, Campanella R, Gillespie D, et al. Use of piezometer cone data[C]//Proc of Insitu'86 ASCE Speciality Conference. Reston, Virginia,1986:1263-1280.

[55] Jefferies M G, Davies M P. Use of CPTu to estimate equivalent SPT N_{60}[J]. Geotechnical Testing Journal,1993,16(4):458-468.

[56] Robertson P K, Wride C F. Evaluating cyclic liquefaction potential using the cone

penetration test[J]. Canadian Geotechnical Journal,1998,35(3):442-459.

[57] Robertson P K. Interpretation of cone penetration tests: A unified approach[J]. Canadian Geotechnical Journal,2009,46(11):1337-1355.

[58] Robertson P K. Estimating in-situ soil permeability from CPT&CPTU[J]. Canandian Geotechnical Journal,2009,46(1):442-447.

[59] 杨溢军.基于CPTU测试的深基坑工程土体设计参数应用研究[D].南京:东南大学,2015.

[60] Zhu X R,He Y H,Xu C F,et al. Excess pore water pressure caused by single pile driving in saturated soft soil[J]. Chinese Journal of Rock Mechanics and Engineering,2005(S2):5740-5744.

[61] 朱小林,唐世栋.利用孔隙水压力—静力触探探头估算软粘土固结系数的理论分析[J].工程勘察,1986,14(6):8-12,22.

[62] 马淑芝,汤艳春,孟高头,等.孔压静力触探测试机理、方法及工程应用:工程勘察新技术[M].武汉:中国地质大学出版社,2007.

[63] Croney D, Coleman J D. Pore pressure and suction in soil[C]//Proc of Conf on Pore Pressure and Suction in Soils. London: Institution of Civil Engineers,1960:31-37.

[64] Koizumi Y, Ito K. Field tests with regard to pile driving and bearing capacity of piled foundations[J]. Soils and Foundations,1967,7(3):30-53.

[65] Randolph M F, Goh S H, Lee F H, et al. A numerical study of cone penetration in fine-grained soils allowing for consolidation effects[J]. Géotechnique,2012,62(8):707-719.

[66] Mahmoodzadeh H, Wang D, Randolph M F. Interpretation of piezoball dissipation testing in clay[J]. Géotechnique,2015,65(10):831-842.

[67] Yi J T, Goh S H, Lee F H, et al. A numerical study of cone penetration in fine-grained soils allowing for consolidation effects[J]. Géotechnique,2012,62(8):707-719.

[68] Mahmoodzadeh H, Randolph M F, Wang D. Numerical simulation of piezocone dissipation test in clays[J]. Géotechnique,2014,64(8):657-666.

[69] Grima M A, Babuška R. Fuzzy model for the prediction of unconfined compressive strength of rock samples[J]. International Journal of Rock Mechanics & Mining Sciences,1999,36(3):339-349.

[70] Briaud J L, Tucker L M. Measured and predicted axial response of 98 piles[J]. Journal of Geotechnical Engineering,1988,114(9):984-1001.

[71] Ll Orr T, Cherubini C. Use of the ranking distance as an index for assessing the accuracy and precision of equations for the bearing capacity of piles and at-rest earth pressure

coefficient[J]. Canadian Geotechnical Journal,2003,40(6):1200-1207.

[72] Cherubini C,Orr T L L. A rational procedure for comparing measured and calculated values in geotechnics[C]//Coastal Geotechnical Engineering in Practice v. 1. 2000:265-561.

[73] Onyejekwe S,Kang X,Ge L. Assessment of empirical equations for the compression index of fine-grained soils in Missouri[J]. Bulletin of Engineering Geology and the Environment, 2015,74(3):705-716.

[74] Ozer M,Isik N S,Orhan M. Statistical and neural network assessment of the compression index of clay-bearing soils[J]. Bulletin of Engineering Geology and the Environment,2008, 67(4):537-545.

[75] Yilmaz I. Indirect estimation of the swelling percent and a new classification of soils depending on liquid limit and cation exchangecapacity[J]. Engineering Geology,2006,85(3/4):295-301.

[76] Giasi C I,Cherubini C,Paccapelo F. Evaluation of compression index of remoulded clays by means of Atterberg limits[J]. Bulletin of Engineering Geology and the Environment,2003, 62(4):333-340.

[77] Zhang M F,Tong L Y,Yang Y J,et al. In situ determination of hydraulic conductivity in Yangtze Delta deposits using a modified piezocone model[J]. Bulletin of Engineering Geology and the Environment,2018,77(1):153-164.

[78] Zhang M F, Tong L Y. New statistical and graphical assessment of CPT-based empirical correlations for the shear wave velocity of soils[J]. Engineering Geology,2017,226:184-191.

第4章
岩土小应变参数原位测试及基坑开挖环境影响模拟分析

剪切波速可由室内试验或原位测试获取,但室内试验由于土样取样及保存过程中难以保持原位应力状态,数据离散性较大,降低了试验结果的可信度,因此,工程实践中常通过现场原位测试技术来测试或估计剪切波速,进而对反映小应变特性的土体最大剪切模量进行直接或间接评价。剪切波速原位测试方法目前主要有钻孔法(单孔法和跨孔法)和面波法(瞬态面波法和稳态面波法),以及近年来基于三类原位测试技术开发出的地震波孔压静力触探(SCPTU)、地震波扁铲(SDMT)、地震波旁压(SPMT)评价法等。本章重点介绍了基于SCPTU的剪切波速原位测试方法,并基于大量现场测试提出基于CPTU测试参数的剪切波速预测分析方法,在此基础上结合数值分析,提出一种能够考虑土体小应变特性的基坑三维有限元模拟方法,并将其应用于某地铁车站基坑开挖的环境效应分析中,以指导工程实践。

4.1 基于SCPTU的剪切波速测试方法概述

近30年来,国内外学者通过现场原位测试和室内高精度试验对土体在应变量级$10^{-6} \sim 10^{-2}$内的应力应变行为进行了研究,其中Atkinson和Sallfors[1]将土体应变划分为非常小应变($\leqslant 10^{-5}$)、小应变($10^{-5} \sim 10^{-3}$)和大应变($>10^{-3}$)三个范围。大量工程实测资料显示[2-5],在基础、基坑和隧道周围的土体除极小一部分区域发生塑性变形外,其他区域土体的应变整体上都很小,相当数量的地下结构周围的土体在工作荷载状态下的典型应变均在0.01%~0.1%之间,通常可认为处于小应变状态。

在非常低的应变情况下(剪应变≤10^{-5}),土层剪切模量表现出最大值G_{max},而后剪切模量随剪应变的发展逐渐衰减。土体小应变特性主要由最大剪切模量和刚度衰减曲线来描述,其中最大剪切模量不仅是土动力计算和场地地震安全性评价中不可或缺的内容,而且是准确预测土体小应变状态下地下结构周围环境影响的重要参数。一般认为土的最大剪切模量与土体密度和剪切波速具有密切的联系,土体密度测试误差相对较小,即可通过剪切波速对最大剪切模量进行预测与评价。

孔压静力触探测试系统(Piezocone Penetration Test,简称CPTU)作为最主要的原位测试手段,与传统的单双桥静力触探相比,具有功能齐全、精度高、可重复性强、快速连续、经济等优点,因而在国内外得到了广泛的应用。它既可以用超孔压的灵敏性准确划分土层,进行土类判别,又可求取土的原位固结系数、渗透系数、动力参数、结构参数、承载特性等,已成为场地土层特征勘察最常用的方法。随着传感技术的发展,地震波孔压静力触探(Seismic Piezocone Penetration Test,简称SCPTU)使得CPTU测试联合剪切波速测试试验一体化更为常见。

4.1.1 工作原理与测试方法

SCPTU试验采用多功能数字式探头,如图4-1所示。系统由钻探车、静力触探系统两部分组成,具有常规静力触探(CPT)、孔压、倾斜、地震波和电阻率功能模块。探头符合国际通用标准(ASTM5778),贯入速率为2 cm/s,采样间隔为5 cm。地震波孔压静力触探是CPTU贯入过程中,在探头力传感器上方安装一个三分量

(a) SCPTU测试系统　　　　　(b) SCPTU探头

图4-1 SCPTU现场试验示意图

检波器,应用单孔法的原理,在地表激振系统作用下,同时测得土层剪切波速。每间隔 1 m,在静力触探贯入换杆暂停时,用专用锤敲击震源,通过剪切波的传播进行波速测试。相比于其他波速测试方法,SCPTU 所需成本低[9],能够提供 4 个沿深度连续变化的参数:CPTU 参数(锥尖阻力 q_c、侧壁摩阻力 f_s、孔隙水压力 u)和 V_s,V_s 与 CPTU 参数相互独立、互不干扰。

简言之,SCPTU 试验就是 CPTU 试验和单孔法波速测试的结合,是在原 CPTU 试验设备的基础上增加一个三分量检波器,在 CPTU 试验的同时按照单孔法原理进行剪切波速测试。因此,SCPTU 试验中剪切波速测试的工作原理、测试方法、数据处理等均和单孔法一样,与单一的单孔法相比,SCPTU 试验提供了更全面的土层剖面特征。

4.1.2 SCPTU 试验与单孔法试验结果的对比

试验场地位于江苏省南京长江第四大桥南北锚碇区域,场地土层的主要物理力学性质指标如表 4-1 所示。在此开展了一系列 SCPTU 试验及单孔法中的下孔法(DHT)试验,获取了场地剪切波速的分布,如图 4-2 所示。由图可以看出,两种测试方法结果吻合较好,由此证明了 SCPTU 方法是可取的;剪切波速随着深度的增加不断增大,在 40 m 深处出现非常大的变化,说明进入了密实砂土层中;在南锚碇区淤泥质粉质黏土沉积的深度,可以看到非常低的剪切波速;SCPTU 试验获取的剪切波速值比 DHT 试验值要分散得多;北锚碇区剪切波速的离散性比南锚碇区要小一些,这些规律都是与长江漫滩沉积物的复杂性相对应的。

表 4-1 南京长江第四大桥南北锚碇区域土层的主要物理力学性质指标

场地名称	土层	层厚/m	重度/(kN·m^{-3})	含水率/%	比重	液限/%	塑性指数	压缩模量/MPa
南京长江四桥南锚碇区(场地 A)	粉质黏土	3.90	18.9	32.4	2.72	38.2	15.3	4.04
	淤泥质粉质黏土	3.40	17.3	47.9	2.72	39.8	14.8	2.06
	粉砂	3.10	18.9	29.8	2.68			7.85
	淤泥质粉质黏土夹粉砂	7.40	17.8	39.5	2.72	34.8	12.1	3.70
	粉砂	7.10	19.1	28.0	2.68			11.80
	粉质黏土夹粉砂	10.30	18.2	33.9	2.72	32.5	12.1	3.89
南京长江四桥北锚碇区(场地 B)	粉质黏土	1.70	18.1	30.3	2.72	36.2	15.9	4.94
	淤泥质粉质黏土	3.75	18.1	40.1	2.72	34.0	14.4	3.08
	粉土	5.95	18.9	31.1	2.69	29.0	5.6	11.30
	粉砂	11.00	18.5	29.1	2.68			12.80
	细砂	7.50	18.9	27.8	2.68			12.50

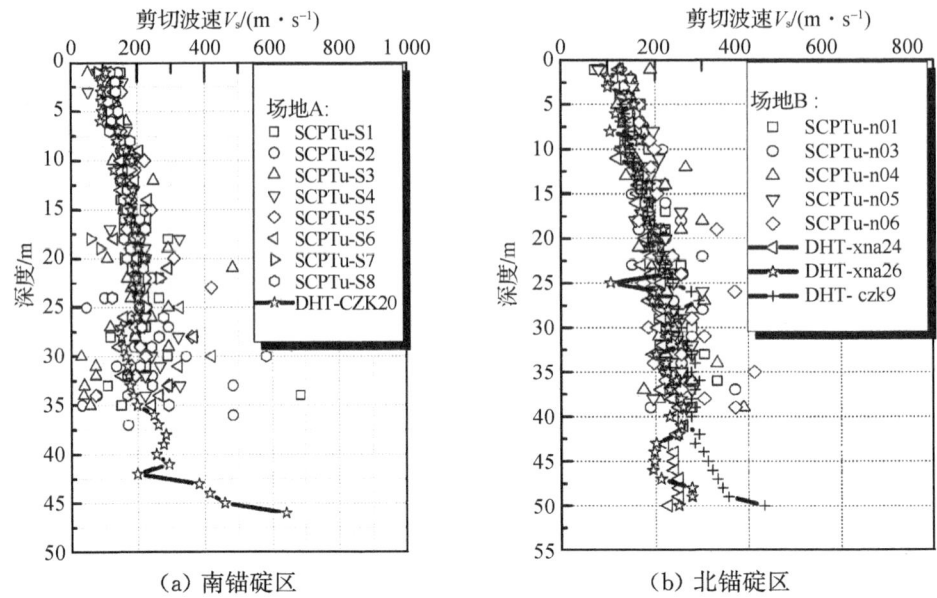

图 4-2 SCPTU 和 DHT 试验所得剪切波速值的对比

由图还可以看出,DHT 试验测得的剪切波速值与 SCPTU 试验测得的剪切波速平均值基本相等,因此,考虑到 DHT 试验成本高昂且花费时间较长,SCPTU 可以作为测量剪切波速的主要方法,而 DHT 方法可以用来作为对比。

4.2 基于 CPTU 测试参数的剪切波速预测方法研究

4.2.1 已有 CPT - V_s 关系式的评价比较

值得注意的是,剪切波速的测试需要专业设备和人员来确保测试数据的准确性。考虑到经济性因素,对于缺乏现场剪切波速测试设备或者一些设计要求较低的工程,剪切波速可直接或间接通过 CPTU 测试参数 ($q_c/q_t, f_s, u_2$) 来近似估计。

针对 CPTU 参数与剪切波速/最大剪切模量的关系,国内外学者做了大量的研究[6-15],将其汇总如表 4-2 所示。文献统计表明,剪切波速或小应变剪切模量与 CPTU 测试参数之间能够建立良好的相关关系,可用于 V_s、G_{max} 的一阶近似估计。

表 4-2 CPTU 参数与剪切波速的经验拟合公式

关系式	土样来源	土样类型	文献来源
$V_s=(10.1 \cdot \log q_t - 11.4)^{1.67}(f_s/q_t \cdot 100)^{0.3}$	世界各地	黏土、砂土、中间土和尾矿	Hegazy 和 Mayne[6]
$G_{max}=21.5 \cdot q_T^{0.79} \cdot (1+B_q)^{4.59}$	意大利	威尼斯潟湖土	Simonini 和 Cola[7]
$V_s=32.3 q_c^{0.089} f_s^{0.121} D^{0.215}$	加州,日本和加拿大	全新世土	Piratheepan 和 Andrus[8]
$V_s=118.8 \log f_s + 18.5$	世界各地	砂土、黏土和有机质可塑黏土	Mayne[9]
$V_s=0.0831 \cdot q_{c1N} \cdot e^{(1.786 I_c)} \cdot \left(\dfrac{\sigma'_{v0}}{p_a}\right)^{0.25}$ 其中 $q_{c1N}=\left(\dfrac{q_c}{P_a}\right)\left(\dfrac{P_a}{\sigma'_{v0}}\right)^n$	世界各地	一般土	Hegazy 和 Mayne[10]
$V_s=2.27 q_t^{0.412} I_c^{0.989} z^{0.033}$	加州,南卡罗来纳州和日本	全新世土	Andrus 等[11]a
$V_s=2.62 q_t^{0.395} I_c^{0.912} D^{0.124} SF^a$	加州,南卡罗来纳州和日本	全新世、更新世混合土	Andrus 等[11]b
$V_s=[10^{(0.55 I_c+1.68)}(q_t-\sigma_{v0})/p_a]^{0.5}$	世界各地	以全新世和更新世土为主	Robertson[12]
$V_{s1}=10^{(0.83 \cdot I_c-1.22)} Q_{tn} \cdot OCR^{0.3}$ $V_{s1}=V_s(p_a/\sigma'_{v0})^{0.25}$	意大利	全新世、更新世的砂土、粉土混合物	Tonni 和 Simonini[13]
$V_s=18.4 q_c^{0.144} f_s^{0.0832} z^{0.278}$	新西兰大基督城	全新世混合土	McGanna 等[14]
$V_{s1}=16.5 q_{t1n}^{0.411} I_c^{0.970}$ 其中 $q_{t1n}=\left(\dfrac{q_t}{p_a}\right)\left(\dfrac{p_a}{\sigma'_v}\right)^n$	加州,南卡罗来纳州和日本	全新世砂土	Andrus 等[11]c
$V_s=1.961 q_t^{0.579}(1+B_q)^{1.202}$	挪威	挪威软黏土	Long 和 Donohue[15]

注:上标 a,b 和 c 是同一篇文献中的不同关系式。

表 4-2 中,锥尖阻力 q_c、侧壁摩阻力 f_s、孔隙水压力 u 是 CPTU 直接量测到的参数;q_t 是经孔压修正的总锥尖阻力,$q_t=q_c+(1-a)u_2$,a 为有效面积比,u_2 为锥尖位置测得的孔压;σ_{v0}、σ'_{v0} 分别为土的总上覆应力和有效上覆应力;R_f 是摩阻比(即 $f_s/q_t \times 100\%$);B_q 是孔压参数比,即 $(u_2-u_0)/(q_t-\sigma_{v0})$,$u_0$ 为静水压力;Q_t 为归一化锥尖阻力,$Q_t=(q_t-\sigma_{v0})/\sigma'_{v0}$;$F_r$ 为归一化摩阻比,$F_r=f_s/(q_t-\sigma_{v0}) \times$

100%；I_c 是土性分类指数，$I_c=\sqrt{(3.47-\log Q_{tn})^2+(\log F_r+1.22)^2}$，其中 $Q_{tn}=\dfrac{q_t-\sigma_{v0}}{p_a}\cdot\left(\dfrac{p_a}{\sigma'_{v0}}\right)^n$，$n=0.38I_c+0.05(\sigma'_{v0}/p_a)-0.15$，$p_a$ 为大气压取 100 kPa。

表 4-2 总结了基于 CPTU 试验的不同地区不同土类的剪切波速拟合公式，由于地域不同，岩土体所表现出来的性质差异较大，已有研究建立的关系式大部分是特定地区的经验关系式，适用范围有限。因此，基于所在地区场地实测数据建立相关经验公式，进而进行 V_s、G_{max} 的估计显得十分重要，尤其是对地层分布高度互层的场地，这可为该地区类似工程提供一定的参考价值。下面以江苏省南京市长江漫滩沉积土为例，对基于 CPT 的剪切波速 V_s 预测值与实测值进行比较。

将表 4-2 中总结的六种一般土类的 CPT-V_s 关系式应用于南京四桥南北锚碇区试验场地，并将每个关系式的 V_s 预测值与实测值进行比较，图 4-3 给出了一个典型剖面剪切波速预测值与实测值的比较。由图可以看出，虽然所有关系式都捕捉到了 V_s 随深度增加的趋势，但现有的关系式倾向于不同程度地高估或低估所测量的 V_s 值。这也说明，从特定地区的数据或广泛来源的数据发展而来的现有相关性可能不适合当地条件，随意采用这些相关性可能会引入大量的误差，随后剪切波速估值的不确定性将导致设计不充分、不安全或过于保守。

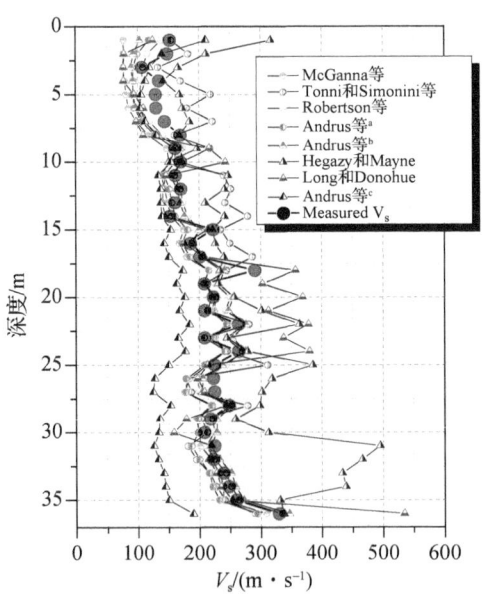

图 4-3 剪切波速的实测值与预测值对比

已有文献中的 CPT-V_s 关系式,不能假设它们都具有普遍的有效性,但它们中每一个都可以对特定的土类或特定的地区有效。由于根据图 4-3 并不易确定哪个关系式最佳,此处基于以下四个标准对所选择关系式的有效性进行评估:V_s 预测值与实测值之比,记为 K;均方根误差(RMSE);排序指数(RI);排序距离(RD)[16-18]。这些指标的计算方法如下:

$$K = \frac{V_{sest}}{V_{smea}} \quad (4-1)$$

$$\text{RMSE} = \sqrt{\frac{1}{n}\sum_{i=1}^{n}(V_{sesti} - V_{smeai})^2} \quad (4-2)$$

$$\text{RI} = |\mu_{\ln K}| + s_{\ln K} \quad (4-3)$$

$$\text{RD} = \sqrt{(1-\mu_K)^2 + (s_K)^2} \quad (4-4)$$

式中,n 为数据点个数;V_{sest} 为预测的剪切波速;V_{smea} 为实测的剪切波速;μ 和 s 分别为分析数据序列的均值和标准差。

一般来说,K 的平均值代表了一种方法的准确性,而 K 的标准差代表了方法的精度,即在均值附近的散度,其取值范围为 0.0~∞,最优值为 1.0。因为 RMSE 中的误差在平均之前是平方的,所以当大的误差特别不受欢迎时,RMSE 指数是最有用的,RMSE 值越低,模型性能越好;RI 用于缓解 K 数据分布不对称的问题,并提供对关系式质量的整体判断,以对数正态分布曲线的形式呈现所有方法的结果;排序距离(RD)是对计算方法质量综合判断的另一个指标,它表示使用特定关系式计算的点与表示最佳条件的点($\mu=1$ 和 $s=0$)之间的距离。

图 4-4 总结了各关系式应用于南京长江四桥南北锚碇区试验场地的表现。其中直方图显示了每个关系式的偏差分布,并提供了符合残差数据的正态分布的平均值 μ 和变异系数 COV。这些图中的标记颜色对应于所述的每个数据点的 I_c。由图可以看出,Robertson[12]提出的关系式虽然高估了实测 V_s 的平均值,但直方图显示 $\mu=1.014$,COV=2.1%,$\sigma=0.021$,因而它是所有关系式中最适用于这种长江河漫滩场地的。McGanna 等[14]提出的关系式和 Andrus 等[11]提出的前两个关系式也都有较好的表现。在 Andrus 等[11]提出的两个关系式 a,b,全新世土层 V_s 的预测值小于实测值,而全新世-更新世土层 V_s 的预测值则大于实测值,这种不同的预测偏差可能是由地质年代的影响造成的。Tonni 和 Simonini[13]、Hegazy 和 Mayne[10]提出的两个关系式预测效果最差,均倾向于高估 V_s 值。从图中还可

明显看出，Long 和 Donohue[15] 提出的关系式、Andrus 等[11] 提出的关系式 c 不适用于长江漫滩土层，因为它们分别是基于黏土、砂土拟合出来的。

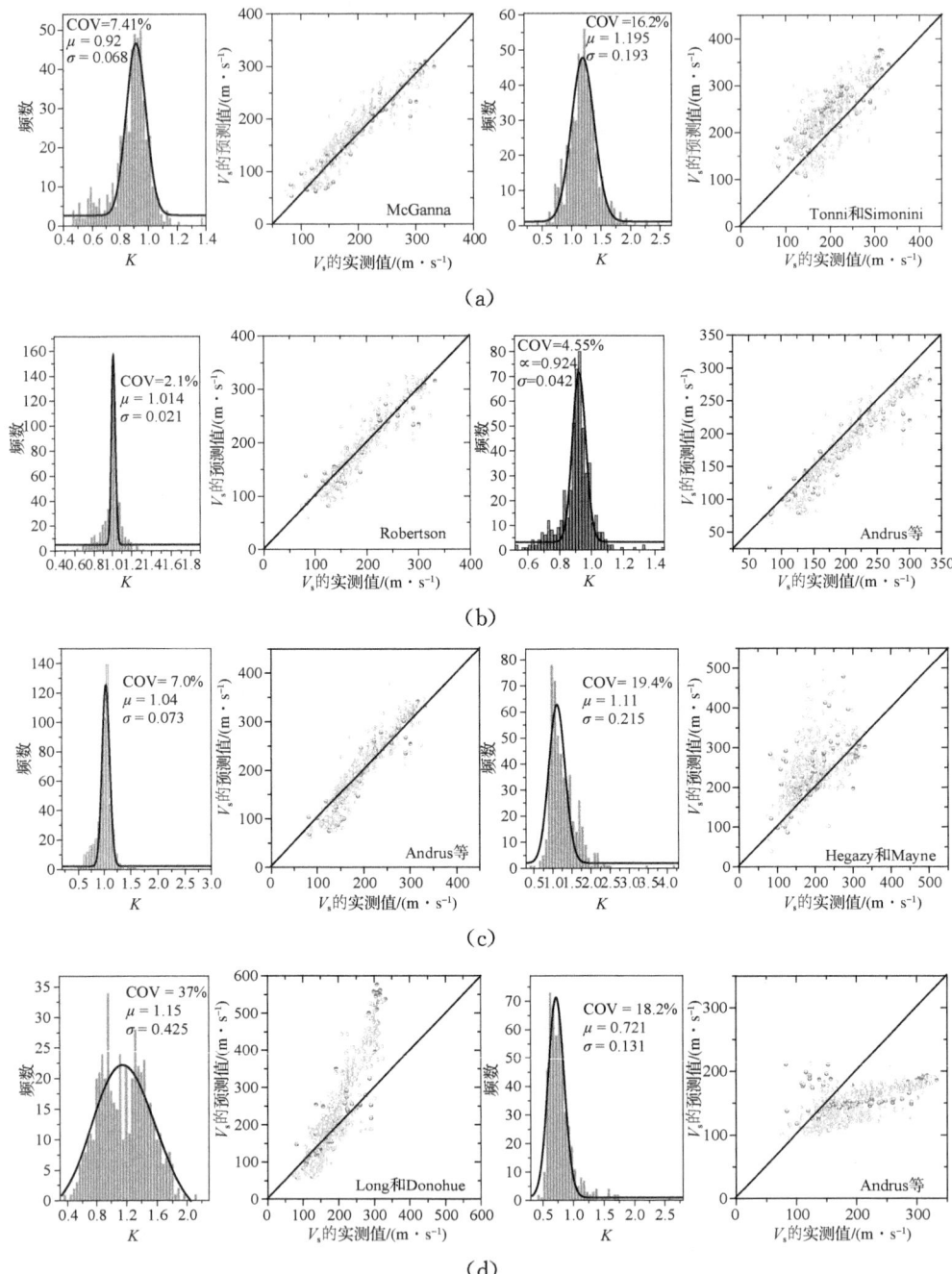

- 砂类-纯净砂至粉砂质砂，$I_c=1.31-2.05$
- 砂质混合物-粉砂质砂至砂质粉砂，$I_c=2.05-2.6$
- 粉土混合物-黏土质粉土至粉质黏土，$I_c=2.6-2.95$
- 黏土类-粉质黏土至黏土，$I_c=2.95-3.6$
- 有机土-黏土，$I_c>3.6$

图 4-4 长江漫滩沉积土中既有 CPT-V_s 关系式的综合比较

图 4-5 给出了 V_s 预测偏差随 z、q_c、f_s 和 I_c 的变化，这可以帮助确定在剪切波速的预测中上述参数哪些更加重要。图 4-5(c)(d) 对应的 f_s、I_c 都出现了较大的偏差。由图还可以看出，在较浅的深度(约 $z<5$ m)，或在锥尖阻力较小(约 $q_c<5$ MPa，$f_s<50$ kPa)时，在 z、q_c、f_s 图的开始部分均存在普遍的偏差。在这些范围之外，K 值比较恒定。从图 4-5(d) 中可以看出，在 $I_c>2.6$ 时出现较大的偏差，这与 q_c 和 f_s 值较低的区域重合，表明具有粉土或黏粒性质的中间土可能预测效果较差。在 z、q_c、f_s 值较小时，这些关系式的预测效果较差，部分原因可能是由于超

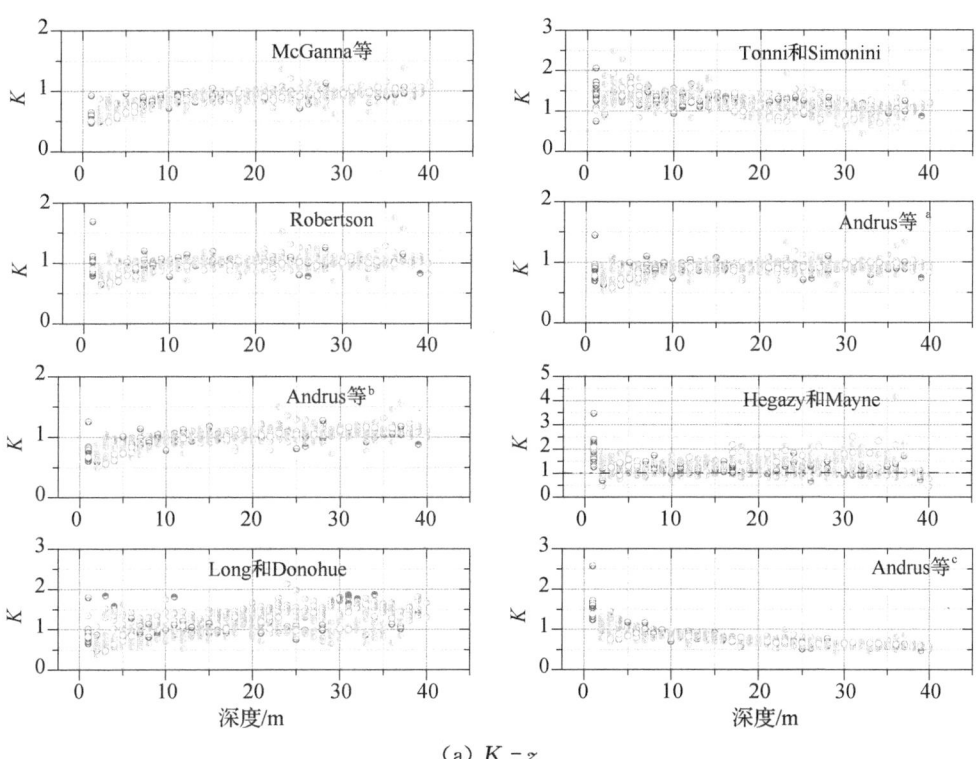

(a) K-z

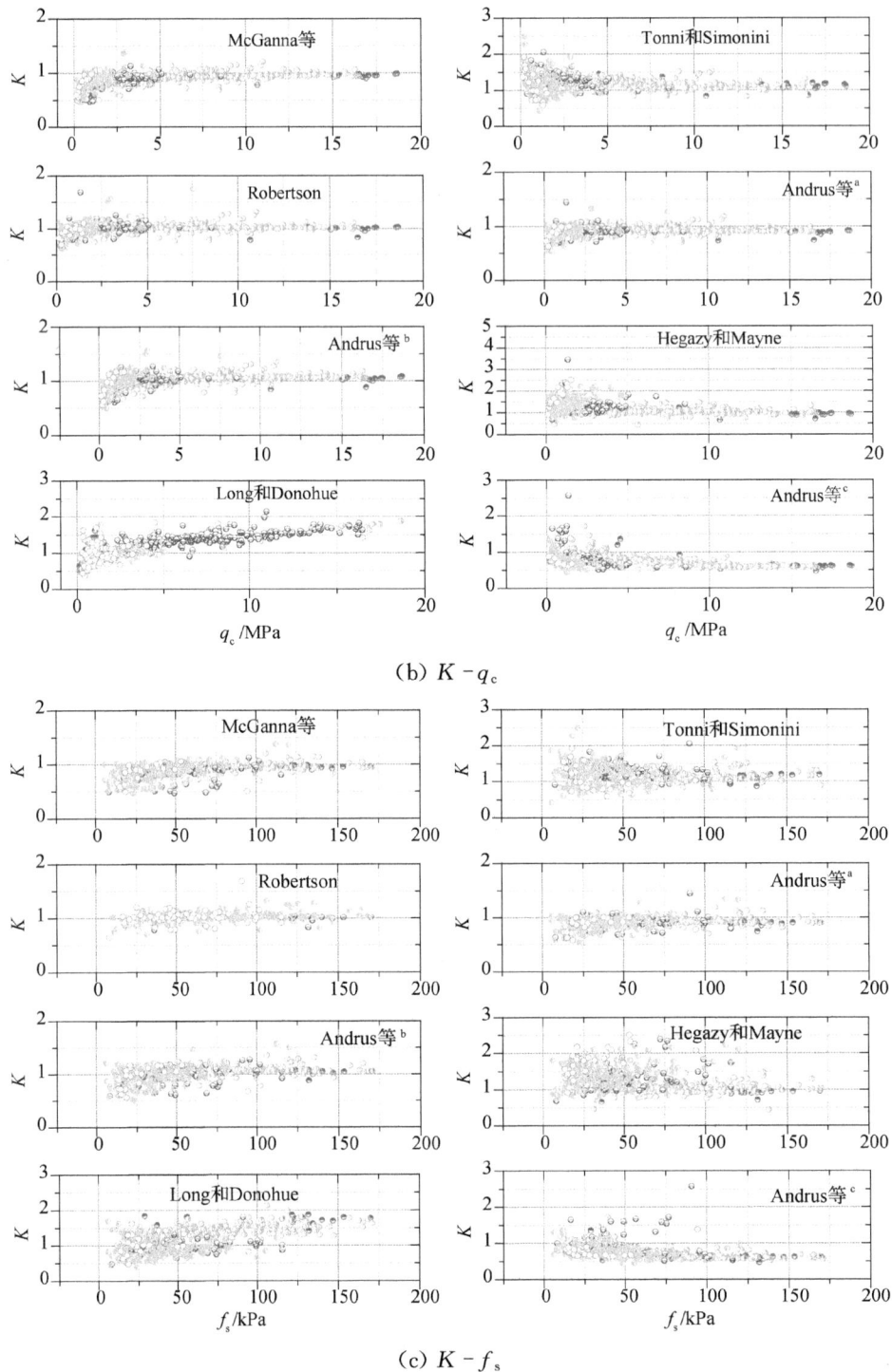

(b) $K-q_c$

(c) $K-f_s$

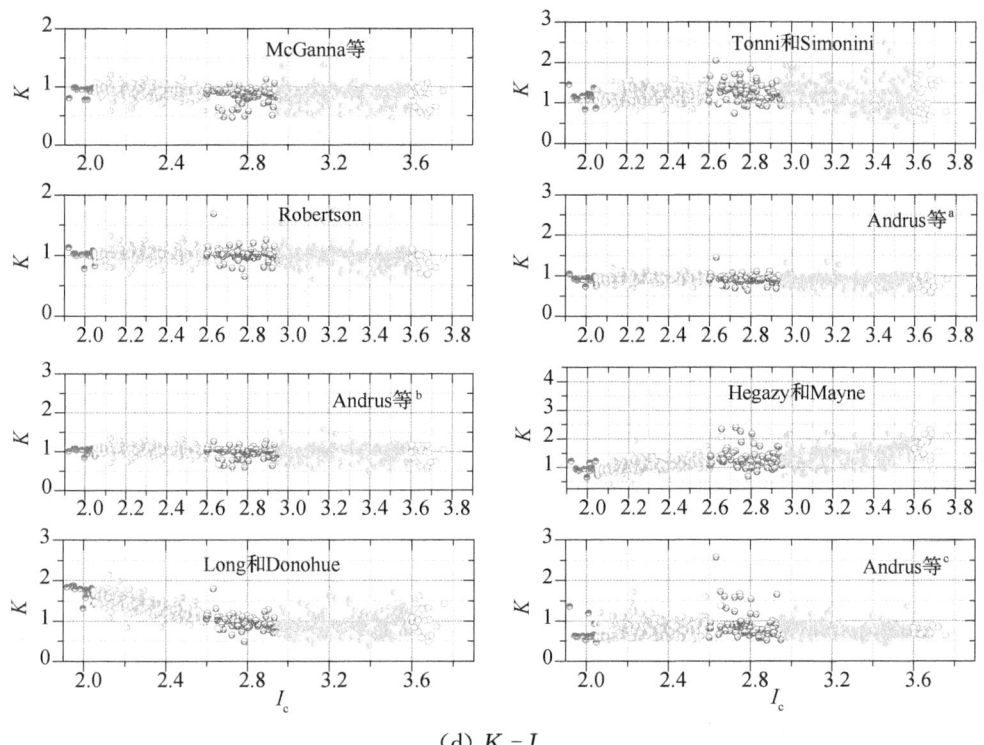

(d) K-I_c

图 4-5　K 与深度、锥尖阻力、侧壁摩阻力、土性分类指数的关系
（土的分类同图 4-4）

出原始考虑的数据集的外推，或低围压下 CPT 阻力数据的不确定性，另一个潜在的偏差来源也可能是由于原位 V_s 测量技术之间的差异，或者更可能是由于所涉及土层区域特定的地质历史。

表 4-3 给出了长江漫滩土层 RMSE、K、RI 和 RD 的分析结果。由表可以看出，8 个关系式中有 5 个高估了河漫滩土层的 V_s 值（K>1）。在准确性（K 均值接近 1）方面，Robertson[12] 提出的关系式和 Andrus 等[11] 提出的前两个关系式 K 均值分别为 1.014、0.924 和 1.039，给出了适用于河漫滩土层的最好的预测。在精度（K 的标准差越小，精度越高）方面，Robertson[12] 提出的关系式 K 的标准差最小，相对而言给出了最精确的预测。在 RMSE、RI 和 RD 方面，Robertson[12] 提出的关系式也表现最好，RMSE、RI 和 RD 分别为 21.73、0.068 和 0.025。

表 4-3 RMSE、K、RI 和 RD 分析结果

编号	文献来源	RMSE	K %>1	K 平均值	K 标准差	RI	RD
1(a)	McGanna 等[14]	30.35	12.2	0.917	0.068	0.158	0.107
2(b)	Tonni 和 Simonini[13]	52.02	80.3	1.195	0.193	0.347	0.274
3(c)	Robertson[12]	21.73	60.0	1.014	0.021	0.068	0.025
4(d)	Andrus 等[11]a	26.38	10.2	0.924	0.042	0.129	0.087
5(e)	Andrus 等[11]b	25.15	59.6	1.039	0.073	0.119	0.083
6(f)	Hegazy 和 Mayne[10]	73.69	78.0	1.111	0.215	0.384	0.242
7(g)	Long 和 Donohue[15]	86.47	63.0	1.153	0.425	0.469	0.452
8(h)	Andrus 等[11]c	68.47	10.6	0.721	0.131	0.51	0.308

图 4-6 给出了每个关系式 RMSE、RI 和 RD 的值。差异越大，说明计算出的 V_s 值（K 均值不接近 1.0）的精度较差，差异越小，说明 V_s 的预测精度越高。RMSE 突出了较大的误差（低精度），RI 则考虑了准确性和精度，但没有赋予它们同等的权重，RD 是比较不同关系式适用性的较好参数，它对准确性和精度的权重相等。

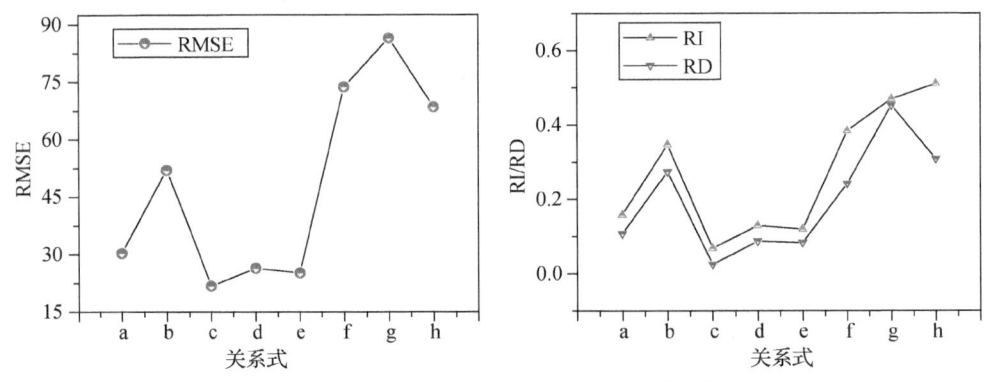

图 4-6 各关系式 RMSE、RI 和 RD 的比较

4.2.2 适用于长江漫滩区典型沉积土的 CPT - V_s 关系式

前文讨论了现有 CPT-V_s 关系式的预测能力，这些关系式通常包含原位应力 σ'、e、OCR，CPT 直接量测参数（q_c、f_s、z）或计算参数（q_{c1n}、q_t、I_c、B_q）。从理论角度看，剪切波速预测函数应该考虑以上所有项。然而，如果新的预测关系式推导时是基于易于获得的参数，那么对岩土工程师来说可能更合理。基于此，表 4-4 列出了 9 个候选预测函数，根据场地试验数据对每个函数式使用对数空间中的多元

线性回归,得到的表达式和决定系数一并列于表 4-4 中。

表 4-4 剪切波速预测函数形式及回归结果

编号	预测函数形式	回归表达式,决定系数 r^2,样本数
(1)	$V_s = a q_t^b$	$V_s = 28.45 q_t^{0.241}, r^2 = 0.75, n = 508$
(2)	$V_s = a q_t^b f_s^d$	$V_s = 28.8 q_t^{0.181} f_s^{0.120}, r^2 = 0.78, n = 508$
(3)	$V_s = a q_{cln}^b, q_{cln} = \left(\dfrac{q_c}{P_a}\right)\left(\dfrac{P_a}{\sigma'_{v0}}\right)^n$	$V_{s1} = 104.5 q_{cln}^{0.162}, r^2 = 0.65, n = 508$
(4)	$V_s = a q_t^b f_s^d z^e$	$V_s = 35.1 q_t^{0.118} f_s^{0.102} z^{0.139}, r^2 = 0.877, n = 508$
(5)	$V_s = a q_t^b f_s^d \sigma'^e_{v0}$	$V_s = 21.5 q_t^{0.122} f_s^{0.091} \sigma'^{0.172}_{v0}, r^2 = 0.882, n = 508$
(6)	$V_s = a q_t^b I_c^d z^e$	$V_s = 6.414 q_t^{0.323} I_c^{0.724} z^{0.045}, r^2 = 0.874, n = 508$
(7)	$V_s = a q_t^b I_c^d \sigma'^e_{v0}$	$V_s = 6.93 q_t^{0.293} I_c^{0.595} \sigma'^{0.081}_{v0}, r^2 = 0.876, n = 508$
(8)	$V_s = a q_c^b f_s^d z^e$	$V_s = 37.7 q_c^{0.103} f_s^{0.109} z^{0.146}, r^2 = 0.876, n = 508$
(9)	$V_s = a q_c^b f_s^d z^e OCR^f$	$V_s = 43.4 q_c^{0.081} f_s^{0.107} z^{0.149} OCR^{0.038}, r^2 = 0.878, n = 508$

图 4-7 给出了 9 个回归表达式预测值与场地实测值之间的比较。由图可以看出,回归表达式(1)~(3)仅基于一个或两个参数,相关决定系数较小,因此回归效果不如其余六种基于多参数的表达式。回归表达式(4)~(9)的决定系数均大于0.85,回归效果较好。

比较回归表达式(6)与(8)发现,式(6)在考虑修正后的锥尖阻力后,决定系数仅有微小的改善,图 4-7 所示结果的相似性也表明,对于长江漫滩沉积物,q_c 或 q_t 都可以用于预测函数,而不会显著改变预测效果。在评判回归表达式优劣时,一般更倾向于采用原位试验直接量测的参数,而不是修正参数。同样地,比较回归表达式(8)与(9)发现,如果将应力历史作为自变量,OCR 对预测效果的改善也很小,这是因为锥尖阻力已反映了 OCR 的作用。在实践中,由于受到取样干扰,OCR 值也很难评估,因而 OCR 不是一个有效的输入参数。回归表达式(4)与(5)的差别是,式(4)采用深度 z 参数,式(5)采用初始垂直有效应力 σ'_{v0} 作为输入参数。对于给定的试验场地和 CPT 的记录,深度是很容易获取的参数,而 σ'_{v0} 是根据土体密度和地下水埋深的假设来估计的,密度、地下水位估计值的误差或不确定性会导致 V_s 预测的可靠性降低。因此,相较于初始垂直有效应力,深度可能是一个更好的输入参数。回归表达式(4)与(6)的差别是 f_s 或 I_c 的选用,由于 I_c 是一个计算变量(q_c、f_s 和深度的函数),且其计算表达式有多个,因此在 CPT-V_s 预测中使用它可能会导致错误的预测。综上,本试验场地选择回归表达式(8)进行剪切波速的预测,该式所含参数完全是基于CPT直接量测的参数(q_c、f_s和z)。

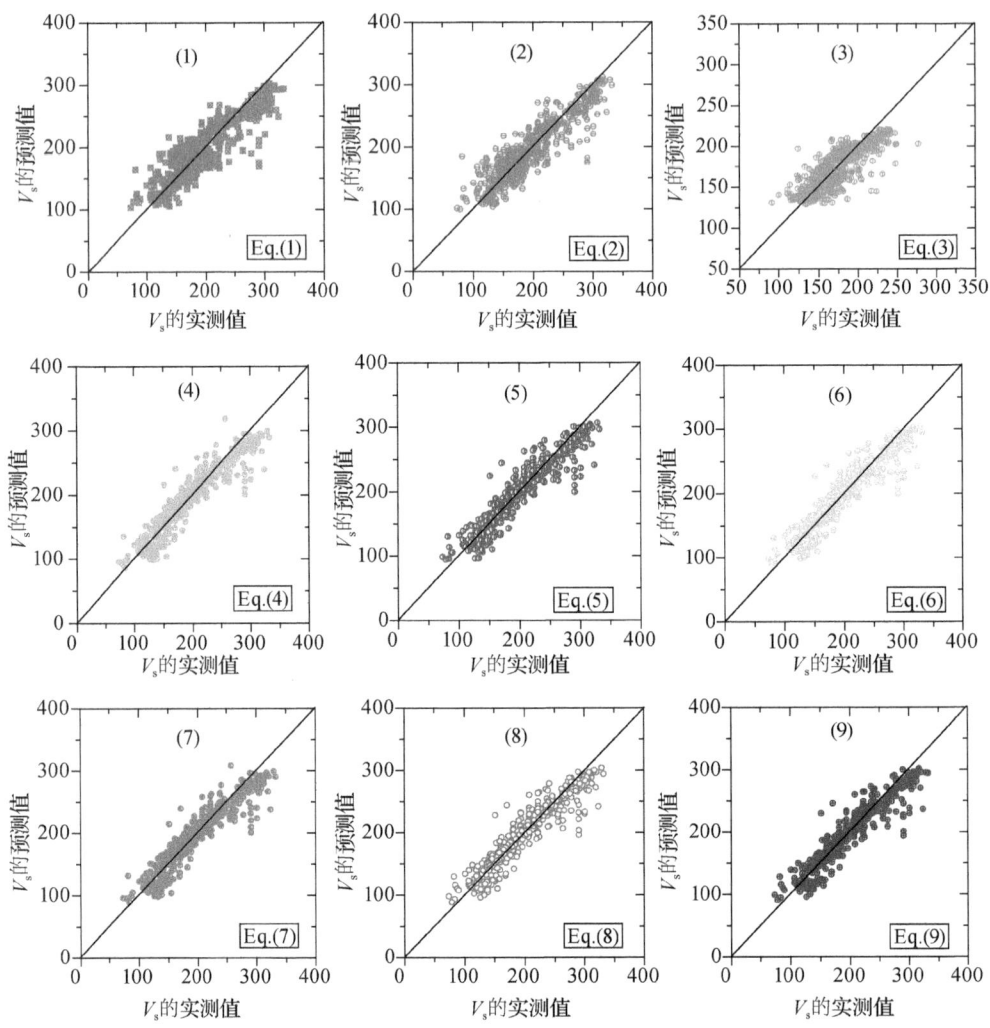

图4-7　9个回归表达式预测值与场地实测值之间的比较

基于上述预测表达式(8),对南京长江四桥附近两个试验点实测值V_s和预测值V_s进行比较,如图4-8所示。这两个试验点的地层也相当复杂,有黏土、粉质黏土、粉砂和砂层的薄层沉积。由图可以看出,这些试验点的剪切波速预测值与实测值吻合较好,进一步验证了预测表达式(8)对该地区漫滩土层适用的可行性。

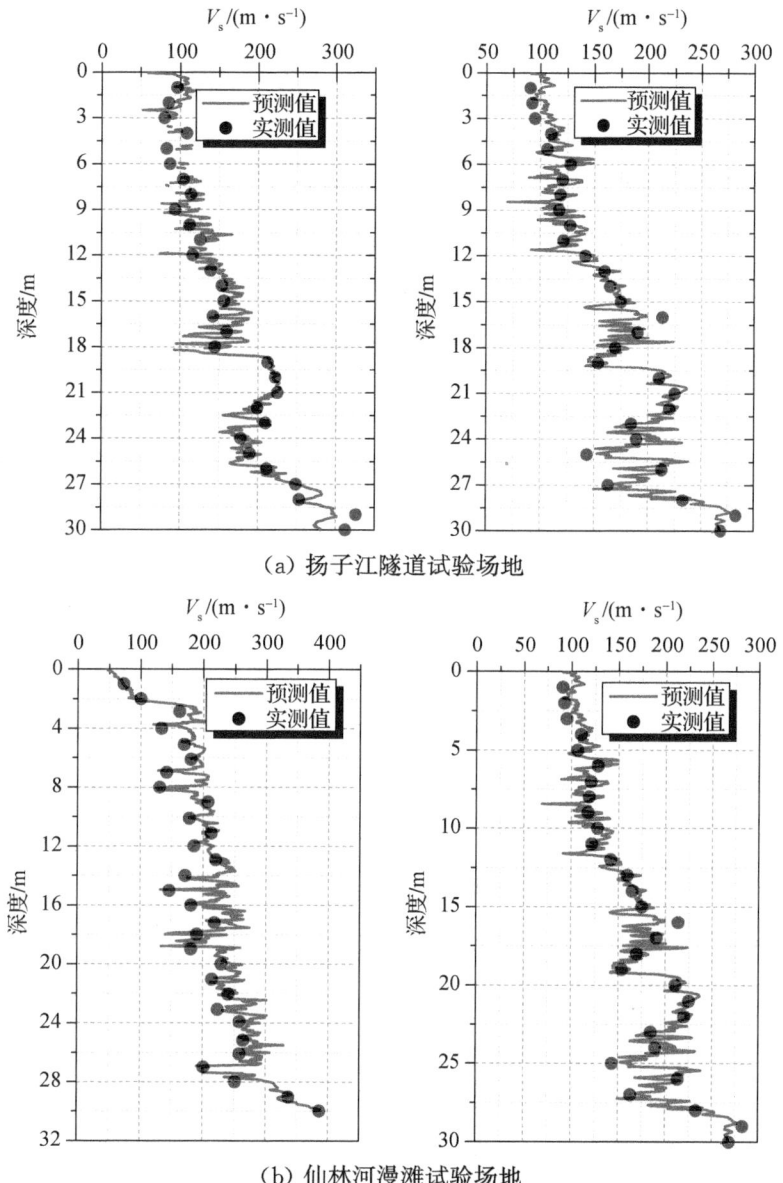

图 4-8 预测表达式计算值与场地实测值之间的比较

4.3 考虑土体小应变特性的基坑开挖环境影响模拟分析

本节在前文原位试验得出的土体小应变模型计算参数的基础上,运用现有工程计算软件 GTS,提出一种能够考虑土体小应变特性的基坑三维有限元模拟方法,并将其应用于某地铁车站基坑工程的有限元分析中,以实测数据验证该方法的优越性,同时分析基坑开挖及主体结构施作阶段各个不同工况下围护墙体的变形规律和基坑的环境效应。

4.3.1 基坑工程中土体小应变特性应用研究现状

基坑开挖是一个土与结构共同作用的复杂过程,对土介质本构关系的正确模拟是采用土与结构共同作用方法的关键。基坑现场的土体应采用合适的本构模型进行模拟,土的本构模型有很多种,但基坑工程分析中常用的仍只有少数几种,如弹性模型、Mohr-Coulomb 模型、修正剑桥模型、Drucker-Prager 模型、Duncan-Chang 模型和硬化土模型等[19-21]。其中弹性模型因不能反映土体的塑性性质而不适用于基坑开挖问题的分析;作为弹-理想塑性模型的 Mohr-Coulomb 和 Drucker-Prager 模型的卸载和加载模量相同,应用于基坑开挖时往往导致坑底回弹不合理,只能用作基坑的初步分析;修正剑桥模型和 HS 模型由于刚度依赖于应力水平和应力路径,应用于基坑开挖分析时能得到较弹-理想塑性模型更合理的结果。对于城市中的基坑工程,因其周围土体产生的应变很小,从理论上讲需采用能够反映土体小应变特性的高级本构模型,才能更真实地模拟出基坑的变形[22-24]。上述各种模型在基坑工程数值分析中的适用性如表 4-5 所示,可作为基坑分析时选择本构模型的参考[23,25]。

表 4-5 各种本构模型在基坑工程数值分析中的适用性

本构模型的类型		不适用	适合初步分析	适于较准确工程分析	适于高级分析
弹性模型	线弹性模型	√			
	横观各向同性	√			
弹-理想塑性模型	DC 模型		√		
	MC 模型		√		
	DP 模型		√		
硬化模型	MCC 模型			√	
	HS 模型			√	
小应变模型	MIT-E3 模型				√
	Jardine 模型				√
	HSS 模型				√

能够反映土体小应变特性的本构模型不多,基坑工程模拟中小应变模型的应用如表 4-6 所示。另外,还有一些应用较少的小应变本构模型,如 Dasari 等[26]建

立了基于应变的修正剑桥模型(SDMCC),可模拟应变和应力历史对土体小应变刚度的影响;Stallebrass 和 Taylor[27],Puzrin 和 Burland[28]采用移动硬化塑性理论建立了小应变条件下土体的本构模型;还有通过经验公式来表达土体小应变刚度的非线性,如 Hird 等[29]、Goto 等[30]。

表 4-6 基坑工程模拟中常用的小应变模型

作者及年代	研究的问题	发现或结论
Jardine 等[2] 1986	在对数坐标下用余弦函数拟合实测数据,得到土体在小应变范围内刚度随应变衰减的关系,对比分析了线弹性模型在浅基础、桩、基坑和旁压试验中变形预测上的差别	小应变刚度的非线性能够很好地解释现场旁压试验的结果,若不考虑土的非线性刚度,则在土与结构相互作用的计算和现场试验的解释中均不能得到满意的结果
Simpson 等[31] 1979	基于人块类比,提出了针对小应变的块串模型(brick on strings model),土体的刚度取决于其应力历史、当前应力状态和将来应力路径,应用于支护结构位移的有限元分析	块串模型既适用于硬黏土也适用于软黏土的基坑开挖分析;分析结果与实测对比表明能较好地预测基坑开挖行为
Hashash[24] 1992	采用能考虑小应变的非线性和各向异性应力应变强度的 MIT-E3 本构模型,将其集成到 ABAQUS 软件中,对比分析了线弹性模型、MIT-E3 模型和修正剑桥模型在基坑变形预测上的差别	表明 MIT-E3 模型能更好地预测基坑开挖的应力变化和变形行为
Whittle 等[32] 1993	建立了一个复杂的本构模型(MIT-E3)来模拟小应变刚度、各向异性和滞后行为,采用耦合有限元对一逆作法基坑进行了实时分析	墙体变形计算值与实测值存在差异主要由楼板的收缩引起;要想获得可靠的土体变形和地下水渗流情况,必须对整个地层的工程性质有足够的描述
Benz[23] 2007	在 Plaxis 软件中 HS 模型的基础上发展了 HSS 小应变模型,并通过对隧道、基坑、扩展基础的实例分析验证了模型的可靠性	即使采用默认的小应变模型参数,HSS 模型也比原先的 HS 模型对变形的预测更加可靠

4.3.2 考虑土体小应变特性的基坑三维有限元模拟方法

以某地铁车站基坑工程为例,介绍考虑土体小应变特性的基坑三维有限元模拟方法。已有基坑开挖实测资料表明,围护墙体的最大变形及地表沉降的最大值往往不是出现在基坑开挖过程中,而多发生在地下主体结构施工过程中,因此考虑土体小应变特性的基坑三维弹塑性有限元模拟分析拟包含基坑开挖和主体结构施作的全过程,而这也带来了以下难点:

(1) 有限元建模的复杂。所建立的几何模型在深度方向需尽可能考虑到土层的分层情况、每道支撑的位置、每次挖土的深度、坑底被动区加固土体的范围、围护墙体的长度、工程桩的长度、中板及顶板的位置,而在平面上需考虑到基坑周围建筑物的位置、每层支撑的布置、立柱及工程桩的布置。

(2) 施工工序的复杂。有限元施工阶段的定义应尽可能按实际施工情况分步进行,包括基坑的分期施工,每期基坑工程又包括分步开挖、架设各道支撑、施工主体结构等多个工序,这使得完成一次分析过程需耗费大量的时间。

(3) 有限元计算收敛的困难。大规模单元量的三维弹塑性分析本身就存在收敛难的问题,加上考虑土体小应变特性的模型参数较多,使得计算分析更难以顺利进行。

针对第一个难点,建模时必须全面考虑各种复杂因素(包括几何模型和多个施工步骤),注意节点的耦合;针对第二个难点,应根据计算机的硬件配置合理安排网格的划分规模,以使计算时间控制在可接受范围内;针对第三个难点,应有效控制网格的划分质量,尽量保证各单元形状一致,相邻单元尺寸差异小于1/2,且选用合适的迭代次数和收敛准则。由此,考虑土体小应变特性的基坑三维有限元模拟方法应综合考虑以下几点:模型的基本假定、几何模型计算范围的确定及网格的合理划分、不同深度处土体本构模型的选择、主体结构构件的模拟和有限元分析的实施过程。

1) 基本假定

模型基本假定如下:

(1) 基坑开挖与支护一般属于临时性工程,故按不排水条件进行分析;

(2) 不考虑地下水的影响和固结效应;

(3) Ng 等[33]研究发现,围护墙在成槽或钻孔时土体侧向应力会减小,但在浇筑完混凝土后则又会恢复到初始K_0侧压力状态,且一般现场监测工作也都是在围护墙施工完成后进行,基于此,不考虑围护墙施工所引起的地表沉降和应力释放;

(4) 将土体视为均匀各向同性的弹塑性体;

(5) 土体初始应力按静止土压力计算;

(6) 不考虑施工过程对土体力学性能的影响。

2) 几何模型

车站几何模型按照基坑实际尺寸建立,基坑纵向长 122 m,西端头井沿基坑横向长 41.5 m,基坑标准段宽 19.7 m,东端头井沿基坑横向长 24.6 m。基坑最西侧和东端头井处咬合桩长 32 m,其余咬合桩长 28 m,底板下工程桩长 35 m。基坑开挖深度为 15.3 m。

模型的计算范围(自基坑边缘到模型边界的距离)是建模时需考虑的重要因素。为了使计算结果更精确,应把边界扩展到远离基坑的范围,但这会占用较大的存储空间,造成计算时间过长;反之,当基坑边缘到模型边界的距离较小时,模型边界所施加的位移约束条件必将对基坑的变形产生影响。众多学者[34-37]的研究成果表明,当基坑边缘到边界的距离为 3~5 倍的开挖深度,围护墙底土层厚度达到或超过一倍围护墙深度时,边界条件对基坑的变形影响基本可以忽略。由此,本例中几何模型平面尺寸取 330 m×230 m,约为开挖深度的 6~7 倍;模型深度方向取 100 m,以尽量消除基坑的尺寸效应影响。

模型的边界条件为:左右两侧面节点约束水平方向的自由度,底部节点约束所有的自由度,上表面边界自由。在基坑周边考虑地面超载,作用在距基坑边缘 2~12 m 范围内,大小为 20 kPa。

关于有限元网格的划分,从有利于计算收敛的角度来说网格越密越好,但网格越密会使计算时间呈指数增长,因而采用适当的网格划分策略是非常重要的。Ou 等[36]曾分析了基坑网格划分精度对基坑变形的影响,证实了坑内采用较密网格和坑外采用适当数量但较稀的网格有利于计算的收敛。遵循该原则手动划分模型网格,即对坑内及坑外围护墙附近区域采用较密的网格,距离基坑越远处网格划分越稀,且保证单元形状尽量一致,相邻单元尺寸差异小于 1/2。图 4-9 为三维模型的网格划分图,总单元数为 59 399 个,总节点数为 55 293 个。

3) 土体和结构构件的模拟

(1) 土体和建筑物的模拟

土体采用 8 节点实体单元模拟。对于土体本构模型的选取,若全部土层均采用前述考虑土体小应变特性的 Jardine 模型,则由于该模型参数较多势必会导致计

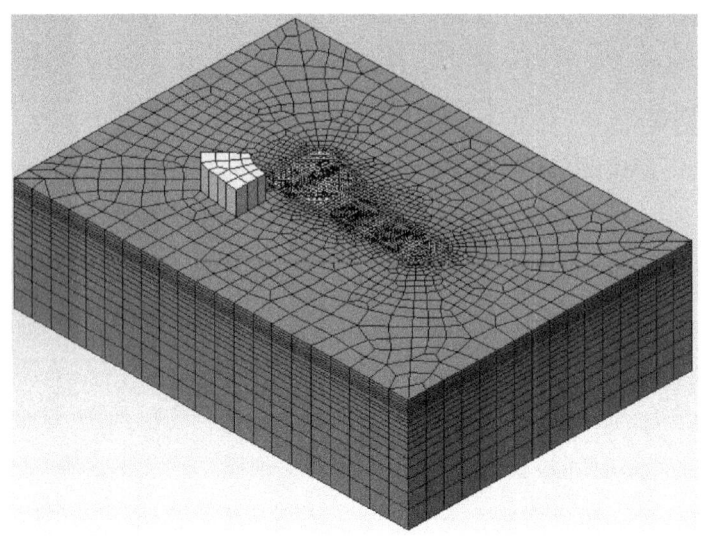

图 4-9 三维模型的有限元网格划分图

算时间超出可接受范围,因而对于土层①、③、④$_3$、⑥$_1$、⑥$_2$、⑦以及加固区土体,采用 Mohr-Coulomb 模型模拟;同时为检验 Jardine 小应变模型的优越性,对影响基坑变形的主要土层⑤,分别采用 Jardine 模型和 Mohr-Coulomb 模型模拟以进行对比分析;在模型计算范围合理时,距离基底较远的深部土体的变形必在弹性范围内,因此土层⑧采用线弹性模型,这能保证在计算结果合理的前提下加速计算的收敛,提高计算效率。此外,基坑周围的建筑物也采用实体单元线弹性本构模拟。表 4-7 为建筑物和土层所采用的线弹性模型、Mohr-Coulomb 模型的计算参数,表 4-8 为 Jardine 小应变模型的计算参数,其中部分参数由室内安装了霍尔效应传感器的高级应力路径三轴试验获取。由于场地土层分布有一定变化,表中土层厚度按平均值取。围护墙与土体的界面采用目前应用最为广泛的 Goodman 接触面单元,其法向刚度取无穷大,切向刚度取对应深度所处土层与锚固体的摩擦阻力值,见表 4-7。

表 4-7 车站基坑土层、建筑物计算参数

土层	层厚/m	γ/(kN·m^{-3})	E/MPa	ν	c/kPa	φ/°	τ_{max}/kPa
①素填土	2.0	19.1	13.3	0.28	21.2	13.2	18.0
③黏土	8.5	19.7	17.0	0.32	43.6	10.7	60.0
④$_3$粉质黏土夹粉土	4.5	19.1	15.7	0.28	13.7	18.3	28.0
⑤粉质黏土	9.0	19.3	10.4	0.33	21.5	17.2	34.0
⑥$_1$黏土	8.0	20.3	20.3	0.31	51.0	12.7	65.0

续表 4-7

土层	层厚/m	$\gamma/(kN\cdot m^{-3})$	E/MPa	ν	c/kPa	$\varphi/°$	τ_{max}/kPa
⑥₂ 粉质黏土	11.0	19.4	18.6	0.32	25.8	17.0	—
⑦ 粉质黏土夹粉土	7.0	19.0	31.7	0.28	16.8	16.1	—
⑧ 粉质黏土	—	19.0	49.1	0.32	—	—	—
加固区土体	4	22.0	60.0	0.49	50.0	40.0	—
建筑物	20.0	2.0	30 000	0.17	—	—	—

表 4-8 车站主要土层小应变模型计算参数

土层	最大刚度/kPa	中等刚度/kPa	黏土抗剪强度/kPa	最大刚度的应变	中等刚度的应变	最小刚度的应变	最小应变	最大应变
⑤粉质黏土	136 422	67 781	42.9	0.000 01	0.000 17	0.002 3	0.000 01	0.003 2

(2) 结构构件的模拟

咬合桩虽由多个桩体咬合而成,实际最终形成连续墙体围护结构,因此本模型中按照刚度等效的原则把咬合桩等效成地下连续墙进行分析,这样有利于模型的建立和网格的划分。车站咬合桩直径为 1 000 mm,桩间距为 800 mm,等效后的地下连续墙厚度为 892 mm。

本模型不仅考虑基坑的开挖过程,还考虑后续的主体结构施作阶段,因此模型中除了围护墙、立柱、抗拔桩、各道支撑和圈梁外,还需包括侧墙、底板、中板、顶板和中柱。由于这些结构构件刚度较大,在基坑开挖及主体结构施作过程中应处于弹性工作状态,因此数值模拟中采用线弹性模型来模拟它们的变形和受力特征。结构构件的详细计算参数见表 4-9。

表 4-9 车站结构构件计算参数

构件名称	单元类型	$\gamma/(kN\cdot m^{-3})$	E/MPa	ν	截面尺寸/mm
围护墙	板	25.0	30 000	0.167	892
混凝土支撑	梁	25.0	30 000	0.167	800×700
冠梁	梁	25.0	30 000	0.167	1 000×800
钢支撑	梁	78.5	212 000	0.310	Φ609(壁厚 16)
钢围檩	梁	78.5	212 000	0.310	H400×400×13×21
抗拔桩	梁	25.0	30 000	0.167	Φ800
立柱	梁	78.5	212 000	0.310	箱形:400×400(壁厚 25)
底板	板	25.0	30 000	0.167	1 100
中板	板	25.0	30 000	0.167	400

续表 4-9

构件名称	单元类型	$\gamma/(kN \cdot m^{-3})$	E/MPa	ν	截面尺寸/mm
顶板	板	25.0	30 000	0.167	800
侧墙	板	25.0	30 000	0.167	700
中柱	梁	25.0	30 000	0.167	1 000×700

图 4-10 为围护墙体的网格划分图,图 4-11 为整个支护体系的网格划分图,其中第一道支撑和第二、三、四道支撑的网格划分分别如图 4-12、图 4-13 所示。

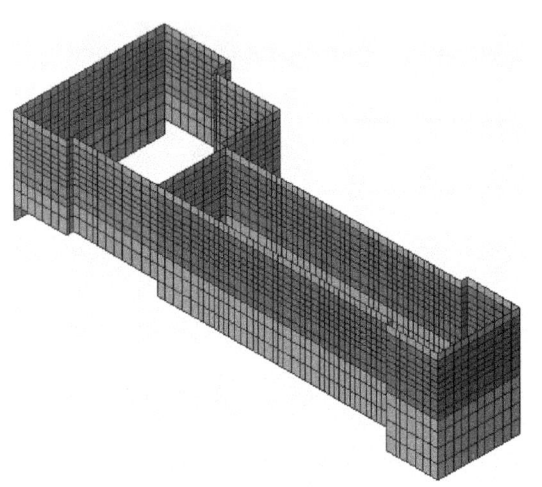

图 4-10 围护墙网格划分图

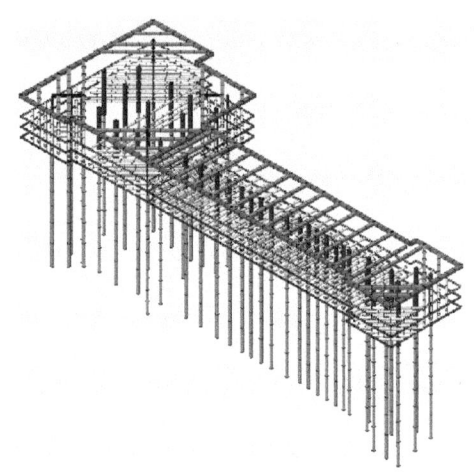

图 4-11 支护体系网格划分图

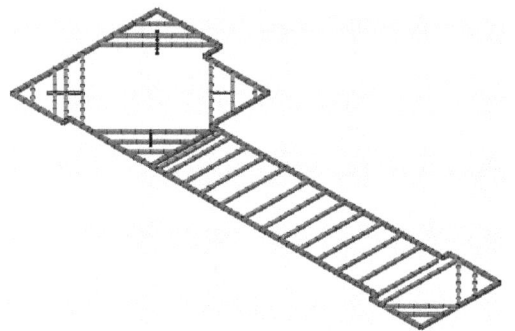

图 4-12 第一道混凝土支撑网格划分图

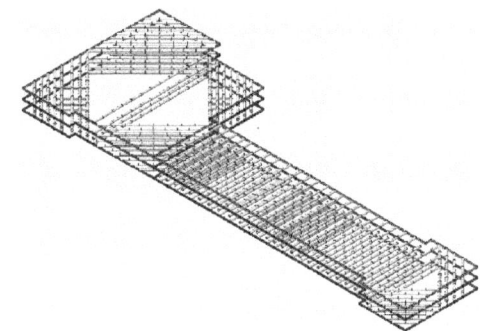

图 4-13 第二、三、四道钢支撑网格划分图

4) 有限元分析的实施过程

根据车站所处位置,采用分期围挡施工,先施工西端头井(一期工程),再施工剩余主体(二期工程),其中主体部分由两端向中间施作。依据现场实际施工情况,

有限元分析的实施过程具体如下:

(1) 激活土体和建筑物,在自重作用下做初始应力分析;

(2) 施工围护墙、抗拔桩、立柱,加固被动区土体,并施加超载;

(3) 一期工程中,浇筑桩顶冠梁并开挖至第一道支撑底;

(4) 一期工程中,浇筑第一道混凝土支撑并开挖至第二道支撑底;

(5) 一期工程中,架设第二道钢围檩和钢支撑,施加预应力,并开挖至第三道支撑底;

(6) 一期工程中,架设第三道钢围檩和钢支撑,施加预应力,并开挖至第四道支撑底;

(7) 一期工程中,架设第四道钢围檩和钢支撑,施加预应力,并开挖至基底;

(8) 一期工程中,施工底板,并拆除第四道支撑;

(9) 一期工程中,施工下部侧墙,架设临时换撑,并拆除第三道支撑;

(10) 一期工程中,施工中部侧墙、站台层中柱和中板,并拆除第二道支撑;

(11) 一期工程中,施工上部侧墙、站厅层中柱和顶板,并拆除临时换撑和第一道支撑;

(12) 一期工程中,回填覆土,恢复路面。

(13) 二期工程和一期工程施工顺序一样,相应地重复第(3)~(12)步。

4.3.3 基坑围护结构变形及环境效应分析比较

基于考虑土体小应变特性的基坑三维有限元模拟方法,采用GTS软件对某车站基坑开挖及主体结构施作的全过程进行数值计算,并以实测数据验证考虑土体小应变特性的数值模拟方法的优越性,同时分析基坑开挖及主体结构施作阶段各个不同工况下围护墙体的变形规律和基坑的环境效应。

1) 围护结构变形分析

(1) 墙体水平位移

选取该车站二期基坑工程进行分析,图4-14为围护墙体在平行于基坑宽度方向水平位移的云图,该图反映了拆除第四道支撑工况下模型的计算结果。由图可以看出,围护墙体的变形关于基坑纵向中轴线对称,这验证了所建立的三维模型计算的可靠性;沿深度方向看,基坑纵向中间段的围护墙明显显示出中间侧移较大、墙顶和墙底侧移较小的位移形态;基坑角部由于受另一侧围护墙体的约束,墙体水平位移较小，随着距基坑边角距离的增大，墙体水平位移逐渐增大，至二期基坑标准段(图中 AB 段)中部达到较大值，显示出明显的空间效应。

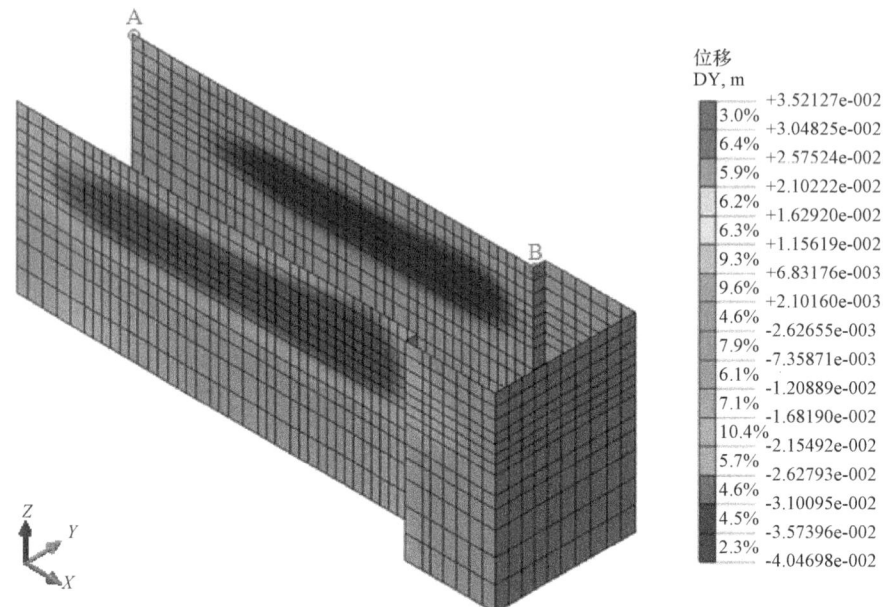

图 4-14　二期基坑围护墙体 DY 向位移云图

基坑边角部位是空间效应的主要影响区域，其余中间坑壁段是空间效应的次要影响区域。图 4-15 反映了二期基坑 AB 段围护墙在深度 9 m 处的 DY 向水平位移随距基坑边角 A 不同距离的变化情况，其中 A 为一期基坑与二期基坑相接处的坑角，AB 段围护墙长约 69 m。由图可知，在沿基坑边方向上，A、B 两边角处的墙体侧移均较小；在距边角 A 约 21 m($1.4H$，H 为基坑开挖深度)内，随着另一侧围护墙体约束作用的逐渐减弱，墙体侧移急剧增长；在距边角 A 约 21～39 m ($1.4H$～$2.6H$)范围内，位移增长到一定值后逐渐趋于稳定，稳定在 24.5 mm 附近；在距边角 B 约 15 m($1.0H$)内，墙体侧移随着约束的减弱同样急剧增长至最大值 28.5 mm；在距边角 B 约 15～30 m(H～$2.0H$)范围内，墙体侧移由最大值 28.5 mm 平缓过渡到 24.5 mm。从整体上看，墙体侧移沿坑边变化曲线有两个极小值分别位于两侧边角，两个极大值分别靠近两侧边角，且坑角 B 处的侧移大于坑角 A 处，距坑角 B 较近的极大侧移也相应大于距坑角 A 较近的极大侧移，这是因为 A 处是阴角，B 处是阳角，可见基坑阴角较阳角处安全性高，设计时应尽量避免阳角的出现。

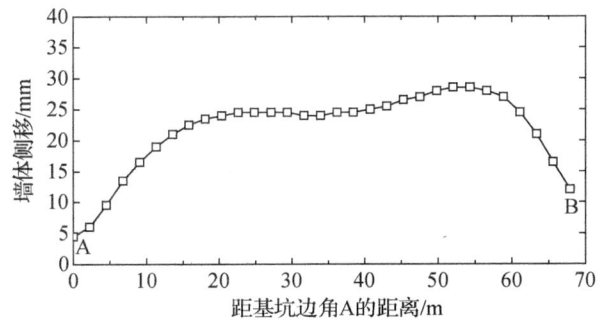

图 4-15 二期基坑长边围护墙体水平位移随距基坑边角 A 的距离的变化 ($z=9$ m)

综上所述,可近似认为,二期基坑标准段空间效应的影响区域位于距基坑边角 $H\sim1.4H$ 范围内,在此区域采用三维有限元分析围护结构的变形较为准确,而在基坑中部其他区域,则可简化为二维平面问题进行分析。

图 4-16 为二期基坑围护墙 CX4 测点位置在不同工况下水平位移的实测值、Jardine 模型计算值与 Mohr-Coulomb 模型计算值三者的比较。在第二道支撑架设后,实测墙体侧移值很小,Jardine 模型模拟的墙体侧向变形与监测结果非常接近,Mohr-Coulomb 模型模拟的结果则偏大;在第三道支撑架设后,Jardine 模型的预测值略微大于实测值,但整体变形趋势与监测结果吻合,侧向变形的影响深度约为 25 m,而 Mohr-Coulomb 模型的计算值和影响深度均偏大;在第四道支撑架设后,Jardine 模型的预测值仍略大于实测值,整体变形趋势与监测结果吻合,侧向变形的影响深度较上一工况有所发展,约为 26 m,而 Mohr-Coulomb 模型的计算值和影响深度均大于监测结果;在底板浇筑后,实测墙体侧移值比架设完第四道支撑后有了很大增长,这是因为基坑已开挖至强度相对较低的⑤粉质黏土层,致使墙体位移有了较大发展,该工况下 Jardine 模型预测的墙体最大侧移及其出现的深度都和监测结果非常一致,墙体侧向变形趋势在底板以上与监测结果一致,在底板以下略大于监测值,而 Mohr-Coulomb 模型的计算值要比实测值高出 23.6%。整体而言,Jardine 模型预测围护墙体水平变形的准确性高,而 Mohr-Coulomb 模型模拟的墙体变形都明显高于监测结果和 Jardine 模型预测结果,这表明 Jardine 模型能够较好地模拟土体在小应变条件下高初始模量及模量随应变衰减的特性,可以大幅改善 Mohr-Coulomb 模型预测不准的问题,同时也反映了城市基坑工程数值分

析中采用小应变模型的必要性。

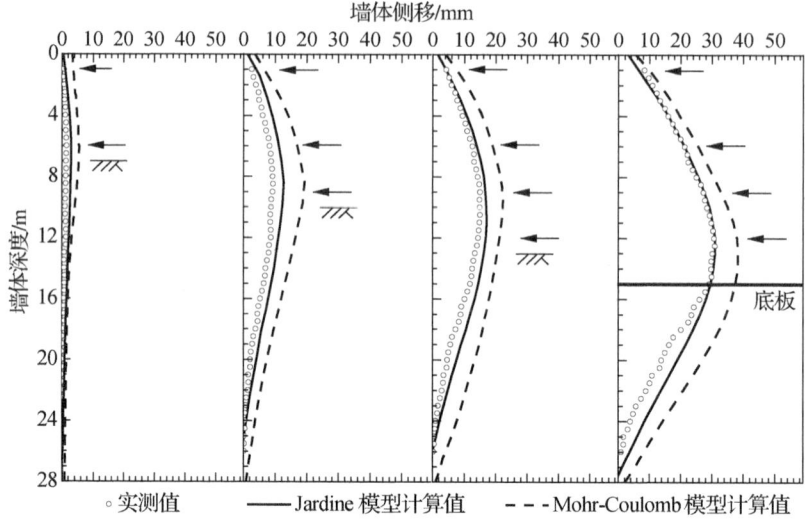

图 4-16 不同工况下围护墙体水平位移实测值与计算结果的比较

（2）墙顶竖向位移

图 4-17 为围护墙体在二期基坑开挖至基底时竖向位移的云图。从图中可以看出，受基坑开挖卸载的作用，围护墙的竖向位移全部表现为回弹；二期基坑围护墙体的回弹关于基坑纵向中轴线对称；对于已施工完成的一期基坑围护墙来说，距离二期基坑越近，其回弹越大，距离二期基坑越远，其回弹越小。

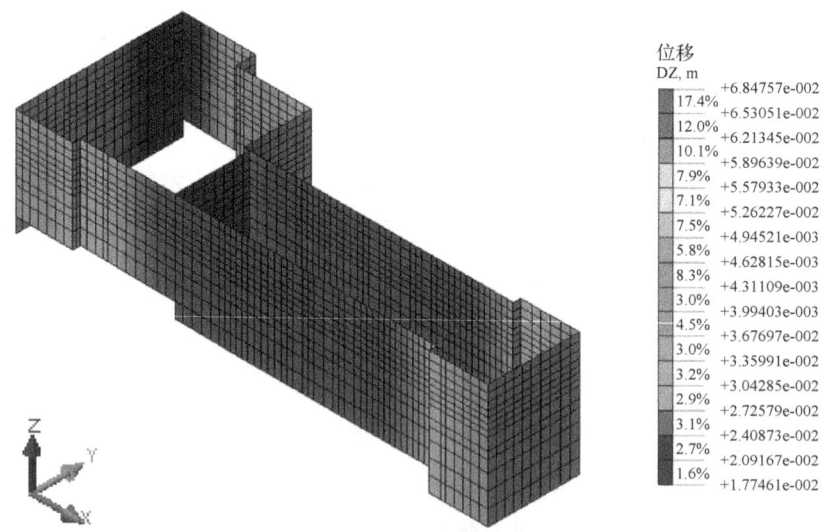

图 4-17 二期基坑围护墙体竖向位移云图

图 4-18 为不同开挖深度下围护墙顶部竖向位移的实测值、Jardine 模型计算值与 Mohr-Coulomb 模型计算值三者的比较。从图中可以看出,Jardine 模型模拟的墙顶回弹值与监测结果比较接近,且两者趋势一致,都表现为随着开挖深度的增大,墙顶回弹值持续增加,而 Mohr-Coulomb 模型模拟的结果在前四步开挖中均大于实测值,开挖至基底时模拟值有所回落。同样地,Jardine 模型预测围护墙体竖向变形的准确性高于 Mohr-Coulomb 模型,表明小应变模型能更合理地预测基坑开挖引起的围护结构变形。

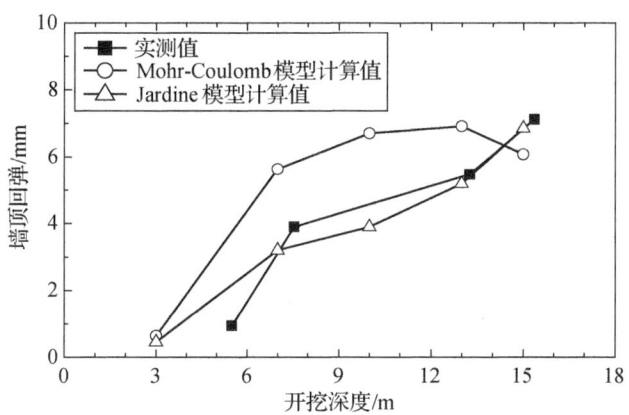

图 4-18　不同开挖深度下围护墙顶竖向位移实测值与计算结果的比较

2) 环境效应分析

(1) 墙后地表沉降

图 4-19 为不同工况下墙后地表的横向(与围护墙长度方向相垂直的方向)沉降的实测值、Jardine 模型计算值与 Mohr-Coulomb 模型计算值三者的比较。从图中可以看出,Jardine 模型与 Mohr-Coulomb 模型模拟的趋势一致,都表现为凹槽型沉降,Mohr-Coulomb 模型的模拟结果大于 Jardine 模型模拟值。车站基坑每个地表沉降监测断面共布置 6 个测点,分别在距离基坑边缘 4 m、10 m、14 m、18 m、22 m、26 m 处,由于距坑边 10 m 处仅有两个测点,因此实测地表沉降曲线未能观察到明显的凹槽形状,但总的来看,Jardine 模型模拟值与监测结果是很接近的,显示出该模型对于地表变形行为的评估有着不错的表现,然而对于沉降影响范围的预估,Jardine 模型预测值略显高估。这可能是实际施工时坑边堆载少、行车荷载少,没有达到数值分析中距坑边 2~12 m 范围内所施加的 20 kPa 的超载,致使实测地表沉降的影响范围比模拟结果小。

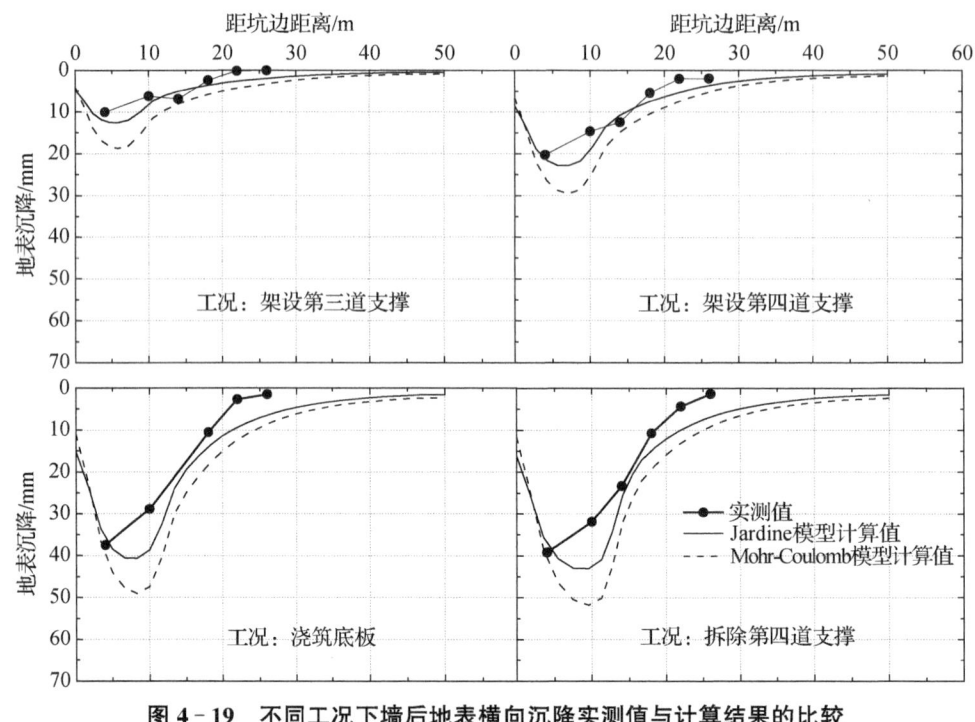

图 4-19 不同工况下墙后地表横向沉降实测值与计算结果的比较

图 4-20 为 Jardine 模型计算的不同工况下墙后地表横向沉降的结果。从图中可以看出,最大沉降值出现在距墙体一定距离处,且随着工况的发展,最大沉降距离围护墙的距离越来越远,沉降槽的深度和影响范围也逐渐增大。Hsieh 等[37]认为墙后地表沉降可分为三角型和凹槽型两种形态;当围护墙在前期开挖产生的侧移较大而后继施工过程中侧移较小或围护墙变形呈悬臂状态时,墙后地表往往发生三角型沉降;当围护墙在前期开挖产生的侧移相对后继施工产生的深层侧移小得多,前期产生的悬臂位移或围护墙上部侧移在支撑安装后受到抑制,后继施工引起围护墙侧移往更深处转移,此时墙后地表往往表现为凹槽型沉降。本模型中由于基坑首道支撑为钢筋混凝土支撑且距离地表很近,第一次开挖引起的侧向变形得到了有效控制,随着开挖深度的增大,围护墙变形向深处转移,因此墙后地表沉降表现为凹槽型。墙后地表沉降的发展规律与围护墙的侧移发展规律相对应,随着主体结构的施作,墙后地表沉降的增加速率也逐渐减缓。

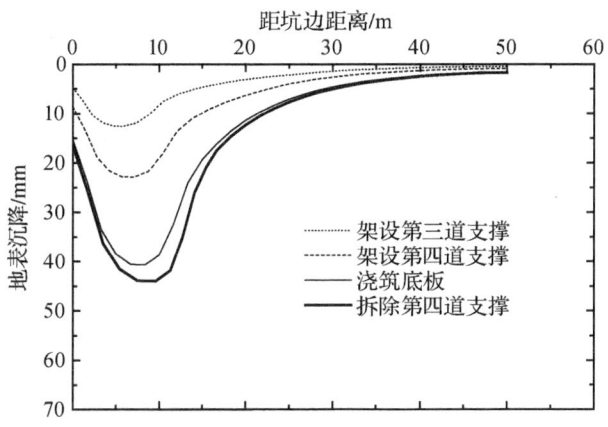

图 4‑20　不同工况下墙后地表横向沉降 Jardine 模型计算结果

(2) 坑底土体隆起

基坑内部土体的挖出与自重应力释放,致使坑底土体向上回弹。另外,基坑开挖后,墙体向基坑内变位,坑底以下墙体推挤墙前土体,造成基坑底部土体隆起变形。坑底隆起量的大小是判断基坑稳定性的重要因素。坑底隆起量的大小除和基坑本身特点有关外,还和基坑内是否有桩、坑底是否加固、坑底土体的残余应力等密切相关[28]。

图 4‑21 为整个二期基坑在开挖至 10 m 深度时坑底土体隆起的俯视云图。从图中可以看出,坑底土体的隆起变形关于基坑纵向中轴线对称;坑内靠近围护墙体的一圈土体的隆起变形均小于基坑中部土体的隆起变形;基坑角部的隆起最小,这表明坑底隆起也有明显的空间效应。

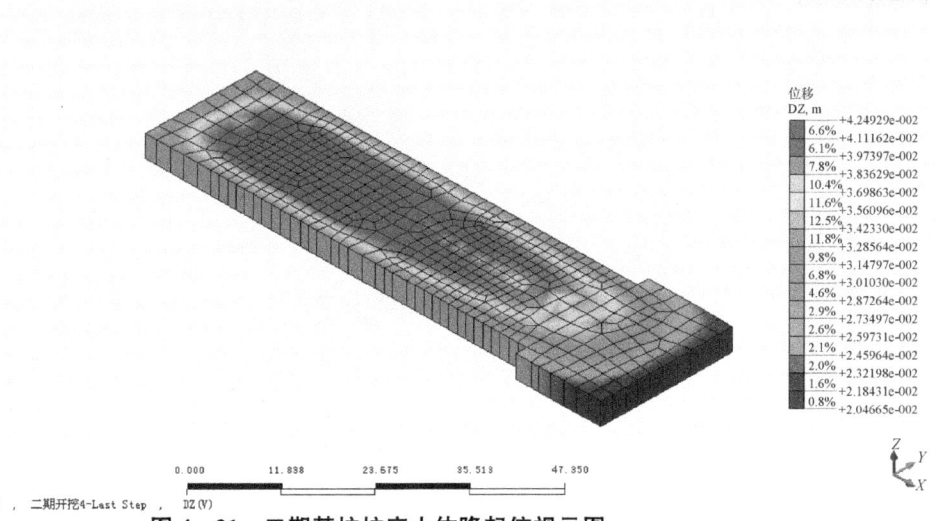

图 4‑21　二期基坑坑底土体隆起俯视云图

图 4-22 为二期基坑长边中间某横断面在开挖至 10 m 深度时的坑底土体隆起云图。该图可更明显地看出,坑底土体隆起关于基坑纵向中轴线对称;从横向看,基坑中间段土体回弹较大,靠近围护墙处的土体回弹较小。

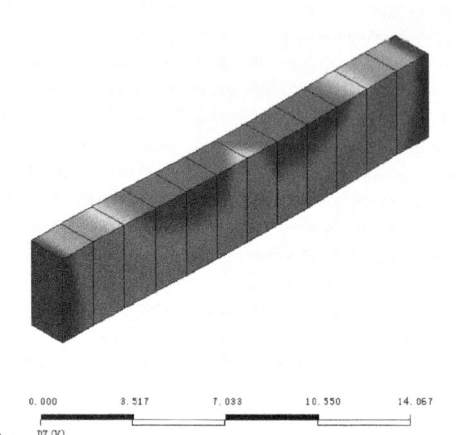

图 4-22　二期基坑某横断面坑底土体隆起云图

为了进一步分析坑底土体隆起随基坑开挖的变形特征,图 4-23 给出了不同开挖深度下图 4-22 中横断面的坑底隆起变形曲线。从图中可以看出,每次开挖过程中基底都有不同程度的隆起,随着开挖深度的增加,坑底土体隆起量增大;每次隆起的形状相似;在围护墙附近土体隆起最小;基底中心土体的回弹大于围护墙附近土体的回弹;在围护墙与基坑纵向中心线之间,土体隆起出现最大值。

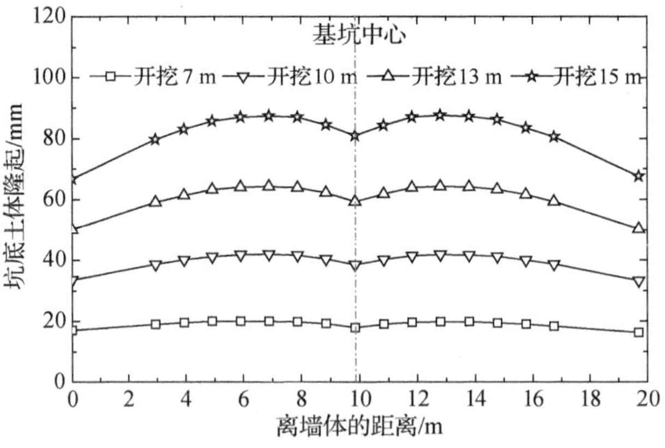

图 4-23　不同工况下坑内土体隆起变形

图4-24给出了基底隆起的理论变形模式。当基坑开挖深度较小时,基底隆起一般为图(a)所示的变形模式,其特征是靠近连续墙处坑底回弹较基坑中部的回弹小,一般认为这是坑底土体在卸荷后发生垂直的弹性隆起[28];当开挖深度较大且基坑较宽时,连续墙附近的坑底土体由于连续墙侧向变形的挤压作用,其回弹更大,因而呈现出连续墙附近回弹大而基坑中间回弹小的变形特征,一般认为此时坑底已出现塑性隆起[28],如图(b)所示,但对于较窄的基坑或长条形基坑,仍是中间大两边小分布。地铁车站基坑多为狭长形基坑,因此基坑底部隆起应为图4-24(a)所示的变形模式。对于考虑了工程桩和主体地下结构的地铁车站基坑有限元模型来说,沿基坑纵向中心线布置的中柱下的桩和立柱相当于把原来的基坑分成了更为狭长的两部分,对于这两部分,土体一侧是围护墙,另一侧是立柱和中柱下的桩,立柱和桩均与土体节点耦合在一起,它们的变形同与其接触的土体的变形相协调,这使得立柱和桩的存在对基底中心土体的回弹有一定的影响,而由于自身刚度和受力模式的不同,中柱下桩的回弹必定是大于围护墙的,因此基底中心土体的回弹大于围护墙附近土体的回弹。而在围护墙与基底中心之间,土体隆起达到最大值。因此,图4-23的坑底隆起变形模式与理论变形模式是不矛盾的。

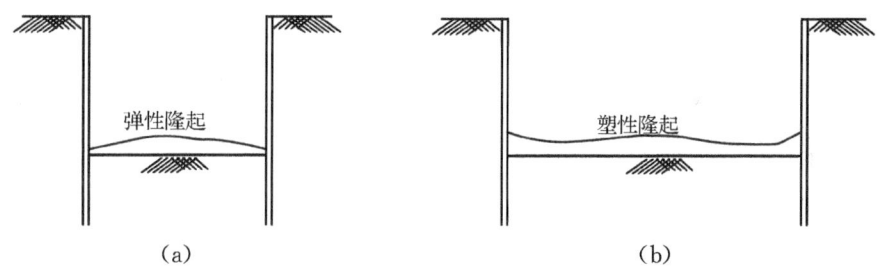

图4-24 基底隆起的理论变形模式[28]

在有限元分析中,是否考虑工程桩,这对围护墙体的变形和地表沉降的影响甚微,然而对坑底土体隆起变形有着直接的影响。不考虑工程桩时的坑底隆起如图4-24(a)所示,考虑工程桩时的坑底隆起如图4-23所示,两者有着明显差异。在数值分析中应尽量真实地模拟实际基坑中的结构物,这样才会得到比较真实的结果,因此建议数值分析时应考虑工程桩的作用,这不会带来太多的工作量,相反还有助于三维数值计算的收敛。

4.4 本章小结

本章介绍了反映土体小应变特性的剪切波速的原位测试方法,重点研究了基于孔压静力触探的剪切波速评价方法,提出了一种能够考虑土体小应变特性的基坑三维有限元模拟方法,并在某车站基坑工程中得到了应用,实测数据验证了考虑土体小应变特性模拟方法的先进性,在此基础上分析了不同工况下围护墙体的变形规律和基坑的环境效应。主要结论如下:

(1) 基于南京长江第四大桥南北锚碇区域场地的 SCPTU 数据,以 V_s 预测值与实测值之比(K)、均方根误差(RMSE)、排序指数(RI)、排序距离(RD)四个指标评估了现有 CPT-V_s 预测关系式的有效性。结果表明,这些关系式对该场地剪切波速值的预测均有一定偏差,总体来说多参数关系式比单参数关系式预测效果更好,其中对长江河漫滩场地剪切波速值预测效果最好的是 Robertson 提出的经验关系式。

(2) 通过多元线性回归分析,提出用于长江河漫滩场地的 CPT-V_s 预测关系式。预测值与场地实测值之间的比较表明,单参数与双参数回归表达式相比,多参数回归表达式预测效果更好。考虑到适用性、可靠性和简便性,建议选用完全基于 CPT 直接量测参数(q_c、f_s 和 z)预测的关系式。经预测值与实测值之间较好的一致性表明,公式 $V_s = 37.7 q_c^{0.103} f_s^{0.109} z^{0.146}$ 能够基于 CPT 数据为长江河漫滩场地剪切波速值的估算提供一种可行的方法。

(3) 提出了能够考虑土体小应变特性的基坑三维有限元模拟方法,该方法重点考虑了几何模型计算范围的确定及网格的合理划分、不同深度处土体本构模型的选择、主体结构构件的模拟和有限元分析的实施过程。对比分析了 Jardine 小应变模型和 Mohr-Coulomb 模型对基坑变形及其环境效应的预测效果,验证了考虑土体小应变特性的基坑三维有限元模拟方法的优越性。

(4) 考虑土体小应变特性的 Jardine 模型预测的围护墙体侧移值、墙顶回弹值、墙后地表沉降量均与监测结果较接近,且趋势一致,而 Mohr-Coulomb 模型模拟的墙体侧移和墙后地表沉降明显高于监测结果和小应变模型计算结果,Mohr-Coulomb 模型模拟的墙顶回弹在前四步开挖中均大于实测值,开挖至基底时模拟值有所回落。这表明考虑小应变特性的模拟方法能更合理地预测基坑开挖引起的围护墙体变形及其环境效应。

参考文献

[1] Atkinson J H, Sallfors G. Experimental determination of stress-strain-time characteristics in laboratory and in situ tests[J]. Proceedings of the International Conference on Soil Mechanics and Foundation Engineering, 1991, 3: 915-956.

[2] Jardine R J, Potts D M, Fourie A B, et al. Studies of the influence of non-linear stress-strain characteristics in soil-structure interaction[J]. Géotechnique, 1986, 36(3): 377-396.

[3] Mair R J, Taylor R N, Bracegirdle A. Subsurface settlement profiles above tunnels in clays [J]. Géotechnique, 1993, 43(2): 315-320.

[4] Clayton C R I. Stiffness at small strain: Research and practice[J]. Géotechnique, 2011, 61(1): 5-37.

[5] 高新南. 小应变条件下基坑围护结构变形分析方法及应用研究[D]. 南京: 东南大学, 2012.

[6] Hegazy Y A, Mayne P W. Statistical correlations between V_s and cone penetration data for different soil types[C]. International Symposium on Cone Penetration Testing, CPT'95, Linkoping, Sweden, 1995: 173-178.

[7] Simonini P, Cola S. Use of piezocone to predict maximum stiffness of Venetian soils[J]. Journal of Geotechnical and Geoenvironmental Engineering, 2000, 126(4): 378-382.

[8] Piratheepan P, Andrus R D. Estimating shear wave velocity from SPT and CPT data[R]. Clemson: U. S. Geological Survey, 2002.

[9] Mayne P W. The Second James K. Mitchell Lecture Undisturbed sand strength from seismic cone tests[J]. Geomechanics and Geoengineering, 2006, 1(4): 239-257.

[10] Hegazy Y A, Mayne P W. A global statistical correlation between shear wave velocity and cone penetration data[C]//Site and Geomaterial Characterization. Shanghai, China. American Society of Civil Engineers, 2006: 243-248.

[11] Andrus R D, Mohanan N P, Piratheepan P, Ellis B S, Holzer T L. Predicting shear-wave velocity from cone penetration resistance[C]. 4th International Conference on Earthquake Geotechnical Engineering, Thessaloniki, Greece, 2007: 1454.

[12] Robertson P K. Interpretation of cone penetration tests: A unified approach[J]. Canadian Geotechnical Journal, 2009, 46(11): 1337-1355.

[13] Tonni L, Simonini P. Shear wave velocity as function of cone penetration test measurements in sand and silt mixtures[J]. Engineering Geology, 2013, 163: 55-67.

[14] McGann C R, Bradley B A, Taylor M L, et al. Development of an empirical correlation for predicting shear wave velocity of Christchurch soils from cone penetration test data[J]. Soil Dynamics and Earthquake Engineering, 2015, 75: 66-75.

[15] Long M, Donohue S. Characterization of Norwegian marine clays with combined shear wave velocity and piezocone cone penetration test (CPTU) data[J]. Canadian Geotechnical Journal, 2010, 47(7): 709-718.

[16] Cherubini, C. & Orr, T. L. L. A rational procedure for comparing measured and calculated values in geotechnics[C]. //Coastal Geotechnical Engineering in Practice v. 1. 2000: 265-561.

[17] Giasi C I, Cherubini C, Paccapelo F. Evaluation of compression index of remoulded clays by means of Atterberg limits[J]. Bulletin of Engineering Geology and the Environment, 2003, 62(4): 333-340.

[18] Onyejekwe S, Kang X, Ge L. Assessment of empirical equations for the compression index of fine-grained soils in Missouri[J]. Bulletin of Engineering Geology and the Environment, 2015, 74(3): 705-716.

[19] 王卫东, 王建华. 深基坑支护结构与主体结构相结合的设计、分析与实例[M]. 北京: 中国建筑工业出版社, 2007.

[20] 钱家欢, 殷宗泽. 土工原理与计算[M]. 2版. 北京: 中国水利水电出版社, 1996.

[21] Brinkgreve R B J. Selection of soil models and parameters for geotechnical engineering application[C]//Soil Constitutive Models. Austin, Texas, USA. American Society of Civil Engineers, 2005: 69-98.

[22] Potts D M, Zdravković L. Finite Element Analysis in Geotechnical Engineering: Volume two—Application[M]. London: Thomas Telford Publishing, 2001.

[23] Thomas Benz. Small-strain stiffness of soils and its numerical consequences[D]. University Stuttgart, 2007.

[24] Hashash Y. Analysis of deep excavation in clay[D]. Massachusetts Institute of Technology, Cambridge, Massachusetts, 1992.

[25] 刘国彬, 王卫东. 基坑工程手册[M]. 2版. 北京: 中国建筑工业出版社, 2009.

[26] Dasari G R, Britto A M. A strain-dependant modified Cam Clay model in CRISP and its evaluation [R]. Technical report, Department of Engineering, University of Cambridge, 1995.

[27] Stallebrass S E, Taylor R N. The development and evaluation of a constitutive model for the

prediction of ground movements in overconsolidated clay[J]. Géotechnique,1997,47(2):235-253.

[28] Puzrin A M, Burland J B. Non-linear model of small-strain behaviour of soils[J]. Géotechnique,1998,48(2):217-233.

[29] Hird C C, Pierpoint N D. Stiffness determination and deformation analysis for a trial excavation in Oxford Clay[J]. Géotechnique,1997,47(3):665-691.

[30] Goto S, Burland J B, Tatsuoka F. Non-linear soil model with various strain levels and its application to axisymmetric excavation problem[J]. Soils and Foundations,1999,39(4):111-119.

[31] Simpson B, O'Riordan N J, Croft D D. A computer model for the analysis of ground movements in London Clay[J]. Géotechnique,1979,29(2):149-175.

[32] Whittle A J, Hashash Y M A, Whitman R V. Analysis of deep excavation in Boston[J]. Journal of Geotechnical Engineering,1993,119(1):69-90.

[33] Ng C W W, Rigby D B, Lei G H, et al. Observed performance of a short diaphragm wall panel[J]. Géotechnique,1999,49(5):681-694.

[34] Roboski J F. Three-dimensional performance and analyses of deep excavations [D]. Northwestern University, Evanston, Illinois, 2004.

[35] Lin D, Chung T, Wej N P. Quantitative evaluation of corner effect on deformation behavior of multi-strutted deep excavation in Bangkok subsoil[J]. Geotechnical Engineering,2003,34:41-57.

[36] Ou C Y, Chiou D C, Wu T S. Three-dimensional finite element analysis of deep excavations [J]. Journal of Geotechnical Engineering,1996,122(5):337-345.

[37] Hsieh P G, Ou C Y. Shape of ground surface settlement profiles caused by excavation[J]. Canadian Geotechnical Journal,1998,35(6):1004-1017.

第5章
地下工程开挖既有桩基卸荷响应原位测试评价方法

基坑及地下隧道工程开挖极易引起周边土体的扰动变形及应力释放,进而对既有桩基水平承载性能产生影响。针对桩基-开挖体的相对位置关系,土体开挖卸荷分为对"邻近桩基"和"坑底桩基"影响两种类型。本章通过CPT原位测试技术结合数值模拟及理论分析,重点研究土体开挖卸荷对邻近桩基和对坑底桩基水平承载性能的影响特征,揭示地下工程开挖卸荷环境下桩-土相互作用机理,提出基于原位测试的地下工程开挖既有桩基水平承载卸荷响应评价方法,指导工程设计。

5.1 开挖卸荷对邻近桩基水平承载影响原位测试评价

地下工程开挖会对周边土体产生应力释放并引起土体运动位移,卸荷后的土体应力状态识别是对桩基水平承载性状做出准确预测的前提。静力触探CPT技术是一种快速的原位测试技术,在岩土工程勘察、桩基承载力设计过程中得到了广泛应用。与室内试验相比,CPT测试在获取土体应力历史,反映土层非均匀性、成层性及土体状态参数变化等方面具有优势。已有研究表明[1],CPT贯入参数与土体的水平向有效应力密切相关,可以用于确定桩基的水平承载力。而地下工程开挖致邻近桩基水平承载卸荷响应分析是典型的被动桩承载问题,目前仍缺乏有关CPT原位测试在土体开挖卸荷应力状态识别及预测开挖卸荷被动桩水平承载方面的相关研究。本节基于CPT原位测试技术分析了开挖卸荷致邻近桩基水平承载性能演化及水平承载力损失预测问题,得到了开挖卸荷前后土体锥尖参数变化及卸荷后桩基水平承载力损失规律,提出了考虑开挖卸荷全过程的被动桩水平承载力原位测试评价方法。

5.1.1 试验设计

对既有工程桩水平承载卸荷响应研究的难点在于场地的预先选择和试验的预先设计,因为工程桩往往先于场地开挖进行施工,在场地大面积开挖之前就已埋入地层以下,桩身传感器埋设困难。本试验选定江苏省靖江市文化中心建设项目为试验场地,在该项目桩基工程和基坑开挖工程施工之前确立试验方案,对试验桩传感器的埋设及后期检测内容提前规划。靖江文化中心项目总建筑面积 143 100 m^2,地下建筑面积 49 000 m^2。主体结构分高层部分(办公区、博物馆、文化办公楼)、公共文化区、商业区及剧院几大部分,整个场地设有一层大底盘地下室。其中,商业剧场区由支撑大跨桁架层的四个巨型核心筒组成,四个巨型核心筒下采用桩径 1.0 m 的钻孔灌注桩。该场地属江苏典型长江冲积地层,广泛分布有粉质黏土层、淤泥质粉质黏土层,土体开挖后极易发生侧向运动,具有研究代表性。

本次试验桩和试坑位置选定在场地大面积开挖后的第二个核心筒地块(箱型基础 2)处,如图 5-1(a)所示,试验桩 P1 和 P2 均为灌注桩,在场地开挖前就已埋入地层。其中 P2 桩桩身布设了振弦式钢筋应力计用于测试深部桩体的受力变化。随后场地进行一层地下室整体开挖,开挖深度至地表以下 6 m(以此为自然场地标高处)。场地大面积开挖后,进入分块开挖支护阶段。在第二核心筒地块围护桩施工结束后进行试坑开挖试验,研究试坑开挖对邻近既有桩基的水平承载影响。图 5-1(a)列出了核心筒位置试验桩、静力触探(CPT)孔和试坑的相对位置关系,试验区域共进行了 4 个孔的 CPT 试验,其中 CPT-4 在试坑开挖结束后进行,其他三组 CPT 试验均在试坑开挖前同步完成。试坑尺寸:长×宽×深=5 m×5 m×4 m,试坑外沿距离 P2 桩中心轴线 1.5 m。本试验由于箱型基础 2 周围施工了 30 m×16 m 的围护墙体,可以认为围护墙外侧的土体不受试坑开挖卸荷的影响。围护墙体外侧为自由场地(不受试坑开挖影响),内侧为试坑开挖扰动影响区,因此可以确保 P1 桩和 P2 桩能真实反映试坑开挖造成的邻近桩基(P2)承载力损失与自由场地桩基(P1)初始承载力的比较。

图 5-1(b)详细给出了自由场地、试坑开挖影响区内各试验设计要素的相对位置关系。为确保 CPT 测试数据能真实反映桩基承载参数,CPT-1 和 CPT-4 测孔严格临近试验桩位置,距离桩侧壁 0.5 m,CPT-2 和 CPT-3 为辅助性试验孔。为考

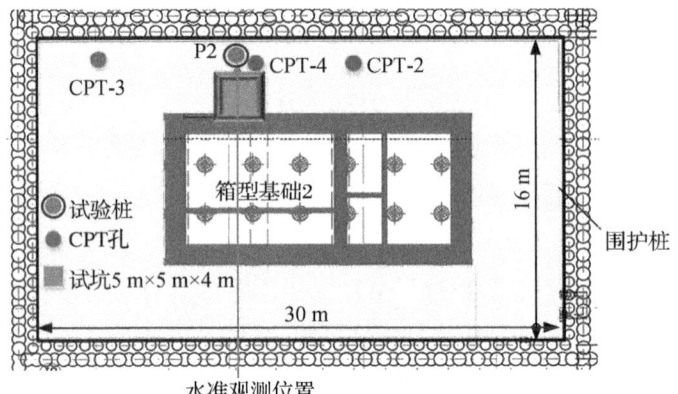

(a) 试坑开挖及试验桩点位

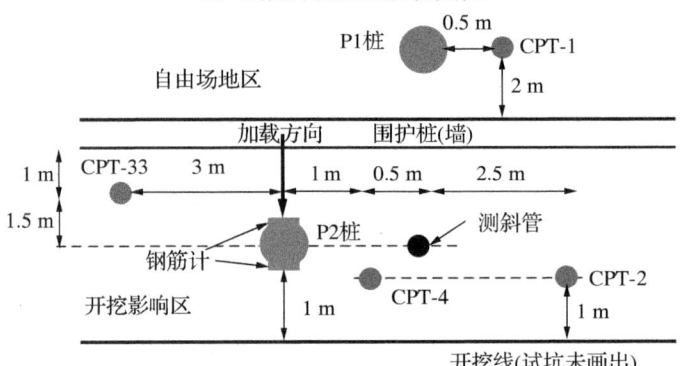

(b) 各试验要素相对位置关系

图 5-1　土体开挖试验平面布置图

察试坑开挖引起的土体位移对桩基水平承载的影响,在与试验桩 P2 沿试坑开挖线同一平行位置处埋设了测斜管。如图 5-2 所示,试验桩 P2 钢筋应力计自场地自然标高(-5.75 m)开始,沿桩身 15 m 以内每隔 1 m 布置一对,15～30 m 每 2 m 布置一对,共计 23 对,每对钢筋应力计连线垂直于开挖线[图 5-1(b)]。试验桩 P2 顶部还布设了水准测量的反光镜(高于场地标高 25 cm),用于观测开挖引起的桩顶变形。试坑采用长臂挖掘机进行规范化开挖,挖深 4 m,根据 Poulos 和 Chen[2]的安全系数法判定试坑挖深小于土体的有效自立高度。本次试坑开挖是整个项目工程开挖的一部分,因此不影响场地开挖施工顺序。

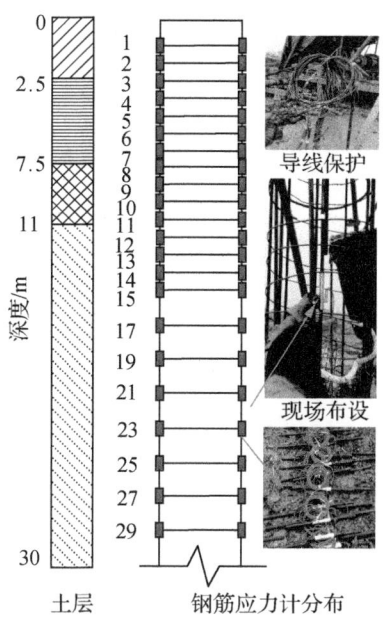

图 5-2 桩身钢筋应力计布设与安装

5.1.2 CPT 原位测试

静力触探的优势在于可以提供相对连续的土层参数，图 5-3 给出了试坑开挖前不同位置 CPT 锥尖阻力分布曲线及基于 CPT-1 测孔的自由场地土层分层情况。钻孔前进行了场地平整，CPT 起始贯入标高均为场地自然标高 -5.75 m 处。从图中可以看出，试坑未开挖前，围护墙内外侧土层分层情况较均匀，场地土层分布变异性不大。CPT-2 和 CPT-3 测孔数据基本一致，可以代表试坑开挖前试验桩 P2 的初始锥尖参数，同时 CPT-2 和 CPT-3 与自由场地 CPT-1 测孔数据也基本一致，这种均一性保证了开挖前后数据对比的可靠性。

图 5-4 为开挖前后土体 CPT 锥尖阻力对比曲线，土体开挖后，原始地层发生扰动，土体产生应力释放，锥尖参数随之发生改变。从图中可以看出，CPT 锥尖阻力的改变与土体卸荷应力路径密切相关。开挖卸荷效应分为两类：① 侧向卸荷效应（Horizontal Unloading，HU），该效应主要集中在开挖面以上部位，由于开挖造成上部桩周土体侧向应力释放，引起 CPT 贯入锥尖阻力下降，土体对桩基的侧向约束能力降低。受侧向卸荷影响，0~2.5 m 粉砂层锥尖阻力发生明显降低，2.5~4 m 淤泥质粉质黏土层降低不明显；② 竖向卸荷效应（Vertical Unloading，VU），

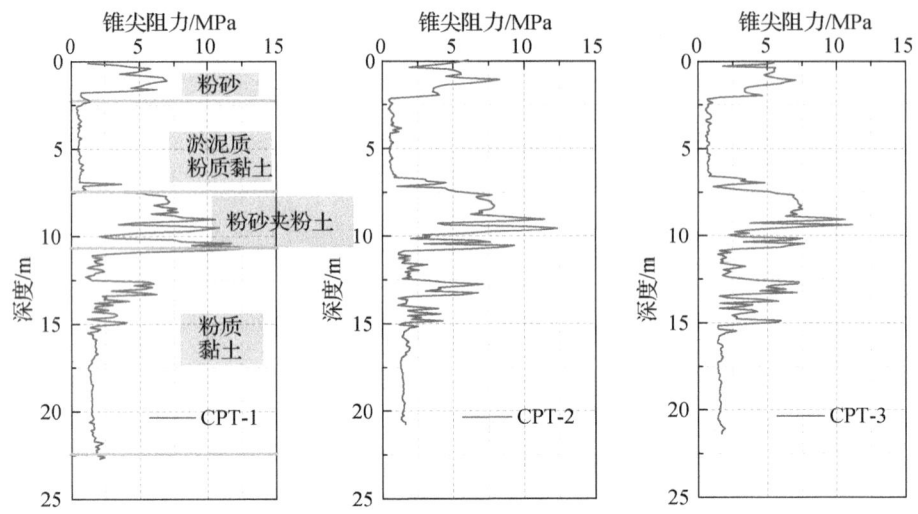

图 5‑3　试验区不同位置 CPT 锥尖阻力分布曲线
（起始贯入标高均为场地自然标高－5.75 m 处）

开挖卸荷对其下一定深度的土体产生竖向应力释放作用,致使土体的锥尖阻力下降。从图中可以看出,土层深度超过 10 m 后,卸荷效应几乎不再产生影响,CPT 锥尖测试曲线保持不变。需要指出的是,对于竖向卸荷效应（VU）,淤泥质粉质黏土和粉砂所受到的影响不同,依据土体摩尔库伦抗剪强度公式：

$$\tau = \sigma \tan\varphi + c \tag{5-1}$$

式中,τ 为土体抗剪强度;σ 为竖向应力;c 为土体黏聚力;φ 为内摩擦角。

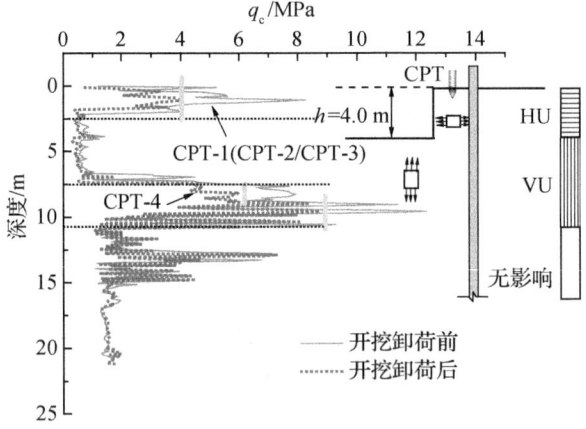

图 5‑4　开挖前后桩侧土体锥尖阻力对比曲线

淤泥质粉质黏土自身强度很低,其抗剪强度主要受控于黏聚力 c,受土体竖向应力的影响弱,卸荷后强度减小。粉砂层受到试坑开挖竖向卸荷后,σ 明显降低,其抗剪强度将会大幅降低。加之,锥尖阻力服从 $q_c \sim f(\tau)$,与土体抗剪强度正相关,因此图 5-4 中试坑开挖结束后,7.5~11 m 粉砂层的锥尖阻力明显降低,2.5~7.5 m 淤泥质粉质黏土层锥尖阻力降低不明显。

由于测试场地土层分层变异性不大(CPT-1、CPT-2 与 CPT-3 测试曲线基本一致),图 5-4 在反映自由场地与卸荷场地锥尖参数差异性的同时(CPT-1 与 CPT-4 比较),也反映了开挖前后桩侧真实土体应力状态的改变(CPT-4 与 CPT-2/CPT-3 比较)。当 CPT 测试参数直接用于桩基水平承载分析时,桩周土连续的土层参数及土体的非均匀性、成层性、卸荷变异性就可以依据 CPT 贯入测试被充分地考虑进来,有益于更准确地获得开挖前后桩基水平承载差异性变化及卸荷后的桩基水平承载力损失情况。

5.1.3 开挖前后 CPT 测试 p-y 曲线对比

开挖卸荷后,桩侧土体的应力状态发生改变,桩基水平承载力较自由场地桩基会发生变异。以往对卸荷桩基的计算,多直接采用自由场地的 p-y 计算参数,这会带来计算误差。本书在 PYGMY 程序[3]基础上,通过引入基于实测数据的 CPT 测试 p-y 曲线,联合现场试桩试验,对卸荷桩基水平承载性能进行预测。PYGMY 基于有限元思想,桩体被离散成一定数量的理想弹塑性梁单元,桩-土接触采用非线性土弹簧(p-y 曲线),该程序可以导入自行定义的 p-y 曲线。由此重点考察以下两个方面:开挖卸荷全过程中邻近既有桩基的水平承载演化规律;开挖卸荷后邻近桩基残余水平承载力,及其较自由场地桩基的水平承载力损失程度比较。

采用 Li 等[4]和 Suryasentana 等[5]提出的分别针对软黏土和砂性土的 CPT 测试 p-y 曲线模型,将图 5-4 实测 CPT 锥尖参数直接用于确定 p-y 曲线。这样确定的 p-y 能真实地反映开挖前后桩侧土体的应力状态改变。

Li 等[4]提出的软黏土 CPT 测试 p-y 方程为:

$$p = \frac{0.5 N_c}{N_k} D(q_c - \gamma z) \left[\frac{100 y}{(0.215 q_c / p_a - 1.25) D} \right]^{1/3} \quad (5-2)$$

$$N_c = \frac{3+N_k\gamma'z}{q_c-\gamma z} + \frac{0.5z}{D}(z<z_r)$$

$$N_c = 9(z \geqslant z_r) \tag{5-3}$$

$$z_r = \frac{6D}{\gamma'\dfrac{N_kD}{q_c-\gamma z}+0.5} \tag{5-4}$$

式中：p 为桩侧土抗力(kN/m)；y 为桩挠曲变形(m)；γ 为土重度(kN/m³)；γ' 为有效重度(kN/m³)；z 为土层深度(m)；D 为桩直径(m)；q_c 为锥尖阻力(MPa)；p_a 为标准大气压力值(p_a=0.1 MPa)；N_k 为锥尖系数；N_c 为桩侧土极限承载力系数。

Suryasentana 等[5]建议的砂性土 CPT 测试 p-y 方程为：

$$p = p_u\left\{1-\exp\left[-6.2\left(\frac{z}{D}\right)^{-1.2}\left(\frac{y}{D}\right)^{0.89}\right]\right\} \tag{5-5}$$

$$p_u = 2.4\gamma'zD\left(\frac{q_c}{\gamma'z}\right)^{0.67}\left(\frac{z}{D}\right)^{0.75} \tag{5-6}$$

式中，p_u 为桩侧极限土抗力(kN/m)，其他参数意义同前。

本试验 CPT 测试深度 22 m(22 倍桩径)，公式(5-2)、(5-5) p-y 曲线所需锥尖阻力 q_c 直接从 CPT 测试曲线(图 5-4)中进行提取。另外，在确定不同土层深度 p-y 曲线时，需按实际土层分层，计算以下每层土的平均有效锥尖阻力：

$$q_c(i) = \frac{1}{h_i}\int_0^{h_i}q_c(z)\mathrm{d}z = \frac{1}{h_i}\sum_{j=1}^{j=N}q_c\Delta z(j) \tag{5-7}$$

式中，h_i 为第 i 层土土体厚度(m)；$\Delta z(j)$、$q_c(j)$ 分别为第 i 层土离散后第 j 薄层单元厚度(m)和探头锥尖阻力(MPa)。

在本计算中，淤泥质粉质黏土、粉质黏土采用公式(5-2)计算模型，粉砂、粉砂夹粉土采用公式(5-5)计算模型。图 5-5 分别列出了三类土层不同深度下的 p-y 计算曲线。从图中可以看出，开挖卸荷效应会显著影响桩基 p-y 曲线的分布特征。开挖卸荷后，粉砂层(z=1 m)、淤泥质粉质黏土层(z=5 m)、粉砂夹粉土层(z=8 m)的 p-y 曲线较未开挖前都有不同程度的降低。为进一步研究开挖卸荷引起的桩基水平承载响应规律，将 CPT 获取的不同深度 p-y 曲线方程及现场实测土体水平位移(测斜仪)编入 PYGMY 程序进行桩基水平承载数值计算，试验桩桩身计算参数见表 5-1。

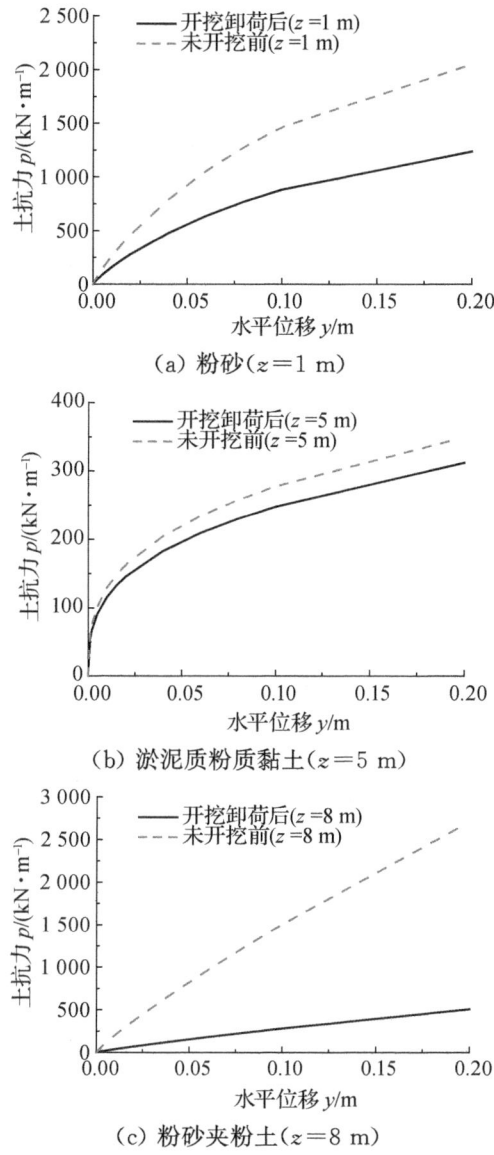

(a) 粉砂($z=1$ m)

(b) 淤泥质粉质黏土($z=5$ m)

(c) 粉砂夹粉土($z=8$ m)

图 5-5　开挖卸荷前后桩侧土体不同深度处 p-y 曲线对比结果

表 5-1　试验桩计算参数

桩型	有效桩长 L	直径 D	抗弯刚度 EI	钢筋	配筋率 ρ
钻孔灌注桩	30 m	1 000 mm	0.16×10^7 kN·m²	16ϕ25	0.95%

桩型	钢筋弹性模量 E_g	混凝土	保护层厚	混凝土弹性模量 E
钻孔灌注桩	2.0×10^8 kN/m²	C30	50 mm	3×10^7 kN/m²

5.1.4 桩基水平承载卸荷响应特征及分析模型

1) 桩基水平承载卸荷响应

图 5-6 为分别采用开挖卸荷前后 CPT 测试参数并依据 CPT 测试 $p-y$ 曲线法计算所得桩身水平变位、弯矩与现场实测结果的比较,现场实测桩身变位、弯矩由测斜管和钢筋应力计获得。图 5-6(a)同时绘制出了测斜管实测土体水平位移曲线,可见淤泥质粉质黏土层在整个开挖过程中出现最大水平位移。研究结果表明,采用自由场地和开挖卸荷后 CPT 测试参数计算得到的桩身响应规律相互间

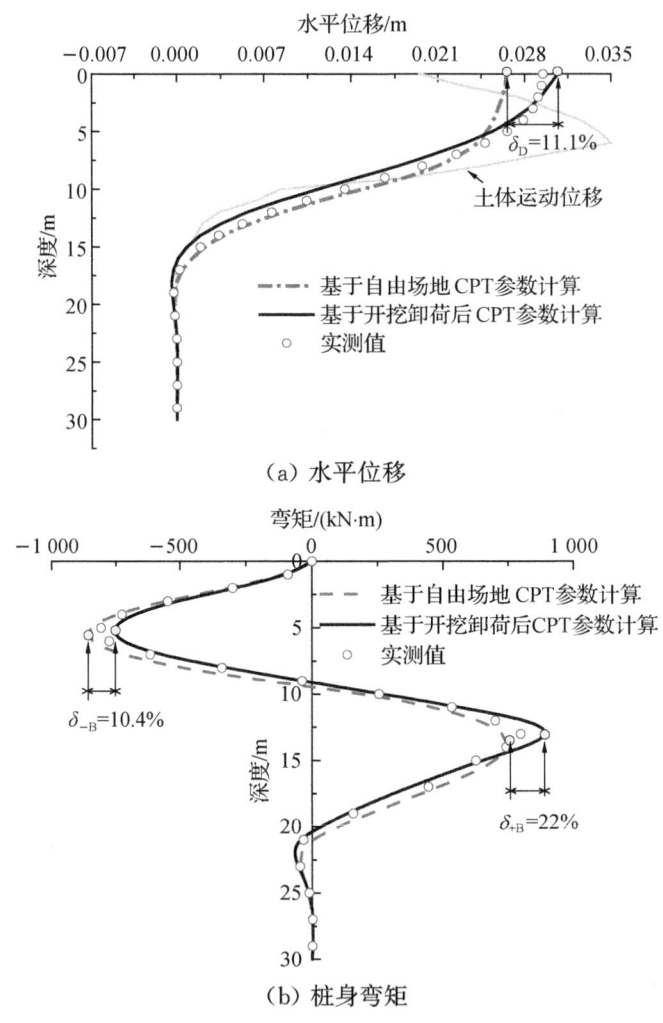

(a) 水平位移

(b) 桩身弯矩

图 5-6 基于开挖前后 CPT 参数计算所得桩身变形、弯矩结果与实测结果对比曲线

存在差异,且二者计算结果均与实测结果存在偏差。由图 5-6 可知,采用开挖卸荷后 CPT 参数计算得到的桩顶最大水平位移比自由场地 CPT 计算结果大 11.1%,桩身截面最大正弯矩高 22%,桩身截面最大负弯矩低 10.4%。考虑到桩顶转角也是影响桩基水平承载控制的重要因素,图 5-7 分别采用开挖卸荷前后 CPT 测试参数计算得到了桩身转角变化曲线。从图中也可以看出,二者计算结果存在明显差异,其差异程度远高于桩身位移、弯矩的比较情况。基于自由场地 CPT 参数计算所得桩顶转角与基于开挖卸荷后 CPT 参数计算结果相差高达 300%,进一步表明了开挖卸荷土层参数的正确选择对被动桩水平承载计算结果的重要性。换言之,如果在被动桩设计过程中仅考虑土体运动位移对桩基的影响而忽略开挖卸荷效应造成的土体应力释放,将会过高估计桩基的水平承载性能,从而造成安全隐患。另外,基于自由场地 CPT 参数和基于开挖卸荷后 CPT 参数在预测开挖卸荷过程中桩基水平承载响应时都存在偏差,前者低估了桩顶的水平位移和桩身截面负弯矩,后者则相反。因此,一种合理评估开挖卸荷过程中桩基水平承载响应的 p-y 模型亟待提出,正确的 p-y 模型是准确预测开挖卸荷桩水平承载性能的基础。

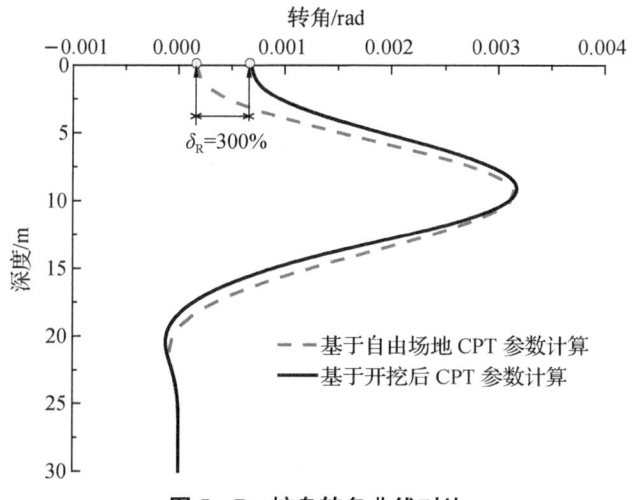

图 5-7 桩身转角曲线对比

很显然,以往自由场地初始 p-y 曲线和开挖卸荷后场地 p-y 曲线是两种端点状态的曲线形式,仅表征开挖前及开挖结束后两个静止时间节点的土体应力变形规律。因此,它们无法对整个开挖过程中的桩基水平承载演化特征进行准确诠释[6]。为了克服自由场地和开挖卸荷后土体 p-y 曲线在预测桩基水平承载演化过程中的不足,图 5-8 提出了一种考虑开挖卸荷全过程的被动桩水平承载 p-y 演化模型。图中分别以粉砂($z=1$ m)和淤泥质粉质黏土($z=5$ m)为例并依据开挖卸荷前后的 CPT 测试 p-y 曲线进行绘制,伴随开挖过程,土体不断处于卸荷状态,桩基 p-y 曲线将逐步由自由场地 p-y 曲线跌落到开挖卸荷结束后的 p-y 曲线状态。

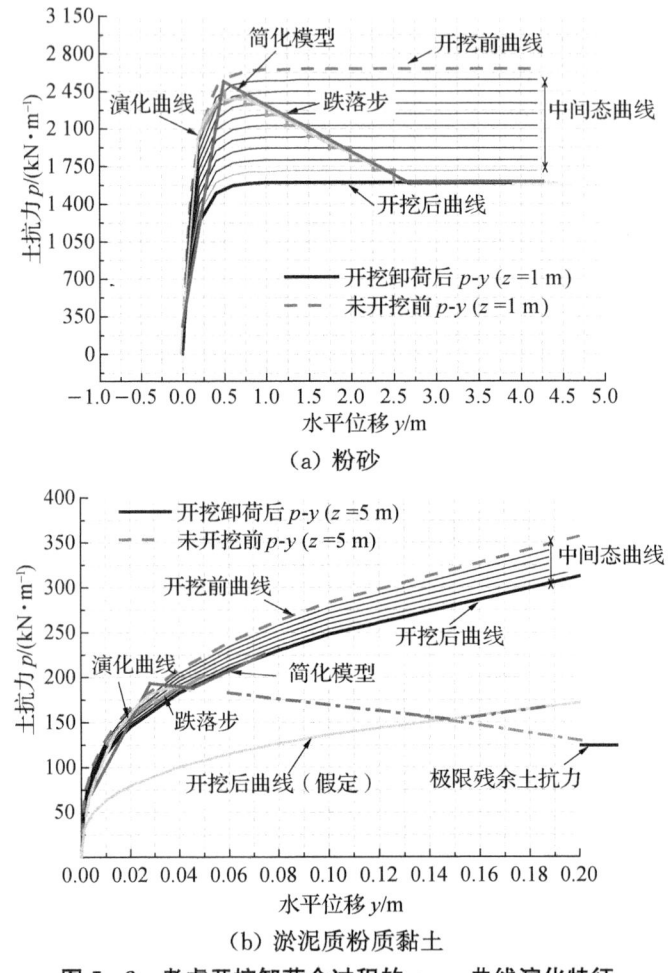

图 5-8 考虑开挖卸荷全过程的 p-y 曲线演化特征

为便于理解,在图 5-8 中依次并均匀绘制出对应不同开挖时间节点的中间态 p-y 曲线簇。由于受到开挖卸荷引起的土体应力释放影响,伴随桩身挠度(y)的增加,桩侧土抗力(p)将逐级跌落到相邻的下一条中间态 p-y 曲线上。需要指出的是,图 5-8 中土抗力发生跌落并下降到相邻中间态 p-y 曲线所对应的位移是相等的,即这里假定土抗力的逐级跌落是按照同一速率均匀跌落,而实际情况下土抗力的跌落将受到桩体嵌固深度、基坑开挖速率、开挖步骤等的影响。本节后续的理论模型推导考虑了桩基因素、开挖过程因素等对 p-y 曲线的影响。图 5-8(a) 中,每一级土抗力跌落都会形成一个台阶,通过连接每一级台阶中间值作为土抗力表征值绘制出完整的 p-y 演化曲线,跌落曲线的末端最后与开挖卸荷结束时刻的 p-y 曲线相交,并最终沿开挖卸荷结束时刻的 p-y 曲线继续发展。

从图 5-8 中可以看出,考虑开挖卸荷全过程的 p-y 演化模型呈现软化特征,这一曲线形式可以简单地用三折线模型进行描述。对于图 5-8(b) 埋置较深的粉质黏土($z=5$ m),由于受到开挖卸荷效应影响较弱,其土抗力跌落区间较小,为了完整描述粉质黏土的 p-y 演化曲线,图 5-8(b) 中添加绘制出了考虑黏性土充分应力释放时的极限残余土抗力曲线[7]。作为一种开挖卸荷极限状态,图 5-8(b) 中第二跌落线段将最终落到土体极限残余土抗力曲线上,并保持恒定发展。在整个开挖阶段,任何一条 p-y 曲线(对应不同开挖卸荷程度)都将与第二跌落线段(见图 5-8(b) 中假定的一条开挖卸荷 p-y 曲线)相交,并保持在自由场地 p-y 曲线与极限残余土抗力曲线之间。综上,伴随整个开挖卸荷全过程的 p-y 演化曲线具有显著的软化特征,而传统的 p-y 曲线多为双曲线型,这即是传统 p-y 模型不能准确描述开挖卸荷过程中桩基水平承载演化规律的原因。

2) 考虑开挖卸荷全过程 p-y 演化模型

根据前述分析,考虑开挖卸荷全过程的 p-y 演化模型可以简化为用三折线进行描述表征,三折线模型的确定又可以基于开挖卸荷前后的 CPT 测试 p-y 曲线进行快速确定。如图 5-9 所示,考虑开挖卸荷全过程的 p-y 演化三折线模型表达式如下:

$$\begin{cases} p = k_1 y, & y \leqslant y_1, \\ p = p_1 + k_2(y - y_1), & y_1 < y < y_2, \\ p = p_{po}(y) & y \geqslant y_2 \end{cases} \quad (5-8)$$

图 5-9 中,p_u 是自由场地极限土抗力;p_r 是考虑土体扰动或应力释放后的极限残余土抗力,对应屈服位移 y_r;p_1 是整个卸荷全过程中最大水平土抗力,对应位移 y_1,此位移之后曲线开始跌落;p_2,y_2 分别对应第二线段终点处的水平土抗力和

位移,在此之后土抗力将沿开挖结束后的 p-y 曲线发展。式(5-8)中,下标 po 表征开挖卸荷后曲线,k_1 和 k_2 分别表示第一线段和第二线段的斜率,当 $y > y_r$ 时,曲线斜率为零。

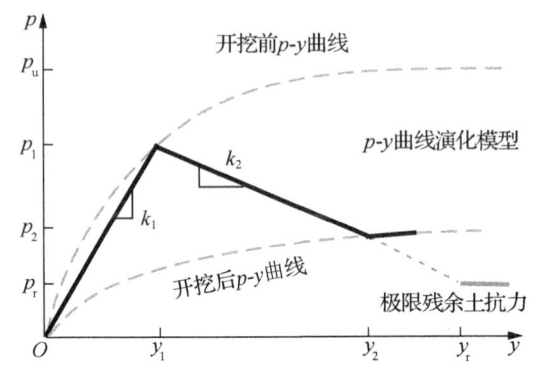

图 5-9　考虑开挖卸荷全过程的 p-y 曲线演化模型

接下来重点分析如何确定斜率 k_1 和 k_2 的值,从图 5-9 中可以看到,如果确定了坐标点 (p_1, y_1) 和 (p_r, y_r),则可以间接获得 k_1 和 k_2 的值,进而获得完整的 p-y 曲线方程。以下分别给出无黏性土和黏性土的 p-y 方程参数确定方法。

(1) 无黏性土

对于水平受荷桩而言,常采用的方法为地基反力模量法。其中,地基反力系数 k 与土体的模量具有相关关系。Vesic[8]基于弹性地基上无限长梁的分析提出了地基反力系数 k 的一种方程表达:

$$k = \frac{0.65 E_s}{1 - \nu_s^2} \left(\frac{E_s D^4}{EI} \right)^{\frac{1}{12}} \quad (5-9)$$

式中,E_s 为土体的变形模量;ν_s 为土体泊松比;EI 为桩体转动刚度。

对于砂性土,Decourt[9]指出砂性土的变形模量 E_s 随深度 z 呈线性关系,并给出以下方程:

$$E_s = N_h z \quad (5-10)$$

式中,N_h 是与土体状态有关的参数,对于砂土呈松散、中密、高度密实状态可分别取 1.5 MPa·m^{-1}、5.0 MPa·m^{-1}、12.5 MPa·m^{-1}。为了确定土体的极限残余水平土抗力 p_r 的值,选取松散状态 $N_h = 1.5$ 作为参考值计算完全卸荷松散状态下的土体变形模量 E_s。

对于砂性土中桩基水平受荷的屈服位移 y_r,可由 Reese 等[10]提出的确定方法按照下式进行计算：

$$y_r = \frac{3D}{80} \tag{5-11}$$

因此，在确定了 E_s 和 y_r 后，将 E_s 代入式(5-9)，我们可以清晰地获得土体的极限残余水平土抗力

$$p_r = k y_r = \frac{1.95 N_h z D}{80(1-\nu_s^2)} \left(\frac{N_h z D^4}{EI}\right)^{\frac{1}{12}} \tag{5-12}$$

Reese 等[10]在研究砂性土中水平受荷桩承载性能时指出，砂性土从弹性状态向塑性状态转化的位移 y_t 与桩径 D 大致呈以下关系：

$$y_t = \frac{D}{60} \tag{5-13}$$

这里，y_t 是自由场地土体从弹性向塑性转换的位移，然而对于土体开挖卸荷后，从图 5-8(a)中可以看到，其转换位移的发生是在自由场地双曲线 p-y 的弹塑性阶段，也就是说三折线模型上 y_1 的出现对应的是自由场土体发生弹塑性变形的阶段，土体开挖卸荷后其弹塑性转换位移发生了改变。结合图 5-8(a)并借鉴 y_t 与桩径 D 的关系，这里近似假定 $y_1 = 2y_t$ 以考虑开挖卸荷效应，其表达式如下：

$$y_1 = \frac{D}{30} \tag{5-14}$$

将式(5-14)计算所得 y_1 代入开挖前自由场地 p-y 曲线方程，即可得到考虑开挖卸荷全过程 p-y 模型的最大土抗力 p_1 的值。

综上，可以获得无黏性土中考虑开挖卸荷全过程的 p-y 三折线演化模型。

(2) 黏性土

国内外学者已经研究指出黏性土的极限土抗力 p_y 与土体不排水抗剪强度 S_u 存在明确关系[11-13]，因此，基于这一思想确定黏性土的极限残余土抗力 p_r 的值。Randolph 和 Housby[14]采用经典塑性理论给出了 p_y 与 S_u 的关系：

$$p_y = 10.5 S_u \tag{5-15}$$

当开挖卸荷后的土体处于极限状态时，方程(5-15)可用于确定黏性土的极限残余土抗力 p_r 的值。而考虑开挖应力释放的土体不排水抗剪强度 S_{ur} 不同于土体的初始不排水抗剪强度 S_u，Kirkpatrick 和 Khan[15]研究指出，对于伊利土和高岭土，二者的比值 S_{ur}/S_u 近似为 0.55 和 0.4，平均值约为 0.5。因此，黏性土的极

限残余水平土抗力 p_r 可以近似用土体初始不排水抗剪强度 S_u 表示如下：

$$p_r = \frac{p_y}{2} = 5.25 S_u \quad (5-16)$$

Matlock[16] 给出了黏土屈服位移 y_r 和 y_{50} 的方程表达：

$$y_r = 20\varepsilon_{50\text{dis}} D \quad (5-17)$$

$$y_{50} = 2.5\varepsilon_{50\text{pre}} D \quad (5-18)$$

式中，ε_{50} 为三轴试验中最大应力一半时的土体应变，下标 dis 和 pre 分别表征扰动状态和初始状态。Matlock[16] 给出的 ε_{50} 区间建议值为 0.005~0.02，具体的，敏感性土、扰动（重塑）土和正常固结黏土可分别取值为 0.005、0.02、0.01。为了简化，本书将开挖前初始土层取 $\varepsilon_{50\text{pre}} = 0.01$，开挖卸荷后取 $\varepsilon_{50\text{dis}} = 0.02$。式(5-18)中 y_{50} 近似作为三折线模型中第一直线段末端位移 y_1 值，y_1 确定后，代入开挖前 $p-y$ 方程(5-2)即可求得最大水平土抗力 p_1。进一步，由坐标点 (p_1, y_1) 和 (p_r, y_r) 可以共同确定斜率 k_2。

综上，可以获得黏性土中考虑开挖卸荷全过程的 $p-y$ 三折线演化模型。

3）模型验证分析

图 5-10 为采用所提 $p-y$ 模型计算得到的桩身位移、弯矩与实测结果的对比曲线。从图中可以看出，相较于传统 $p-y$ 模型的预测结果（见图 5-6），本书所提出的考虑开挖卸荷全过程的 $p-y$ 演化模型计算结果与实测结果吻合更好，特别是在预测桩身截面最大弯矩发生位置及最大弯矩数值上具有更高的精度。而且 $p-y$ 模型充分考虑了开挖卸荷导致的土抗力衰减软化特征，形成的土抗力-位移发展曲线更加真实。在 $p-y$ 模型参数的获取上，该方法可以直接依据开挖前后的 CPT

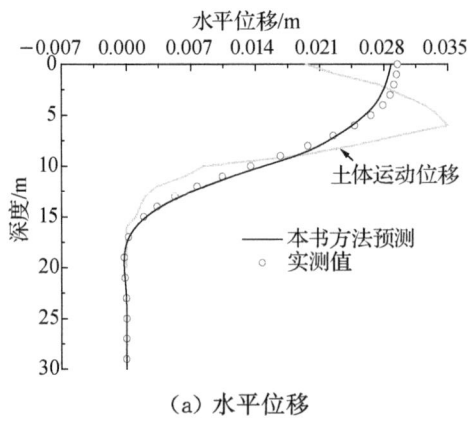

(a) 水平位移

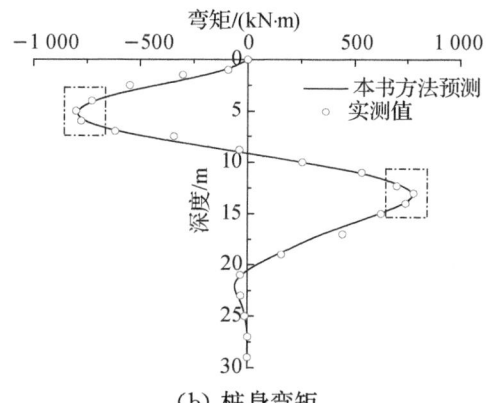

(b) 桩身弯矩

图 5-10 桩身位移、弯矩的预测结果与实测结果比对

原位测试参数进行确定,模型简便,参数易于获得。也正因为是基于原位测试参数而推求 p-y 关系,因此,整个地层的成层性及不均匀性便可以通过原位测试参数直接被反映出来,不受土层环境限制,适用于任何场地条件。

5.1.5 开挖卸荷致桩基水平承载力损失

对于既有桩基而言,其在遭受开挖卸荷产生的被动荷载后,最终将趋于新的平衡状态。此后若继续承担上部结构传来的水平荷载(主动桩),桩基的水平承载安全评价将是另一个新问题。为明确开挖卸荷后,邻近既有桩基残余水平承载力及其较自由场地桩基水平承载力损失情况,本节首先采用基于 CPT 测试 p-y 模型(式 5-2 和式 5-5)开展了卸荷桩 P2 和自由场地桩 P1 的桩顶水平加载模拟。为验证计算结果的准确性,同时进行了桩基水平静力载荷试验,加载方向指向基坑,试验过程严格按照《建筑基桩检测技术规范》(JGJ 106—2014)执行。试验加载分级 30 kN,因为是工程桩,后期仍需满足建设需求,此次加载极限位移按敏感建筑要求控制在 6 mm(《建筑桩基技术规范》JGJ 94—2008)。

图 5-11 为获得的开挖卸荷后 P2 桩与自由场地 P1 桩的桩顶加载(H_0)-位移(y_0)曲线计算结果与现场实测结果对比情况。从图中可以看出,较自由场地,开挖卸荷后的桩基 P2 水平承载性能下降,其加载位移曲线刚度较自由场地明显减小,按照《建筑桩基技术规范》规定的 6 mm 确定临界水平承载力,桩 P2 较 P1 临界水平承载力下降了 11.5%。本试验开挖卸荷后邻近桩基 P2 的临界水平承载力降为 261 kN。同时可以看到,P1、P2 桩的计算加载位移曲线与现场试桩结果吻合较好,

验证了基于实测 CPT 数据计算桩基临界水平承载力的准确性。需要指出的是,由于 P2 桩开挖前的 CPT 测试曲线(CPT-2/CPT-3)与自由场地 CPT-1 基本一致,图 5-11 所得结果也反映了 P2 桩在开挖前及开挖后的水平承载力损失情况。在实际工程设计过程中,如果盲目选用未开挖时的土体参数作为卸荷桩设计参数,则会过高估计桩基水平承载力,埋下安全隐患。因此,对开挖卸荷既有桩基承载性能的评估,有必要采用原位测试手段获取卸荷后的实际土体应力参数,进而做出准确的预测。

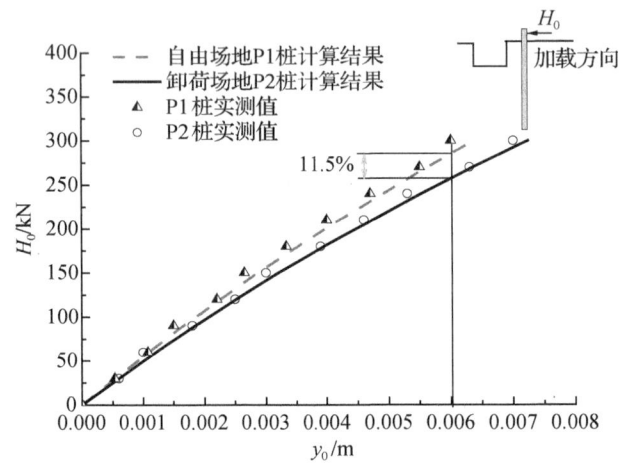

图 5-11 开挖卸荷桩 P2 和自由场地桩 P1 加载位移曲线

桩基施工阶段在 P2 桩内部埋设了钢筋应力计,据此可以获得每级桩顶加载下的 P2 桩实测桩身弯矩。钢筋应力计实测桩身弯矩依据李洪江等[17]基于钢筋、混凝土变形协调的计算公式:

$$M(z)=\frac{EI[\sigma_1(z)+\sigma_y(z)]}{E_g d} \tag{5-19}$$

式中,M 为桩身截面弯矩(kN·m);σ_1 为受拉侧钢筋计应力值;σ_y 为受压侧应力值;d 为受拉和受压侧钢筋计间距(m);I 为将钢筋等效为同体积混凝土后的桩体复合惯性矩(m^4);E 为桩身混凝土弹性模量(N/mm^2);E_g 为钢筋弹性模量(N/mm^2)。

图 5-12 为桩顶加载 150 kN 和 270 kN 下的开挖卸荷桩 P2 实测弯矩及程序计算所得弯矩的对比情况(弯矩以背离开挖侧为正)。计算程序分别采用了开挖卸荷场地 CPT-4 锥尖参数与自由场地 CPT-1 参数。从图中可以明显看出,采用实际开挖卸荷场地 CPT-4 锥尖参数更能准确地获得深部桩体受力规律,其弯矩预测结果与实测弯矩数据吻合较好,而采用自由场地参数则会带来计算误差。相较自由

场地(不受开挖卸荷影响)下的桩基内力响应,土体开挖卸荷后,P2桩所受截面最大弯矩有所增大,也就是说,在同等桩顶水平荷载下,遭受开挖卸荷后的桩基会产生更大的桩身内力,更容易失效破坏。

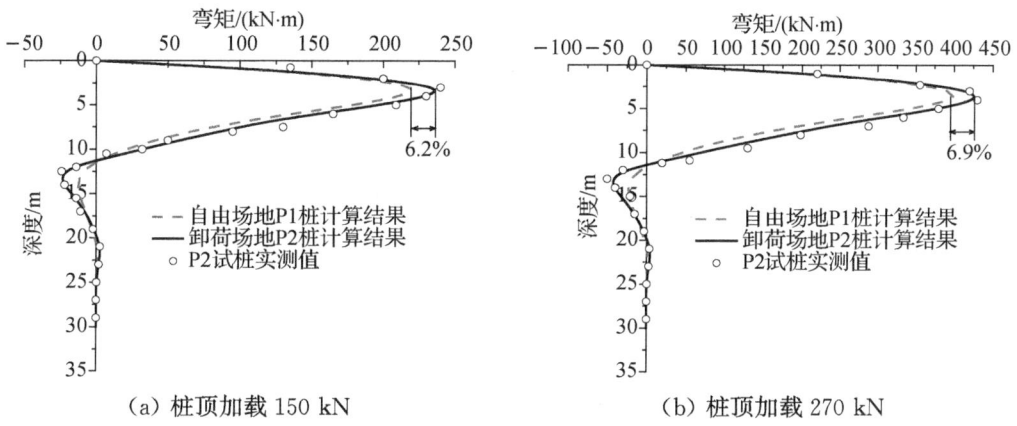

图 5-12　两级荷载下的 P2 和 P1 桩桩身弯矩对比

5.2　开挖卸荷对坑底桩基水平承载影响原位测试评价

随着城市地下空间的开发及高层、超高层建筑的兴建,越来越多的大面积场地开挖及超深基坑开挖出现。基坑挖深增加带来的显著问题是对开挖后坑底土性、坑底工程桩承载性能的影响。以往传统的研究大多集中在开挖引起的地层沉降、土体水平运动位移和支护桩及挡墙的受力变形分析上,对开挖引起的坑底工程桩水平承载性能变异研究较少。本章前述已经基于 CPT 测试研究了开挖卸荷对邻近桩基水平承载影响问题,提出了基于 CPT 测试的被动桩水平承载评价方法,该节将继续围绕地下工程开挖卸荷对坑底桩基水平承载影响问题展开分析。尽管国际上有关自由场地桩基水平承载计算理论[18-20]已经趋于成熟,然而不同于自由场地的是,地下工程开挖卸荷后坑底土体的工程特性将发生改变,目前还没有一种适于坑底大面积开挖卸荷的桩基水平承载预测方法。

无论自由场地还是开挖场地,桩基水平承载力确定的最直接方法是现场静力载荷试验法,但该方法价格昂贵且耗时耗力,特别是当遇到土方开挖时,试验设备难进场,严重影响现场载荷试验的可操作性。而基于 CPT 原位测试的桩基水平承载分析方法适用性强,不受场地开挖条件的限制。

对于工程桩基而言，工程桩往往先于地面开挖打入地下，当后期土体开挖时，桩基逐步露出地面(见图 5-13)。以往在工程桩设计时，通常将初始地层(OG)的试桩数据作为坑底(WG)工程桩的水平承载设计参考，但土体开挖后，真实的坑底地表(WG)标高已经不同于初始地层(OG)标高，坑底土体的性质及土层分布情况都发生了改变。原位测试 CPT 技术最大的优势就是可以获取非均质、非均匀地层的连续土体参数，可以准确地反映土层参数沿深度的非线性变化关系。本节通过现场试验研究了基于 CPT 测试数据的大面积开挖对坑底土体应力状态改变及坑底既有工程桩水平承载性能的影响，得到了坑底开挖卸荷前后土层 CPT 参数的变化规律，明确了坑底土开挖卸荷对 p-y 曲线的影响特征，进而给出了坑底工程桩水平承载设计建议。

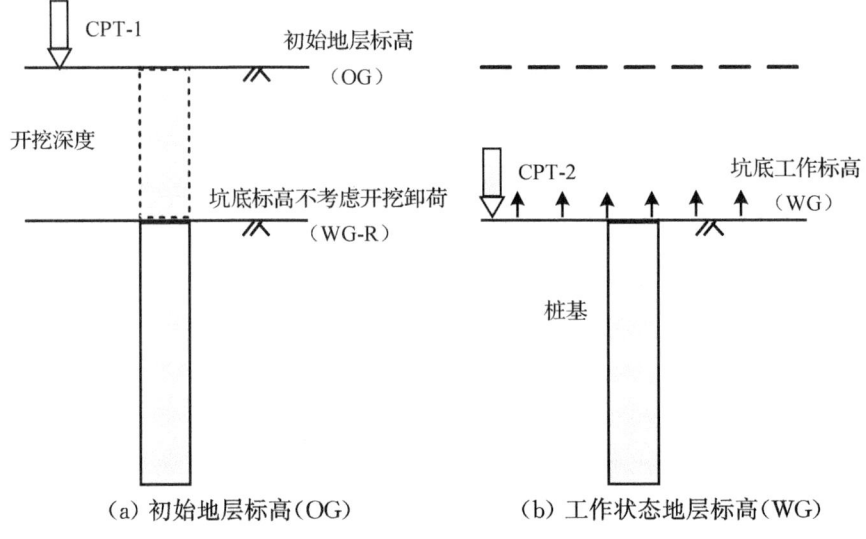

(a) 初始地层标高(OG)   (b) 工作状态地层标高(WG)

图 5-13 坑底土体开挖卸荷示意图

5.2.1 场地描述

两个试验场地分别位于江苏的泰州和苏州。泰州试验场地(案例一)毗邻长江，属长江冲积地层，其下土层主要为淤泥质粉质黏土和粉砂。苏州试验场地(案例二)靠近太湖，属太湖湖积地层，其下土层以粉质黏土和黏土为主。两个试验场地的土层分层及物理力学指标分别汇总在表 5-2 和表 5-3 中。

表 5-2　泰州试验场地土层物理力学指标

土层	重度 γ /(kN·m⁻³)	孔隙比 e	含水率 /%	塑性指数 I_P	液性指数 I_L	压缩模量 E_0/MPa	内摩擦角 $\varphi/°$	黏聚力 c/kPa
粉质黏土	18.6	0.871	31.3	11.7	0.82	5.85	19.0	16.0
淤泥质粉质黏土	17.4	1.170	41.8	12.3	1.61	3.00	12.6	10.2
粉砂	18.6	0.820	28.6			11.81	30.6	4.7
淤泥质粉质黏土	17.5	1.126	39.5	12.3	1.43	3.39	14.9	12.0
粉砂夹粉土	18.0	0.967	33.1			6.86	22.4	8.5
粉质黏土	19.7	0.674	24.1	10.9	0.27	7.33	6.9	43.8

表 5-3　苏州试验场地土层物理力学指标

土层	重度 γ /(kN·m⁻³)	孔隙比 e	含水率 /%	塑性指数 I_P	液性指数 I_L	压缩模量 E_0/MPa	内摩擦角 $\varphi/°$	黏聚力 c/kPa
淤泥质粉质黏土	17.4	1.222	43.7	15.4	1.46	2.49	11.9	11.7
黏土	19.4	0.761	27.2	18.3	0.33	8.8	12.6	53.4
粉质黏土	18.8	0.856	30.6	15.6	0.60	5.53	14.9	36.6
粉土夹粉质黏土	18.8	0.835	30.1	9.7	1.15	8.21	20.4	9.9
粉质黏土	18.3	0.960	34.4	15.1	0.88	4.19	15.2	19.7
粉质黏土夹粉土	18.6	0.891	32.0	12.4	0.97	5.81	17.0	16.6

5.2.2　CPT 原位测试与试桩试验

如图 5-13 所示，泰州和苏州两个试验场地的土体挖深分别为 10 m 和 5 m，每个场地在开挖前后都进行了 CPT 原位测试，CPT 测试孔位邻近试桩位置，所有测试工作严格按照规范方法进行。其中，每个场地在开挖前自初始地表(OG)进行两个孔的 CPT 测试(孔号记为 CPT-1a,b)，开挖后自坑底标高(WG)进行三个孔的 CPT 测试(孔号记为 CPT-2a,b,c)。所有开挖后的 CPT 测试均在开挖结束 10 天后进行，本试验不考虑开挖卸荷致土体变形的时间效应。另外，两个试验场地在开挖卸荷前后都开展了现场水平静力载荷试验，坑底试桩测试如图 5-14 所示。以下重点考察：开挖引起的地层变异和开挖卸荷致坑底土体应力释放两个因素对坑底桩 p-y 曲线及桩基水平承载性能的影响。

图 5-14 地层开挖后的坑底试桩

5.2.3 开挖前后 CPT 测试 p-y 曲线对比

1) 泰州试验场地

(1) CPT 测试结果

图 5-15 为泰州试验场地开挖卸荷前后 CPT 测试锥尖阻力曲线对比,图 5-15(a)坐标为自初始地层标高(OG)算起,图 5-15(b)则将自初始地层标高(OG)的 CPT 曲线下移到坑底地表标高(WG)处,据此在两类坐标下考察开挖卸荷前后的 CPT 测试曲线变化特征。泰州试验场地挖深为 10 m,从图 5-15(a)中可以明显看到,上覆土层开挖以后,开挖卸荷效应对坑底剩余土体的锥尖阻力产生了显著影响。淤泥质粉质黏土层和粉质黏土层的锥尖阻力都有明显降低,淤泥质粉质黏土层的平均锥尖阻力较开挖卸荷前降低了约 80%。图 5-15(a)的对比结果为上覆土体开挖卸荷致坑底土体应力释放提供了很好的证据,也充分展示了 CPT 原位测试在土体开挖卸荷应力释放表征上的可行性。

对于场地开挖而言,上覆土层开挖以后,场地的计算标高下移,由初始地层标高(OG)降为坑底地面标高(WG),由此带来的地层差异将是影响工程桩水平承载力的另一个重要原因,而真实的坑底桩基工作标高正是在 WG 处而非 OG 处。如图 5-15(b)所示,将初始地层标高处获得的 CPT 曲线平移到坑底地面标高(WG)处,则会清晰地发现,地层标高的损失致使开挖前后的地层产生显著差异,对桩基起约束作用的地层发生改变,这也是初始地表试桩不能作为坑底桩基设计参考的原因。大量研究已经证实,对水平受荷桩起主要控制作用的是上部 15~20 倍桩径范围土层[17],地层标高损失引起的地层差异改变了控制桩基水平承载力的上部土层,

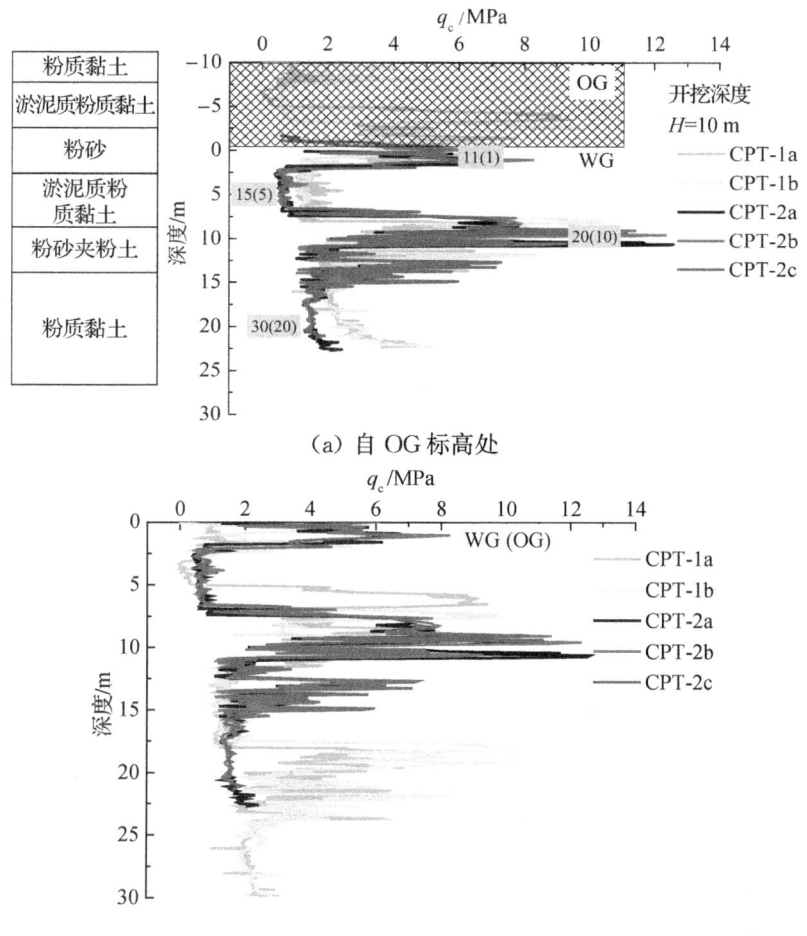

图 5-15 坑底 10 m 上覆土层开挖前后 CPT 锥尖阻力 q_c 变化曲线

继而影响了桩基水平承载性能。对于非均匀地层,土体开挖引起的地层差异是影响桩基水平承载力的最主要因素。

(2) p-y 曲线

泰州试验场地桩基类型为钻孔灌注桩,桩径 1.0 m,有效桩长 35 m,桩身混凝土标号 C35,保护层厚度 50 mm,桩身全长配筋,18 根 Φ25 主筋。p-y 曲线法是考察桩基水平承载性能的重要方法,本试验采用前文基于 CPT 测试 p-y 曲线法 (见式 5-2 和式 5-5) 展开分析。

图 5-16 为针对初始地表(OG)和坑底地表(WG)并基于 CPT 测试 p-y 曲线法获得的泰州场地不同深度处的 p-y 曲线对比情况,CPT 锥尖阻力数据源于

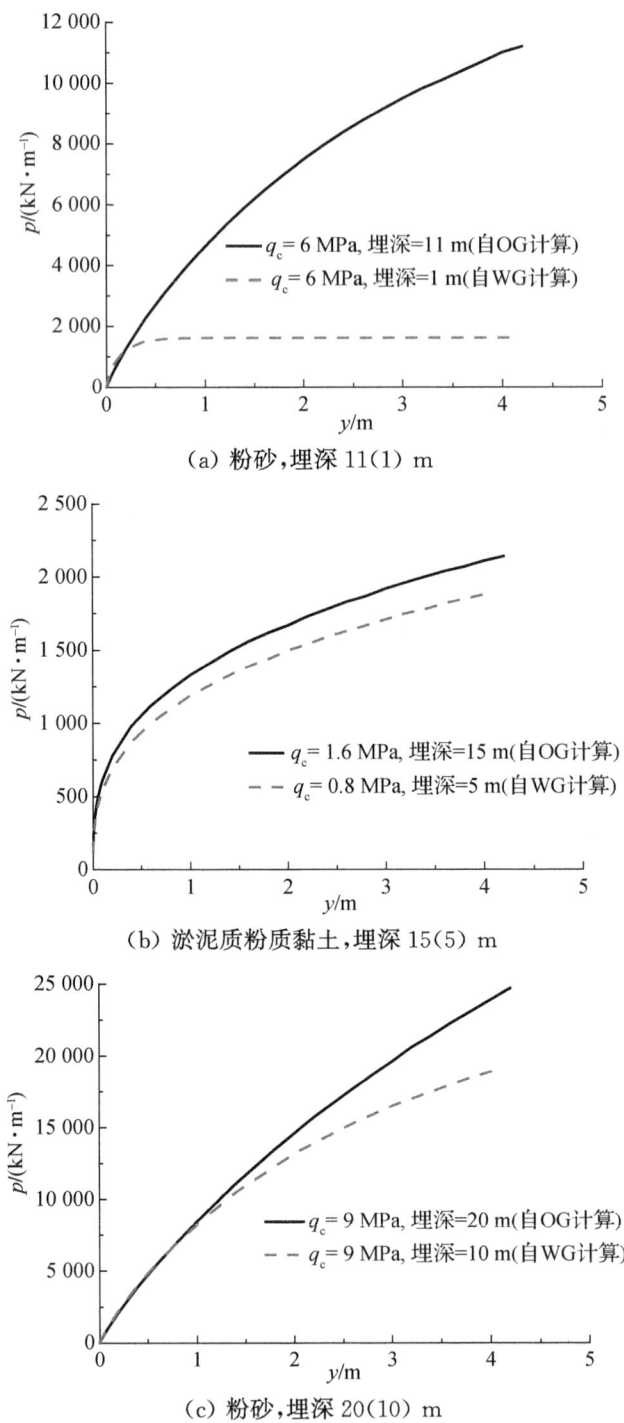

(a) 粉砂，埋深 11(1) m

(b) 淤泥质粉质黏土，埋深 15(5) m

(c) 粉砂，埋深 20(10) m

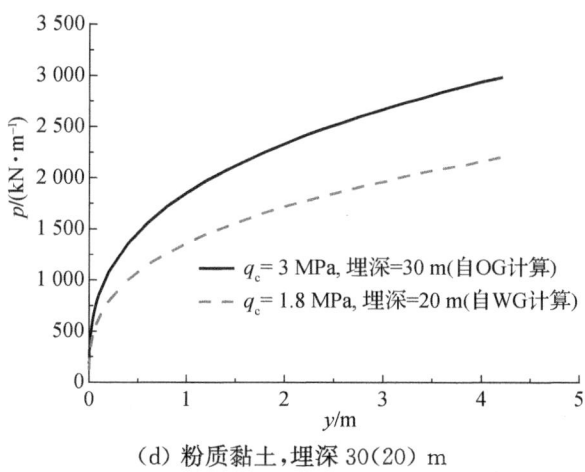

(d) 粉质黏土，埋深 30(20) m

图 5-16　两类标高 OG 和 WG 下不同深度土体 p-y 曲线计算结果对比

图 5-15(a)，并在图 5-15(a)中标注出了所选深度。可以看到，场地开挖使初始地层标高(OG)降为坑底地面标高(WG)后，相应深度处的 p-y 曲线出现弱化现象。图 5-16(a)和(c)中，即使两个标高下的 CPT 锥尖阻力相同，但由于计算深度的改变，所得 p-y 曲线也完全不同。研究结果充分证实了开挖卸荷对坑底土体力学特性改变及其对坑底工程桩水平承载性能的影响。

图 5-17 为坑底标高(WG)以下考虑和未考虑开挖卸荷效应的 p-y 曲线对比结果。从图中可以看出，对于同一深度下，不考虑开挖卸荷效应(WG-R)的 p-y 曲线发展程度要高于真实的、卸荷后的坑底桩基 p-y 曲线。开挖引起的卸荷效应同时降低了 p-y 曲线的初始刚度和极限土抗力，在实际工程建设中，如果不考虑开挖卸荷效应对坑底土 p-y 曲线的削弱作用，则会过高估计工程桩水平承载力，埋下安全隐患。

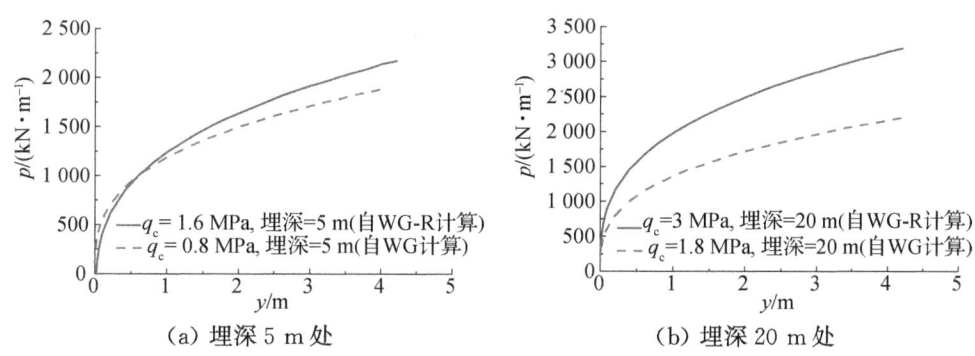

(a) 埋深 5 m 处　　　　　(b) 埋深 20 m 处

图 5-17　考虑(WG)与未考虑(WG-R)开挖卸荷效应的 p-y 曲线对比结果

2) 苏州试验场地

(1) CPT 测试结果

苏州试验场地挖深为 5 m,从图 5-18 中可以看到,与前述分析结果相类似,开挖卸荷后坑底地层标高(WG)以下的土体 CPT 锥尖阻力有所降低。如果将开挖前的 CPT-1 曲线下移到与开挖后 CPT-2 曲线相同的坐标系下进行比较,见图 5-18(b),则可以发现,苏州试验自由场地开挖前的锥尖阻力曲线整体小于开挖后的坑底以下土体锥尖阻力曲线。这也意味着,直接选用自由场地的土层参数作为坑底工程桩的水平承载力设计参数是不合理的。

(2) p-y 曲线

苏州试验场地的桩基类型为钻孔灌注桩,桩径 0.55 m,有效桩长 30 m,混凝土

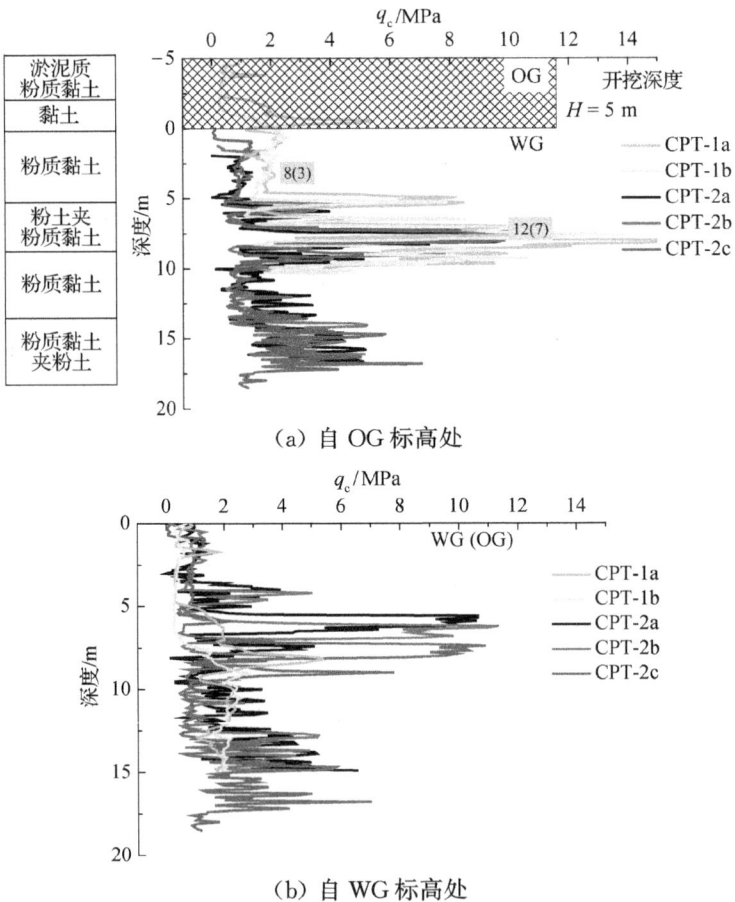

图 5-18 坑底 5 m 上覆土层开挖前后 CPT 锥尖阻力 q_c 变化曲线

覆盖层厚度 50 mm,标号 C35,整个桩身全长布置 10 根 Φ16 的主筋。由于该试验场地主要为黏性土,因此仅采用基于 CPT 测试的黏性土 p-y 方程(式 5-2)进行计算研究,所需锥尖参数源于图 5-18。

图 5-19 和图 5-20 分别为针对不同标高(OG,WG/WG-R)计算所得开挖前后典型深度下的 p-y 曲线对比结果。从图 5-19 中可以看出,在给定深度下,自坑底地层标高(WG)计算所得 p-y 曲线与自初始地层标高(OG)计算所得 p-y 曲线不同,这一结果是由开挖引起的地层差异(标高损失)造成的。同时注意到,在坑底桩基水平承载计算时亦不能简单地将未开挖地层的土体参数折减进行计算,而忽略开挖引起的地层标高损失。苏州试验场地上覆 5 m 土层开挖以后,地层应力释放,使下覆原有土层的锥尖阻力值降低,从而改变了坑底土体的应力变形特征。从图 5-20 中可以看出,开挖卸荷以后土体的 p-y 曲线初始刚度和极限土抗力值均有所降低,不考虑开挖卸荷效应将会过高估计坑底工程桩的水平承载力。

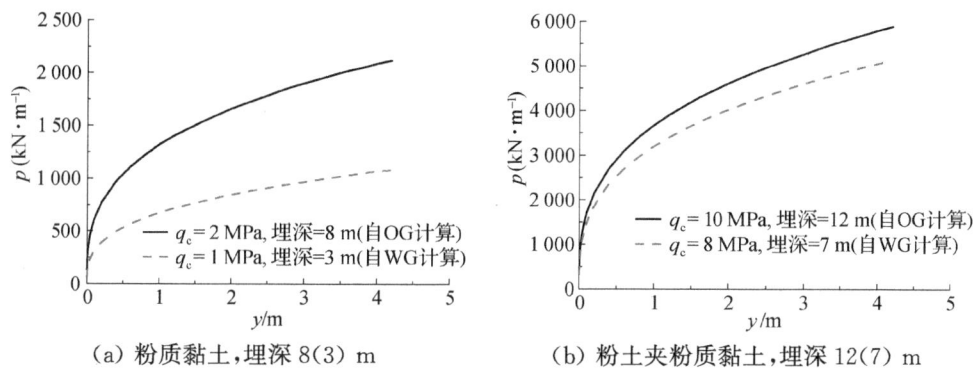

(a) 粉质黏土,埋深 8(3) m　　(b) 粉土夹粉质黏土,埋深 12(7) m

图 5-19　不同深度土体自 OG 和 WG 标高计算 p-y 曲线对比

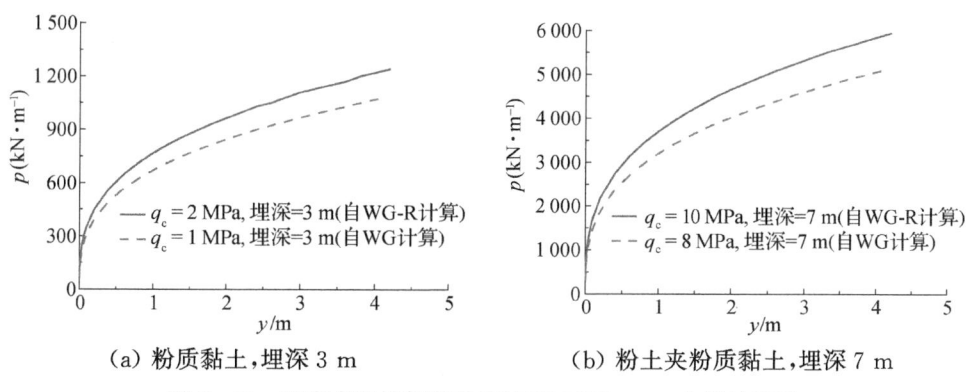

(a) 粉质黏土,埋深 3 m　　(b) 粉土夹粉质黏土,埋深 7 m

图 5-20　不考虑开挖卸荷效应(WG-R)对 p-y 曲线的影响

5.2.4 坑底桩基卸荷响应特征及水平承载力损失

1) 泰州试验场地

基于CPT测试$p-y$曲线法进一步考察开挖卸荷前后桩基水平承载力的变化,为验证CPT测试法计算结果的准确性,在开挖前后开展了水平静力载荷试验。如图5-21所示,在泰州场地试验地层条件下,自初始地面计算得到的桩基水平承载力明显高于自坑底地面计算得到的结果($y<9$ mm),当加载位移进一步增加时,受周围土体非线性特征的影响,自初始地面计算得到的桩基水平承载力开始降低。同时看到,基于CPT测试$p-y$法的数值计算结果与现场试桩试验结果吻合较好,不考虑开挖卸荷效应计算得到的桩基水平承载力要高于真实的坑底桩基水平承载力。在泰州场地桩基计算分析中,由于桩基具有足够的有效嵌固长度,因此不考虑因上覆土层开挖引起桩基嵌固长度减小而导致的桩基水平承载力降低。也即是说,由初始地层标高(OG)和坑底地层标高(WG/WG-R)计算所得结果的差异主要来源于开挖引起的地层差异和坑底土卸荷效应。以$1\%D(=10$ mm$)$桩顶位移所对应的荷载值作为桩基水平承载设计值,由初始地层标高(OG)计算所得水平承载力和不考虑开挖卸荷效应(WG-R)计算所得水平承载力分别比真实的坑底桩基水平承载力设计值低3%和高5.2%。从初始地层标高计算或者不考虑开挖卸荷效应计算所得结果都不能准确预测真实的坑底桩基水平承载力。工程实践中,坑底桩基水平承载力的确定必须源于坑底试桩结果或者采用基于坑底CPT测试数据的水平承载力计算结果。

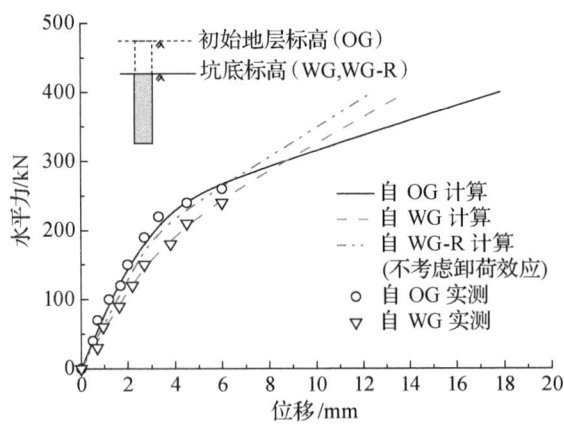

图5-21 泰州试验场地开挖卸荷前后桩基水平力-位移曲线计算与实测结果对比

图 5-22 为泰州场地针对不同标高（OG，WG/WG-R）计算得到的不同水平加载条件下的桩基水平变形和弯矩曲线。从比较结果可以看出，在给定水平力下，由初始地面标高（OG）计算所得桩身变形和弯矩结果均小于自坑底地层标高（WG）计算所得结果。同时注意到，由于未考虑土体开挖引起的卸荷效应，其计算所得桩基水平变形（对应 WG-R）值会低估真实的坑底桩基水平变形值，所得弯矩计算结果也与真实的桩身弯矩分布存在差异。

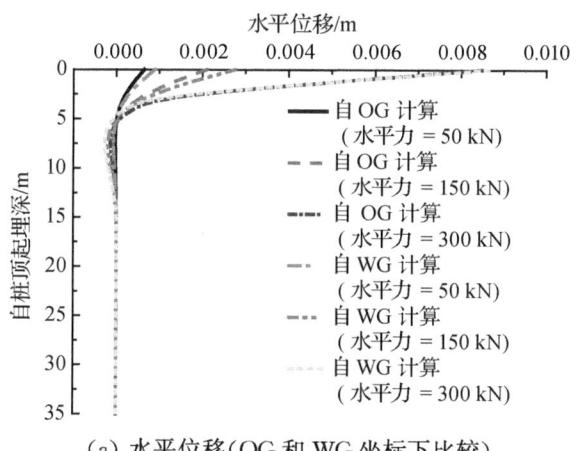

(a) 水平位移（OG 和 WG 坐标下比较）

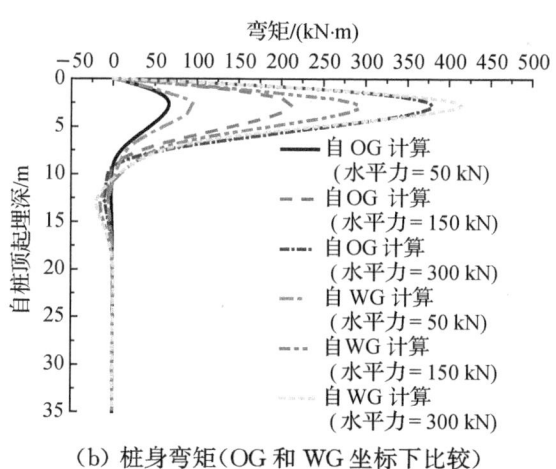

(b) 桩身弯矩（OG 和 WG 坐标下比较）

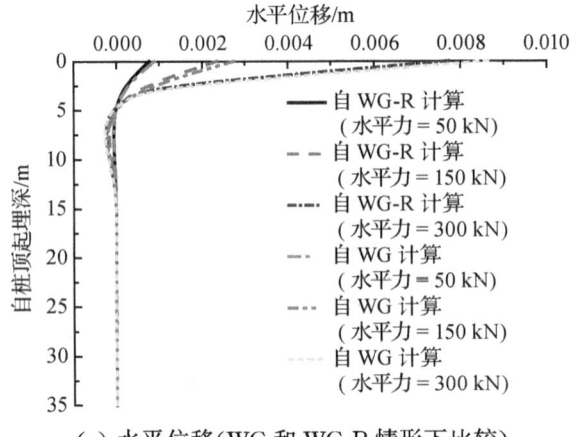

(c) 水平位移(WG 和 WG-R 情形下比较)

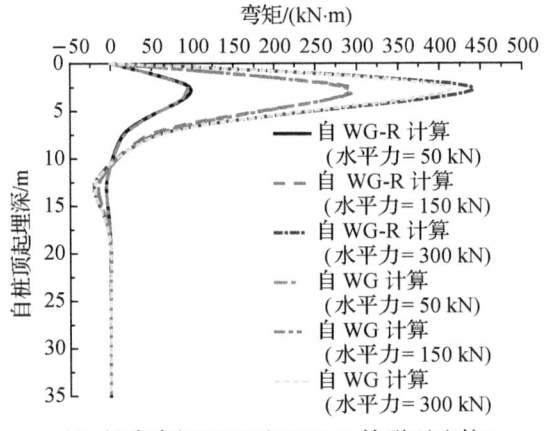

(d) 桩身弯矩(WG 和 WG-R 情形下比较)

图 5-22 泰州试验场地桩身水平位移、弯矩对比

2) 苏州试验场地

图 5-23 为现场实测和基于 CPT 测试 $p-y$ 法计算获得的苏州试验场地桩基水平承载力-位移关系曲线。从图中可以看出,基于 CPT 测试 $p-y$ 法计算结果与现场试桩试验结果基本保持一致。对于苏州试验场地,自初始地层标高(OG)计算所得桩基水平承载力整体低于自坑底地层标高(WG)计算所得桩基水平承载力,这一结果与开挖前后的 CPT 锥尖阻力对比曲线相一致。受坑底土开挖卸荷效应的影响,坑底工程桩的水平承载力-位移曲线刚度降低,桩基水平承载力也相应降低。以 $1\%D(=5.5 \text{ mm})$ 桩顶位移为标准考察桩基水平承载力设计值,自初始地层标高(OG)和不考虑卸荷效应(WG-R)得到的桩基水平承载力分别比真实的坑

底(WG)桩基水平承载力(=215 kN)小6.6%和高10.3%。

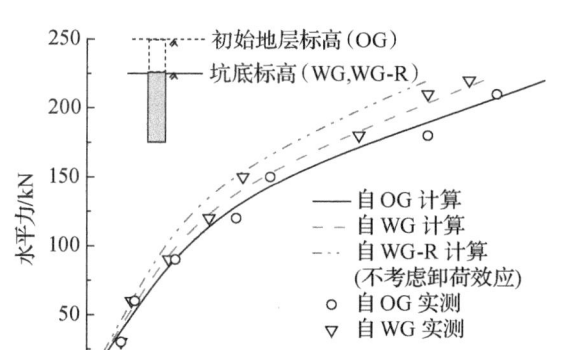

图5-23 苏州试验场地开挖卸荷前后桩基水平承载力-位移曲线计算与实测结果对比

图5-24为基于CPT测试$p-y$法计算所得桩基水平变形及桩身弯矩分布曲线。研究结果显示：苏州场地自初始地层标高(OG)计算所得桩基水平变形和弯矩值要大于真实的自坑底地层标高(WG)计算结果。同时，不考虑开挖卸荷效应(WG-R)的桩基水平变形和弯矩计算值则低于真实的自坑底地层标高(WG)计算结果，这一特征与泰州试验场地结论相一致。研究指出，不论是初始地面计算结果，还是不考虑开挖卸荷效应的计算结果，均不能代表真实的坑底桩基水平承载力

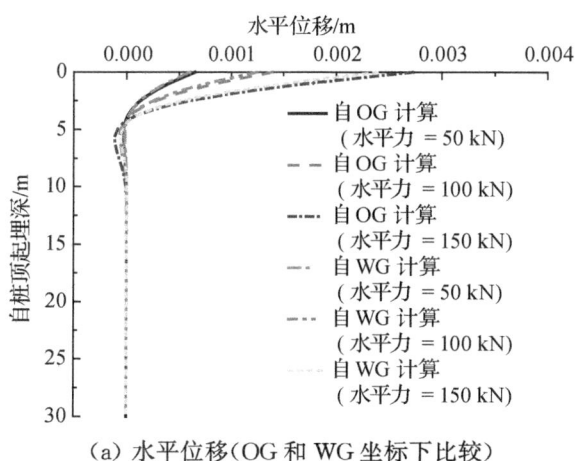

(a) 水平位移(OG和WG坐标下比较)

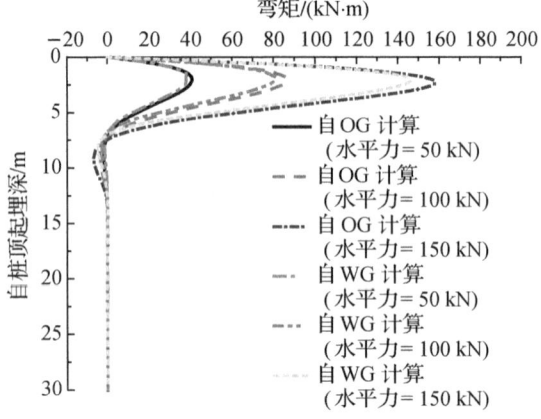

(b) 桩身弯矩(OG 和 WG 坐标下比较)

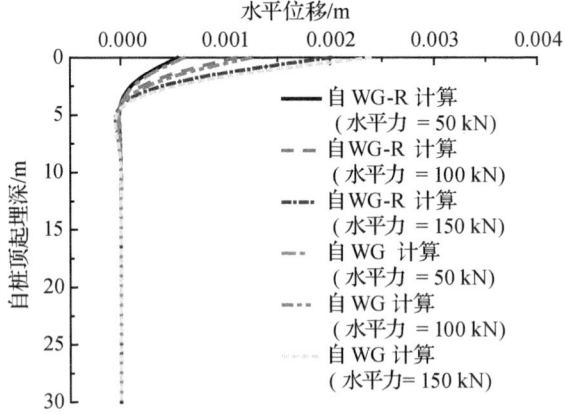

(c) 水平位移(WG 和 WG-R 情形下比较)

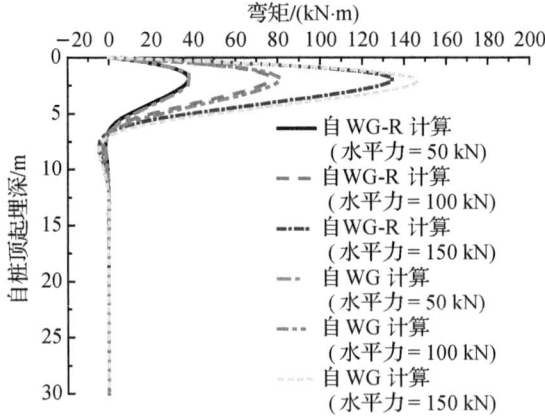

(d) 桩身弯矩(WG 和 WG-R 情形下比较)

图 5-24 苏州试验场地桩身水平位移、弯矩对比

设计值,坑底卸荷桩基水平承载特性同时受到开挖引起的地层差异及开挖卸荷应力释放的共同控制,而基于CPT测试直接获取坑底土体原位参数进而给出桩基水平承载力设计值则是一种准确、高效、便捷的途径,值得推广应用。

5.3 地下工程开挖卸荷环境下桩-土相互作用机理研究

地下工程开挖卸荷环境下桩基水平承载问题归根结底是桩-土-开挖体相互作用及其作用机理演化问题。前述通过现场试验分析了土体开挖卸荷对邻近桩基水平承载性能的影响特征,本节重点采用数值模拟手段揭示开挖卸荷致邻近桩基水平承载性能弱化的内在机理。通过精细化构建饱和软黏土中被动桩水平承载三维有限差分模型,详细研究了开挖卸荷环境下桩-土相互作用特征,明确了被动桩 $p-y$ 曲线响应机制及不同开挖方式、土体模量、排水状态、加载时机等对桩-土相互作用 $p-y$ 曲线的影响规律。

5.3.1 数值分析模型

1) 已有数值分析存在的不足

(1) 在以往被动桩研究时,被动桩水平承载力计算所采用的 $p-y$ 曲线通常直接选用主动桩的 $p-y$ 曲线(如双曲线型 $p-y$ 模型、Matlock $p-y$ 模型),但是被动桩的桩-土相互作用特征不同于主动桩,盲目采用会导致计算误差。

(2) 以往许多学者在采用数值模拟开展被动桩桩-土相互作用研究时,将主要研究兴趣点放在开挖卸荷引起的土体运动位移对桩基水平承载性能的影响上,很少关注开挖造成的土体应力释放对被动桩水平承载性能的改变。在研究土体运动位移时,多数研究又都采用匀速的土体位移,观察在匀速土体运动土压力下的桩-土相互作用规律,得到 $p-y$ 曲线或 $p-\delta$ 曲线。由于土体被假定为匀速运动,不符合开挖卸荷引起的真实土体运动特征,因此,所得 $p-y$ 曲线并不是真实的开挖卸荷被动桩 $p-y$ 曲线。

(3) 以往有关等深基坑开挖下,不同开挖方式(速率)下的 $p-y$ 曲线特征及差异研究较少。

(4) 有关土体开挖卸荷和桩顶水平加载这类主被动联合加载下的桩基水平承载研究较少,对不同加载时机(开挖卸荷与桩顶加载存在先后顺序时),桩基 $p-y$ 曲线的响应对比研究不足。

2) 数值模型构建

(1) 模型描述

开挖环境下桩基水平承载的核心问题是开挖致土体应力释放与土体水平运动联合影响下的桩-土相互作用特征分析(图 5-25)。采用三维有限差分软件 FLAC^{3D} 进行精细化建模,开展了饱和软黏土中开挖卸荷被动桩桩-土相互作用特征及水平承载性能评价研究。如图 5-26 所示,整个模型长(x 轴)、宽(y 轴)、高(z 轴)分别为 50 m、50 m 和 30 m。模型边界条件:上边界为自由边界,底面约束 z 轴方向运动,模型四周侧面约束 x 轴和 y 轴方向,仅允许沿 z 轴方向运动。图 5-26 中开挖区域范围为 20 m×10 m×4 m。模型桩采用弹性实体单元,不考虑桩身开裂,桩径 1.0 m,桩长 25 m(转动刚度 $E_p I_p = 1\,600$ MN·m^2,据 Poulos 和 Chen 判据属柔性桩[2]),桩基距离基坑 $X=2.0$ m 处(桩基轴线到坑边的距离)。土体采用理想弹塑性本构模型,遵循摩尔库伦屈服准则,采用不排水总应力分析法,详细的桩、土模拟参数见表 5-4。本模型中,桩-土间设置相互作用接触面,接触面法向刚度 K_n 和切向刚度 K_s 均为 10^9 Pa/m。桩-土接触面允许出现分离和滑移,当二者接触面出现拉应力时,接触面自动脱开,此时接触法向应力和切向应力均为零;当二者接触面所受剪应力超过接触面最大抗剪强度时($\tau_{max} = S_u$),桩-土接触面出现相互间的塑性滑移,此时应力不再增长。

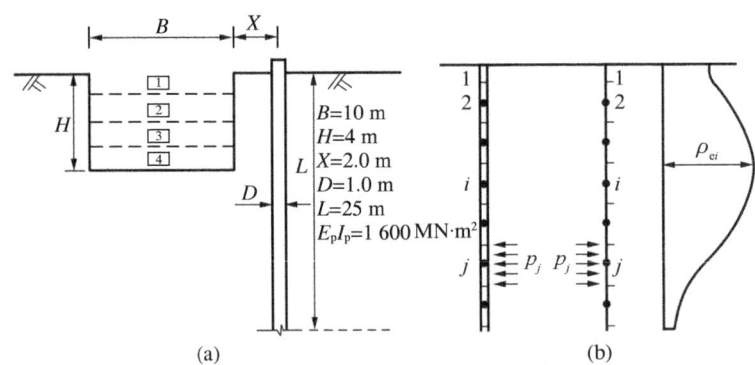

图 5-25 开挖卸荷致被动桩水平承载分析示意图

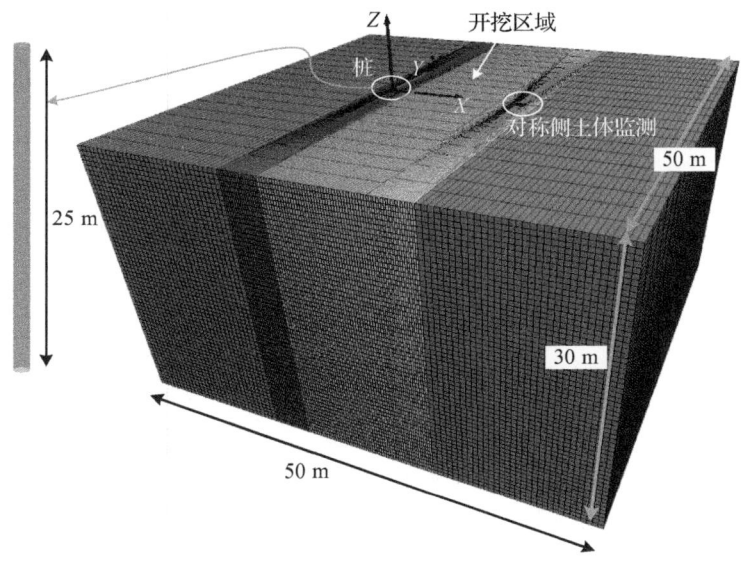

图 5‑26　开挖卸荷桩-土相互作用三维有限差分数值模型

表 5‑4　桩、土模型参数

	弹性模量 E/MPa	泊松比 ν	黏聚力 c/kPa	内摩擦角 φ/°	剪胀角 ψ/°	密度 ρ /(kg·m^{-3})	法向刚度 K_n/(Pa·m^{-1})	切向刚度 K_s/(Pa·m^{-1})
桩体	30 000	0.3	—	—	—	2 500	—	—
软黏土	4	0.495	20	0	0	1 740	—	—
桩-土接触面			20	0	0		10^9	10^9

(2) 桩单元受力机理与分析思路

对于被动桩而言，核心问题是考察在开挖卸荷并伴随土体位移作用下的桩-土相互作用规律，即桩侧土压力与桩身位移的关系。在传统主动受荷桩研究过程中，因为背离桩顶加载一侧的桩侧土压力往往不被考虑(桩土接触在这一侧发生分离，接触压力为零)，仅受压一侧的桩侧土压力被考虑(通常讲的土抗力)，考虑这一单侧土抗力随桩身位移的发展规律，是狭义上的 p-y 曲线。而在被动桩研究中，桩两侧均存在土压力，被动侧土压力推动桩基发生位移(被动桩变形的外力来源)，主动侧土压力则抵抗桩基的水平变形，主、被动侧的土压力均不能忽略。被动桩两侧土压力的合力构成了被动桩的 p-y 曲线，这一同时考虑两侧土压力合力所得的 p-y 曲线定义为广义的 p-y 曲线。目前基于 p-y 曲线的被动桩计算方法主要存在两种：(1) 以传统土抗力概念为基础的 p-y 曲线法或 p-δ 曲线法，这类方法通常由计算得到自由场土体位移或土压力(基于 Mindlin 解或 Boussinesq 解),或者基于现场测斜管实测,然后作为边界条件施加到桩基上进行计算,此时的 p-y 仅作为土抗力(p)的形式发挥作用。但很多学者在采用位移法计算施加在桩侧的移动土压力时也采用这一曲线,对桩两侧的土弹簧刚度不加以区分,本质上是存在问题的。(2) 整体看待桩基所受到的土压力,将主、被动两侧的土压力合力作为 p-y 或 p-δ 曲线的土压力值(p)或称土压力集度,以桩头位移作为控制条件开展计算,无须输入经计算或者实测的土体运动位移或土压力。该方法的优势是整体看待桩土相互作用水平力与桩基位移的关系,不单独区分自由场运动位移加载的弹簧刚度与抵抗桩基变形一侧土抗力-位移弹簧刚度的不同,应用起来更方便。本节重点研究开挖卸荷作用下的被动桩广义 p-y 曲线分布特征,如不单独说明,以下 p-y 曲线的 p 均为广义的土压力合力值。

如图 5-27 所示,在开挖引起土体水平运动过程中,土体水平运动产生的移动土压力迫使桩基朝向坑内变形,邻近基坑一侧的土体则提供抵抗桩基变形的土抗力(以正应力为主);同时在桩两侧产生拖曳力(剪应力)。以上共同构成了被动桩上部桩体(被动部分)的土压力集度,也是本节 p-y 曲线构建的基础。需要指出的是,整个被动桩沿桩身分为受土体位移作用的被动部分和下部受水平荷载作用的主动部分,本节重点考察被动部分桩体,图 5-27 仅反映的是被动桩上部承受自由场土体位移作用时桩身截面的受力特征。FLAC^{3D} 中接触面变量有节点正应力和切应力。基于图 5-27,进一步给出某一深度下沿桩径尺度上桩侧土压力集度的数学表达式:

$$p = [(Q_p + F_p) - (Q_a + F_a)] = \frac{\sum_{i=1}^{n}(\sigma_i A_i \cos\theta + \tau_i A_i \sin\theta)}{B} \quad (5-20)$$

式中,Q_p 为被动侧桩土接触土压力;F_p 为被动侧桩土接触拖曳力;Q_a 为主动侧桩土接触土压力;F_a 为主动侧桩土接触拖曳力;i 代表第 i 个节点;σ_i 为 i 节点正应力;τ_i 为 i 节点切应力;A_i 为 i 节点的面积;θ 为 i 节点到圆心的连线与水平轴方向所成的夹角;B 为节点沿深度方向所承担的长度,节点在桩中间时即为沿桩深度方向划分的网格尺寸,在桩头或桩底时为网格尺寸的一半;n 为节点个数。

为充分研究开挖过程中被动桩 p-y 曲线的响应特征及不同影响因素下的 p-y 曲线变化规律,本数值计算中专门编写了 p-y 曲线 FISH 语言对桩侧土压力集度进行提取,而桩身截面位移 y 则可以直接在软件中进行提取。

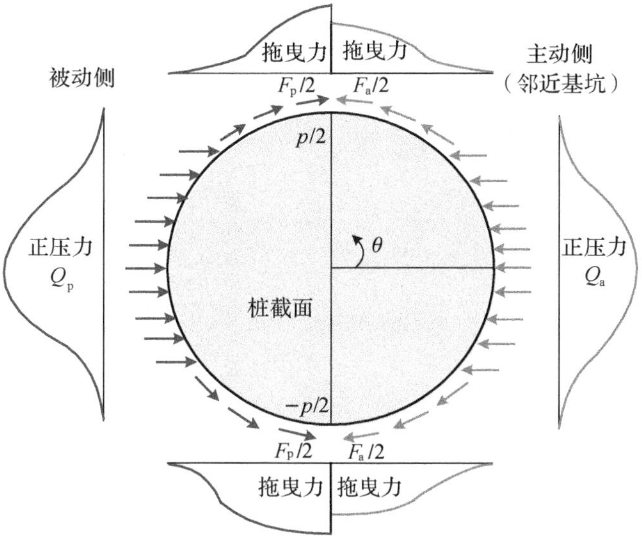

图 5-27　土体运动位移下被动桩桩单元受力机理分析

5.3.2　桩-土相互作用 p-y 曲线演化

被动桩 p-y 曲线的演化是伴随桩-土相对位移发展而变化的,为了考察自由土体位移与桩身位移在整个开挖过程中的变化形式,除观测桩身位移外,还在桩基对称侧位置同步观测了自由土体的位移。图 5-28 中桩基距基坑外沿距离为 2 m,对称一侧的自由土体观测轴线也与对立侧基坑外沿保持相同距离 2 m,因为是对称分布,对称侧的土体位移可以假定为与桩基所在位置自由场土体位移相同。本节率先研究了同一挖深(4 m)不同开挖方式下的被动桩 p-y 曲线演化特征。

基坑固定挖深为 4 m,分为 8 步、4 步和 1 步开挖完成。图 5-29 为不同开挖步数下典型深度 $z=1$ m,2 m,4 m,6 m 位置处被动桩 p-y 曲线变化情况。图中 $p=0$ 坐标线以上,代表土压力合力以被动侧土压力为主,$p=0$ 坐标线以下,代表土压力合力以主动侧土抗力为主。

从图中可以看出,开挖面附近及以上土压力主要以被动侧土压力为主,土体的运动以致使桩基产生水平变形为主,而抵抗桩基变形的主动侧土抗力则发挥不明显。不同开挖步数(速率)下,受开挖卸荷效应的影响,被动桩 p-y 曲线整体而言存在软化特征,1 步开挖时 p-y 曲线软化特征最明显,其引起的最大土压力合力最

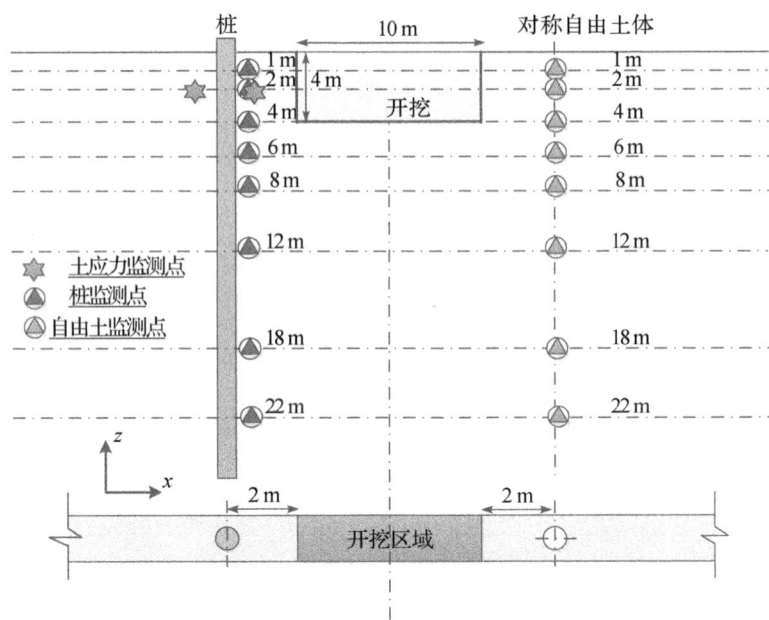

图 5-28 桩体及其对称侧土体监测点平面布置

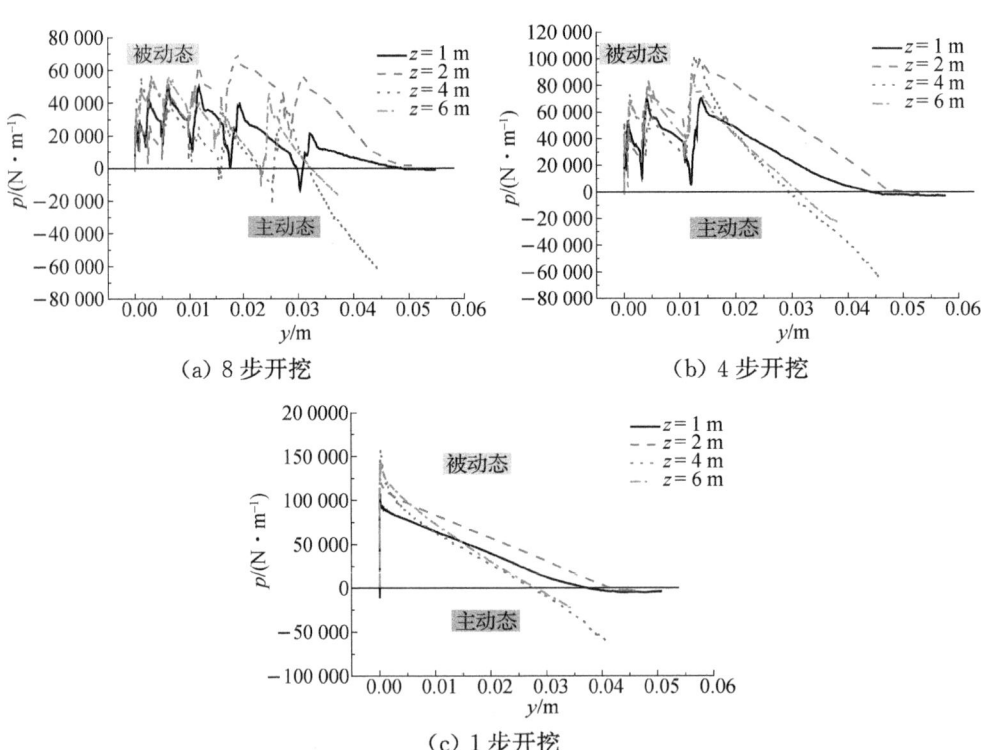

(a) 8 步开挖

(b) 4 步开挖

(c) 1 步开挖

图 5-29 同一挖深不同开挖方式下被动桩 p-y 曲线演化特征

大,其次是 4 步开挖和 8 步开挖。1 步开挖时最大土压力合力约为土体不排水抗剪强度的 7.5 倍,与 Leung 等[21]研究给出的 6 倍关系相近,同样也表明被动桩极限土压力比主动桩极限土压力(一般为 10~12 S_u)要小。再者,桩身极限土压力大小与土体开挖方式密切相关,不同开挖方式下,桩-土相互作用规律不同,桩-土相对位移的发挥程度不同,桩-土接触面间应力发挥水平不同。在本数值模拟中,同一挖深条件下,开挖步数越多、开挖速率越慢,施加在桩身的极限土压力合力越小,越有利于被动桩水平承载性能的发挥。以往直接采用传统主动桩 $p-y$ 曲线进行被动桩水平承载力计算是不合理的,容易导致计算错误。

同时注意到,每一开挖步下,$p-y$ 曲线都呈现土压力先增加后减弱的特性,这与软件的计算平衡时间有关。在每一步开挖指令下,土体被快速挖除,此时被动侧土体发生位移,被动侧土压力上升,同时邻坑侧的土体由于受开挖卸荷的影响,能提供给桩基的抵抗力降低。因此,在每一步开挖指令下,土压力的合力将会迅速上升;而在该层土体被挖除后,体系进入应力平衡状态(原则上平衡所需要的时间越长,土压力跌落的区间就越大,但不会无限跌落),FLAC^{3D} 在不设置计算步的前提下,以体系内最大不平衡力比率 10^{-5} 为收敛标准,超过该数值,计算自动结束。在计算的最终时刻,$z=1$ m 和 2 m 位置邻坑侧的土体已经发生垮塌(塑性流动),因此最终土压力合力趋于零,趋于新的应力平衡状态;而开挖面附近 4 m 和 6 m 的土体则出现被动向主动转换的特征,最终主动侧土抗力占主要地位,土压力合力方向发生改变(由指向基坑变为背离基坑),被动桩上下桩体存在不同的受力状态。

5.3.3 不同影响因素下被动桩 $p-y$ 响应规律

以下重点研究不同开挖方式、土体模量、排水状态、加载时机对被动桩水平承载特性的影响,仅以 8 步开挖条件为例进行对比研究。

1) 不同开挖方式

前述已经涉及不同开挖方式对被动桩 $p-y$ 曲线的影响,这里不再展开分析,仅总结如下:

(1) 开挖方式会改变被动桩桩-土相互作用特征,改变 $p-y$ 曲线的演化规律;同一深度开挖前提下,开挖步数越少、开挖速率越快,桩基被动受荷越大,越不利于桩基水平承载稳定性。

(2) 被动桩 $p-y$ 曲线的软化特征取决于开挖方式,开挖速率越快,引起的最大土压力合力越大，p-y 曲线越容易跌落，且会在较小的桩基变形下就快速完成软化跌落过程。

(3) 基坑开挖面上下，被动桩 p-y 曲线受开挖方式的影响程度不同，被动桩上下桩体存在不同的受力状态。

2) 土体模量

为考察不同土体模量对被动桩 p-y 曲线的影响规律，分析了三种土体模量（80 MPa、8 MPa、4 MPa）下的 p-y 曲线对比结果（泊松比固定取 $\nu=0.36$）。从图 5-30 和图 5-31 中可以看出，土体模量会影响 p-y 曲线的极限土压力大小，并改变极限土压力所对应的桩身挠曲变形。在开挖面（$z=4$ m）以上，随着土体弹性模量的增加，p-y 曲线的极限土压力值降低，达到极限土压力值所对应的桩身位移也降低。土体弹性模量的增加，通常意味着土体刚度的增加，从图中可以看到，土体模量为 80 MPa 时，桩身在小变形下快速出现应力跌落的现象。在开挖面以下，由于桩侧主被动土压力转换的影响，$z=4$ m 和 $z=6$ m 深度处的 p-y 曲线，

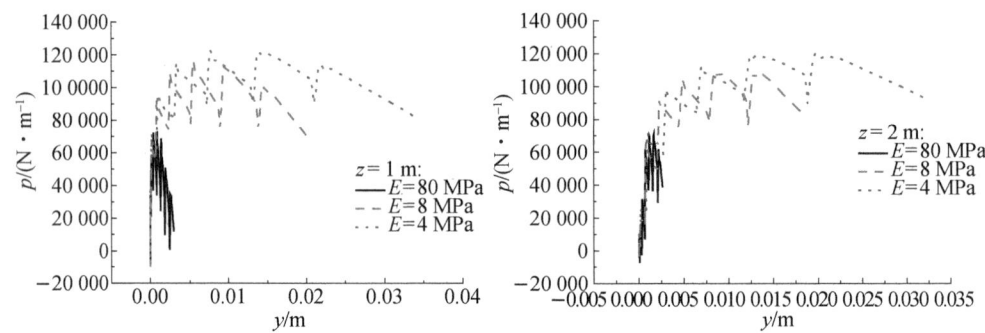

图 5-30 开挖面以上 p-y 曲线特征

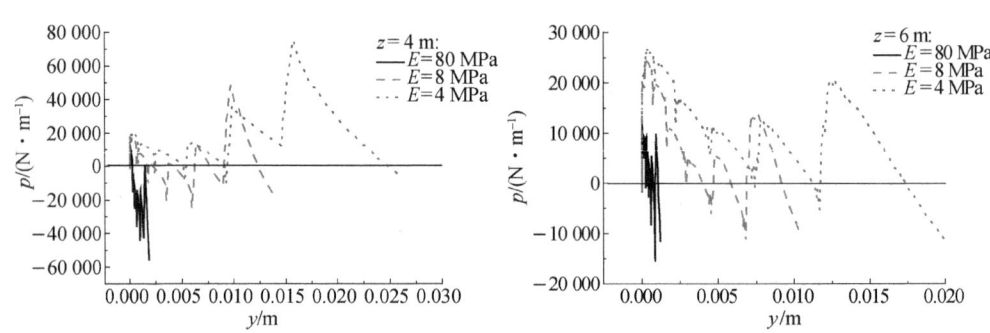

图 5-31 开挖面以下 p-y 曲线特征

在初始阶段以邻坑侧(主动侧)土压力为主,随着开挖步数的增加,开挖引起的被动侧土压力不断增加,当主被动侧土压力恰好平衡时,总土压力 $p=0$。由图可见,开挖面以下整个 p-y 曲线在 $p=0$ 附近有所波动。

3) 排水状态

地下工程开挖受土体性质或开挖速率的影响,土体可能处于排水或部分排水状态,也可能处于近似完全不排水状态。为研究土体排水状态对被动桩水平承载的影响,采用控制土体体积变形的方式,即通过改变土体泊松比的方式分别研究土体在缓慢排水和不排水两种情况下的被动桩水平承载问题(土体弹性模量固定取 $E=4$ MPa)。采用泊松比 $\nu=0.495$ 近似模拟土体不排水状态,此种状态在土体快速开挖时存在;采用泊松比 $\nu=0.36$ 近似模拟土体缓慢排水状态,此种状态对应缓慢开挖或分步开挖。图 5-32 和图 5-33 分别给出了两种排水状态下开挖面以上及开挖面以下土体的 p-y 响应结果。从图中可以看出,开挖面以上,土体缓慢排水状态下的极限土压力值大于土体不排水状态下的极限土压力值,土体的排水导致了更大的被动土压力出现,而极限土压力对应的桩体位移则变化不明显。再者,不排水状态下的 p-y 曲线软化现象比缓慢排水状态下的 p-y 曲线更加明显。不排水状态下土体的稳定性能降低,同等深度基坑开挖下,不排水状态的土体基坑侧壁接近失稳状态(p-y 曲线的终端土压力近乎为零)。开挖面($z=4$ m)以下,受桩体主被动受荷转换的影响,$z=4$ m 处的 p-y 曲线整体在 $p=0$ 附近波动,$z=6$ m 处的 p-y 曲线呈现不排水的状态土压力整体大于排水状态下土压力的规律,这一点与开挖面以上的规律相反。这与该深度处桩体反向变形挤压基坑背侧土体有关,桩基变形挤压背侧土体,背侧土体产生的土压力占主导地位,而邻坑侧的土体

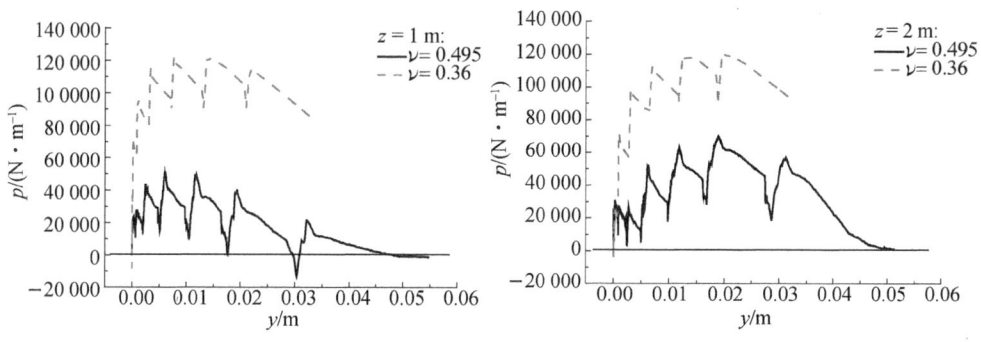

图 5-32 开挖面以上 p-y 曲线

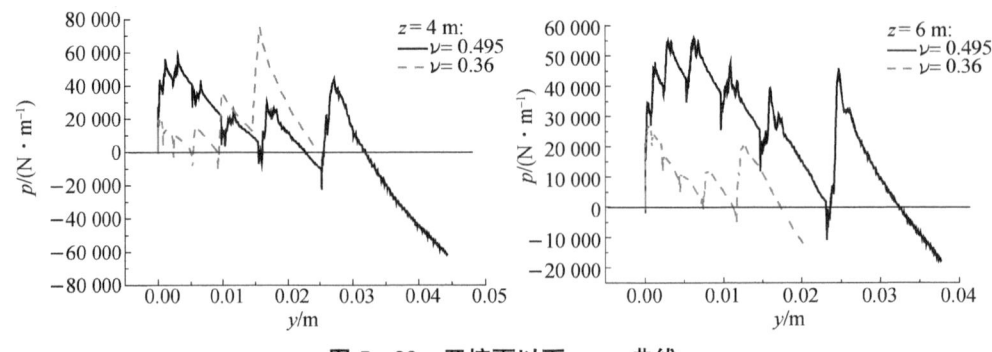

图 5-33 开挖面以下 p-y 曲线

土压力则减弱,二者的综合效应导致了不排水状态下的土压力合力大于排水状态下的土压力合力,且合力方向指向基坑($p>0$)。整体而言,土体的排水状态会显著影响桩基的水平承载性能和桩-土相互作用规律,在邻坑被动桩设计过程中必须充分考虑土体的排水特征。

4) 不同加载时机

工程桩在整个服役过程中往往存在主被动复合加载的情形,对于复合加载,不同的加载顺序可能会影响桩基的水平承载服役性能,因此本节重点研究不同加载时机下的开挖卸荷被动桩水平承载桩-土相互作用特征。前述研究已经指出土体模量和排水状态均会对被动桩的水平承载特性产生影响,为研究方便,本节在土体模量 80 MPa,泊松比 0.36 的土体参数下进一步考察了不同加载时机(包括先开挖-后桩顶加载和先桩顶加载-后开挖两类情形)对桩土相互作用 p-y 曲线的影响规律。

因为涉及桩顶主动受荷(桩顶作用水平力)的情形,本节先比较了桩基在单一桩顶主动受荷与单一开挖被动受荷工况下的桩-土相互作用特征。桩顶主动加载采用位移控制标准,为避免过大变形,桩顶加载至变形为 4.5 mm 时停止。按照我国《建筑桩基技术规范》(JGJ 94—2018)[22]中桩顶变形控制 10 mm 及敏感建筑 6 mm 的规定,4.5 mm 的加载位移并不会致使桩基发生临界破坏。如图 5-34 所示,开挖面以上 $z=1$ m 和 $z=2$ m 处的桩基主动受荷与被动受荷 p-y 曲线的正负是相反的,这也是主动桩与被动桩承载机理与土压力发挥的作用不同造成的。被动桩土压力合力方向是指向基坑的,土压力合力为正值;主动桩土压力合力则是背离基坑的,土压力合力为负值。从图中可以看出,一次开挖引起的被动土压力极限值大小更接近主动受荷桩的极限土抗力值大小,但前者仍然小于后者。随着开挖步数的增加,被动桩水平土压力合力逐渐降低,土压力极值大幅小于主动桩极限土抗力值,且表现出明显的应变软化特征。另外,图 5-34 中由数值模拟计算所得主动桩 p-y 曲线符合传统主动桩 p-y 形式,与 Matlock p-y 曲线吻合较好,也验证了 p-y 计算程序的准确性。同时可以看到,被动桩 p-y 曲线与主动桩 p-y 曲线在曲线形态、极限土压力、屈服位移等方面均存在不同,传统盲目将主动桩 p-y 曲线引入被动桩水平承载计算的方法是存在严重缺陷的。

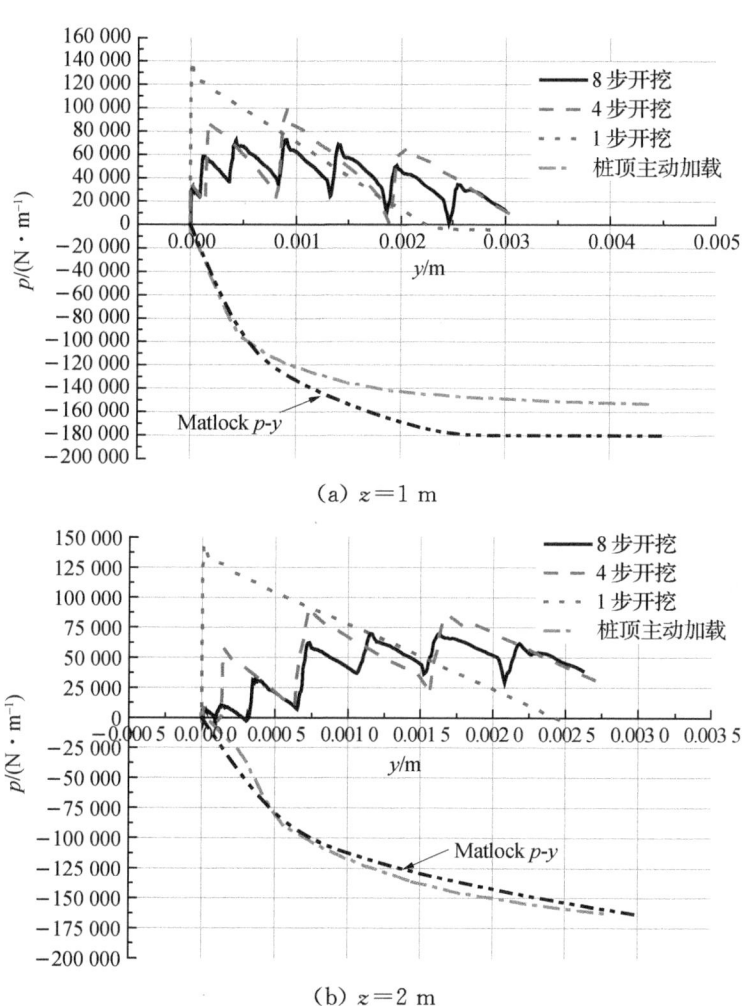

图 5-34 埋深 1 m 和 2 m 处主动桩与被动桩 p-y 曲线对比

(1) 先桩顶加载后开挖卸荷

图 5-35 为在既有桩顶水平加载下(固定加载位移=4.5 mm,加载方向指向基坑)实施侧向基坑开挖卸荷(开挖分别 8 步、4 步、1 步完成)这类主被动复合加载条件下的桩基 p-y 曲线演化规律。受桩顶既有水平加载的影响,其后开挖卸荷引起的桩基 p-y 曲线发生改变。最明显的是,每类开挖方式下伴随侧向基坑开挖的初始卸荷,桩基的初始土压力不再从零点开始发展,而是从桩顶水平加载结束(桩顶加载结束位移=4.5 mm)时刻的土压力算起,二者的叠加作用共同构成了准确计

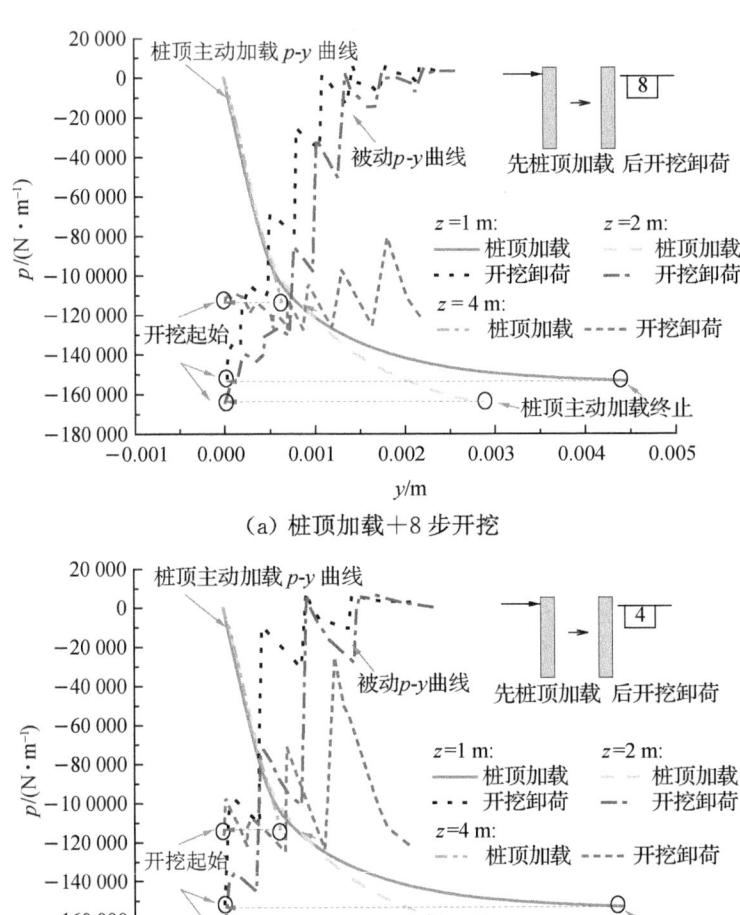

(a) 桩顶加载+8 步开挖

(b) 桩顶加载+4 步开挖

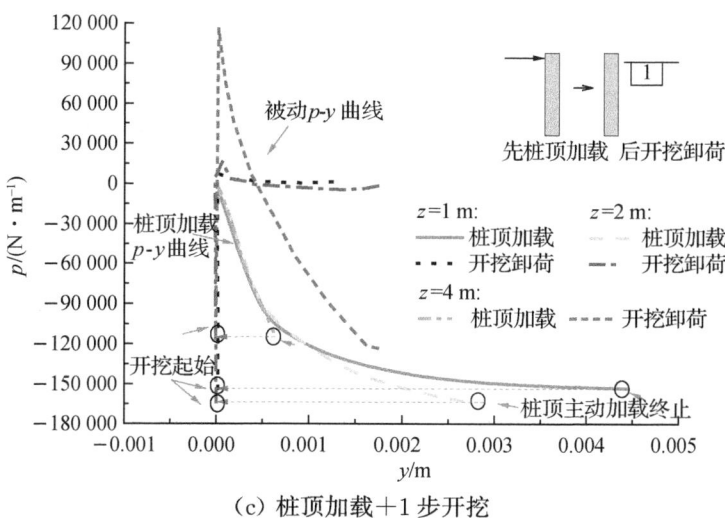

（c）桩顶加载+1步开挖

图 5-35　固定桩顶加载位移(=4.5 mm)后不同开挖方式下桩基 p-y 曲线演化

算主被动复合加载桩水平承载力的内在机理。整体而言,开挖面以上($z=1$ m 和 $z=2$ m)桩体仍以被动受荷为主,被动侧土压力伴随挖深增加会持续增加;而开挖面以下($z=4$ m 和 $z=6$ m)桩体土压力合力存在主被动转换的特征。再者,在桩顶既有加载位移下侧向开挖卸荷引起的桩基 p-y 曲线变化特征仍然与开挖步数相对应,存在每一开挖步上的上升和跌落,这与自由桩体单纯承受开挖卸荷土压力作用规律相一致。

先桩顶加载后开挖卸荷情形下,伴随开挖深度的不断增加,桩顶主动加载阶段引起的土抗力在遭受邻坑开挖卸荷效应后会不断衰减,开挖致土体移动引起的桩基被动受荷作用随之不断增强。并且,受既有桩顶水平加载的影响,桩基再次遭受邻近基坑开挖卸荷时,上部桩侧土体更易出现失稳垮塌现象。图 5-35 中三种开挖方式下的 $z=1$ m 土层都近似达到失稳状态,土压力出现为零的情况,并且同等深度基坑开挖,开挖速率越快,开挖面以上土体越容易达到失稳状态。

进一步,为更加直观地比较桩顶既有加载和桩顶自由两种情况下开挖致桩基被动受荷 p-y 曲线的变化特征,以 8 步开挖情形为例,给出了不同深度下先桩顶加载后 8 步开挖与仅有 8 步开挖时 p-y 曲线的对比结果。图 5-36 中,先桩顶加载-后开挖卸荷 p-y 曲线的土压力原点已经归整到从零点开始(扣除掉了桩顶主动加载时已经产生的土抗力)。从图中可以看出,桩顶存在既有水平加载时,其开挖卸荷 p-y 曲线与自由桩基开挖卸荷 p-y 曲线存在不同。在开挖面以上,既有

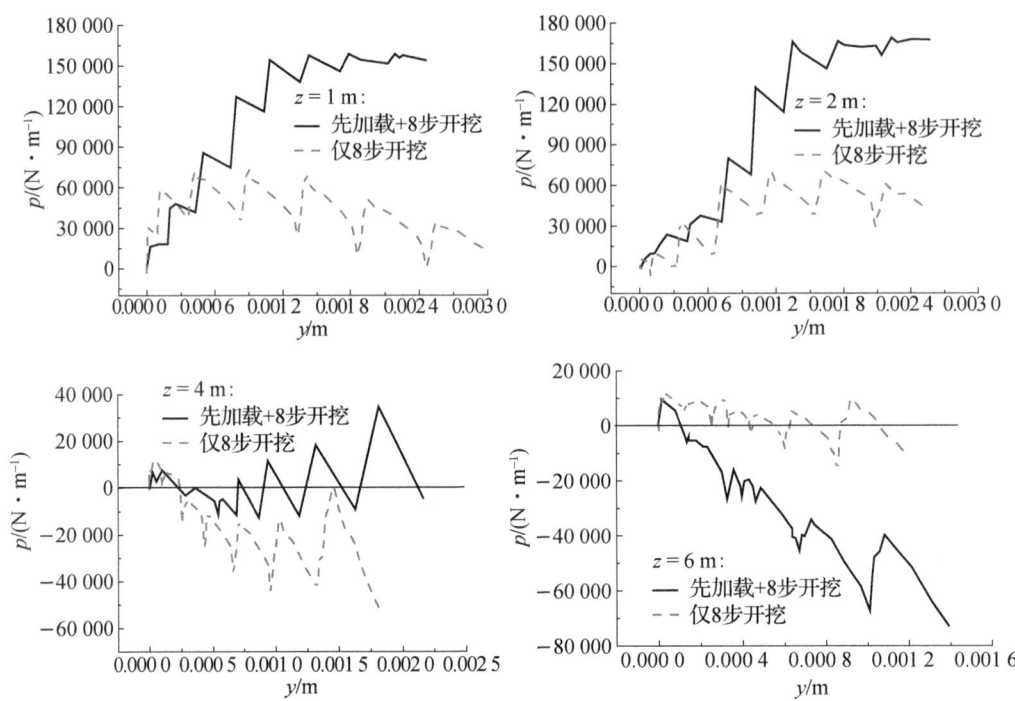

图 5-36 仅 8 步开挖、先桩顶加载(固定位移=4.5 mm)后 8 步开挖两类情形下桩基 p-y 曲线对比

桩顶水平加载桩基卸荷后的 p-y 曲线初始刚度下降,极限土压力增加,达到极限土压力时所需的桩体位移增加。开挖面以上土压力(合力)的增加更多源于邻坑面的土压力削减或消失。在开挖面以下,桩顶既有水平荷载的施加会放大邻坑开挖致桩基被动受荷的影响,被动荷载的传递深度加深,主被动转换的深度要大于 4 m。既有桩顶水平加载桩基与自由桩基在 $z=4$ m 截面深度下,其 p-y 曲线均在零点附近波动,然后远离零点,向主动土压力方向转换,土压力方向由正变负。自由桩基的 p-y 曲线在较小位移下更快进入主动状态,完成被动向主动转换。随着开挖卸荷影响深度的增加,既有桩顶水平加载桩基的 p-y 曲线也会部分跃入主动状态,但整体依旧在零点位置波动。同时,在埋深达到 6 m 时,既有桩顶水平加载桩基则主要以主动挤压土体("桩推土")为主,且受上部被动土压力增加(包括影响深度+幅值)的影响,较自由桩体而言,既有桩顶水平加载桩基在同等深度下($z=6$ m)的主动土压力相应增加。

(2) 先开挖卸荷后桩顶加载

图 5-37 为先侧向开挖(分 8 步、4 步、1 步)后桩顶水平加载下的桩-土相互作

用演化特征。受土体自身稳定性的影响，侧向开挖卸荷后再进行桩顶水平加载，随着桩身位移的增加，开挖面以上 $z=1$ m 和 $z=2$ m 桩侧土压力很快就达到零值，

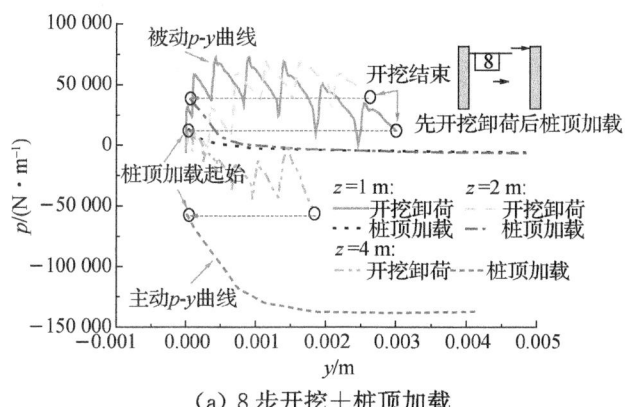

(a) 8 步开挖＋桩顶加载

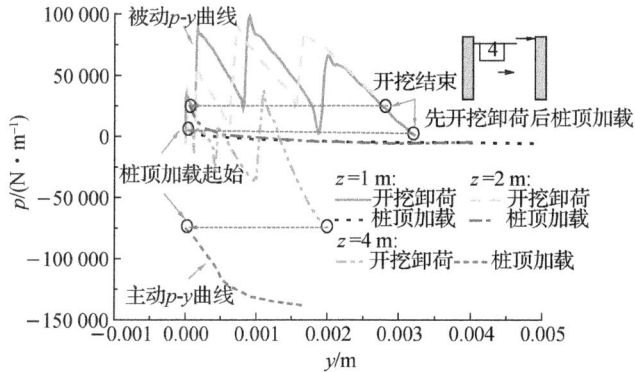

(b) 4 步开挖＋桩顶加载

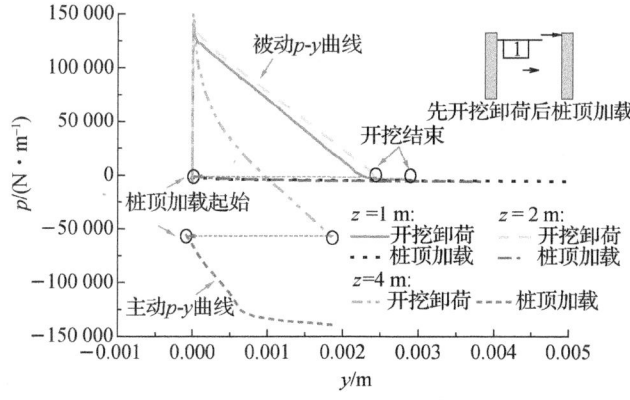

(c) 1 步开挖＋桩顶加载

图 5-37　先开挖卸荷后桩顶水平加载下桩基 p-y 曲线演化

这意味着该部分土体基本处于塑性破坏状态。其中,1步开挖是最不利的,1步开挖后桩基在很小的水平加载位移下就已经发生土体失稳。对于开挖面以下原有主动受荷桩体,其土压力会在桩顶水平加载作用下继续沿着开挖结束后的土压力持续增长,预先开挖卸荷会降低桩顶水平加载下的土体极限土压力大小。而不同开挖速率对桩顶水平加载土体极限土压力大小的影响并不显著,从图5-37中可以清晰地看到,$z=4$ m 深度三种开挖步数下的极限土压力值均在 140 000 N/m 附近(约 $7S_u$)。以 8 步开挖情形为例,图 5-38 给出了存在预先开挖卸荷和自由场地情况下的桩顶水平加载阶段 p-y 曲线的对比结果,图中先开挖后桩顶加载的 p-y 曲线已经扣除了因预先开挖而在桩身产生的土压力。可以看出,与仅桩顶加载情况相比,开挖卸荷后桩顶水平加载下的 p-y 曲线存在显著的弱化现象,极限土抗力大幅降低,从而揭示了开挖卸荷致桩基水平承载性能降低的机理。

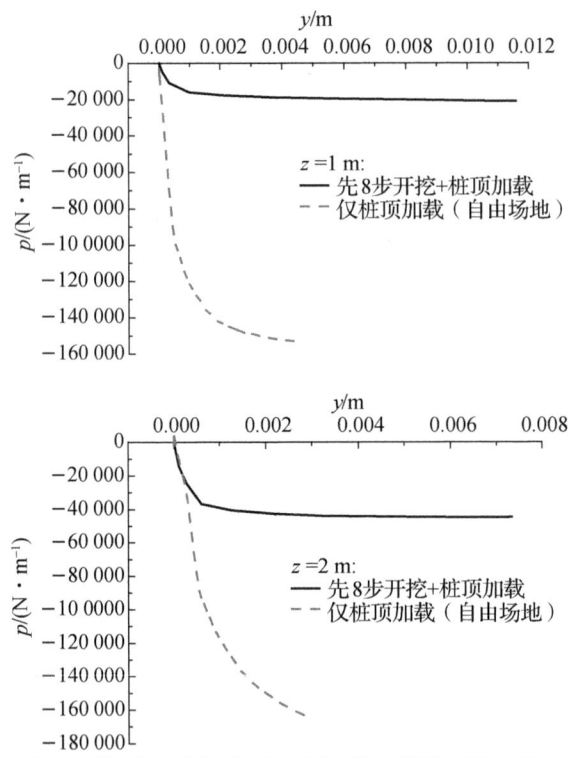

图 5-38 仅桩顶加载、先开挖卸荷后桩顶加载两类情形下桩基 p-y 曲线对比

综上,不同的加载时机将对桩基产生不同的影响,先桩顶加载后开挖卸荷(主-被动加载次序),先开挖卸荷后桩顶加载(被-主动加载次序),都不利于桩基水平承

载性能的发挥。但相较而言，主-被动加载次序更有利于整个桩身荷载的重新分配，有利于桩基后期的整体稳定。而针对被-主动加载次序，往往先开挖时邻坑侧土抗力已经遭到大幅衰减，甚至在开挖初始阶段就已经丧失全部承载力，当后期再遇桩顶加载时，其极限水平承载力会大大降低。

5.4 本章小结

本章重点研究了地下工程开挖卸荷对"邻近桩基"和"坑底桩基"水平承载性能的影响特征，揭示了开挖卸荷环境下桩-土相互作用机理，提出了基于原位测试的桩基水平承载卸荷响应评价方法，主要结论如下：

（1）结合 CPT 原位测试明确了土体开挖卸荷对邻近既有桩基水平承载性能的影响机理，获得了开挖卸荷前后土体 CPT 锥尖参数变化规律。研究指出，CPT 锥尖参数的改变与土体卸荷应力路径密切相关，地下工程开挖会对邻近桩周土体产生水平和竖向卸荷效应，两类开挖卸荷效应共同影响桩基的水平承载性能发挥。CPT 测试的优势在于能够真实反映开挖卸荷前后桩侧土体的应力状态改变规律，进而对邻近既有桩基水平承载性能做出准确预测。

（2）基于开挖卸荷前后 CPT 测试 p-y 曲线，考虑开挖卸荷过程中土体应力释放及桩-土相互作用特征，提出了考虑开挖卸荷全过程的被动桩水平承载分析方法。验证结果表明，所提方法能够准确反映整个开挖过程中的被动桩水平承载演化特征，在被动桩水平承载变形预测上较传统方法更加准确。同时，结合 CPT 测试数据开展了开挖卸荷后邻近桩基水平承载力损失预测研究，给出了基于 CPT 测试的开挖卸荷后邻近桩基水平承载特性及残余水平承载力大小。

（3）通过 CPT 测试数据研究了地下工程大面积开挖对坑底土体力学性质的影响，明确了开挖卸荷对坑底桩基 p-y 曲线特性及桩基水平承载性能的影响特征。研究指出，地下工程开挖卸荷致坑底土体应力释放，改变了土体应力状态进而改变了 CPT 测试锥尖阻力的大小，坑底土体 CPT 测试参数的变异源于开挖引起的地层差异及开挖卸荷效应两类影响因素的共同作用。

（4）开挖卸荷效应改变了坑底土体 p-y 曲线分布特征，上覆土层开挖以后，坑底土体 p-y 曲线的初始刚度与极限水平土抗力值较未开挖前均明显降低。在坑底工程桩设计时，如果不考虑开挖卸荷对桩基水平承载力的削减作用，则将会过高估计桩基水平承载力设计值。本章基于 $p-y$ 曲线法并采用卸荷后土体参数所得桩基水平承载预测结果与现场试桩试验结果吻合较好，因此，采用开挖卸荷后的坑底土体原位测试参数可以准确计算坑底桩基水平承载力。

(5) 通过构建桩-土-开挖体数值模型，深入研究了地下工程开挖卸荷环境下桩-土相互作用机理及其影响因素，获得了开挖卸荷致土体移动并伴随应力释放（应力变形耦合）条件下的桩-土相互作用 $p-y$ 曲线特征，明确了开挖方式、土体模量、排水状态和不同加载时机对被动桩 $p-y$ 曲线的影响规律。研究结果表明，被动桩桩-土相互作用受土体开挖卸荷的影响而发生变异，被动桩 $p-y$ 曲线较主动桩 $p-y$ 曲线表现出明显的软化特征，且开挖速率越快，$p-y$ 曲线跌落越快。由此，从桩-土相互作用本质上揭示了地下工程开挖卸荷致被动桩水平承载性能演化的内在机理。

参考文献

[1] Houlsby G T, Hitchman R. Calibration chamber tests of a cone penetrometer in sand[J]. Géotechnique, 1988, 38(1): 39-44.

[2] Poulos H G, Chen L T. Pile response due to excavation-induced lateral soil movement[J]. Journal of Geotechnical and Geoenvironmental Engineering, 1997, 123(2): 94-99.

[3] Stewart D P. Program PYGMY version 2.31, $p-y$ analysis of laterally loaded piles under general loading- user manual[R]. University of Western Australia, 2000.

[4] Li H J, Liu S Y, Tong L Y, et al. Estimating $p-y$ Curves for clays by CPTU method: Framework and empirical study[J]. International Journal of Geomechanics, 2018, 18(12): 04018165.

[5] Suryasentana S K, Lehane B M. Numerical derivation of CPT-based $p-y$ curves for piles in sand[J]. Géotechnique, 2014, 64(3): 186-194.

[6] Li H J, Liu S Y, Tong L Y. Evaluation of lateral response of single piles to adjacent excavation using data from cone penetration tests[J]. Canadian Geotechnical Journal, 2019, 56(2): 236-248.

[7] Kirkpatrick W M, Khan A J. The reaction of clays to sampling stress relief[J]. Géotechnique, 1984, 34(1): 29-42.

[8] Vesić A B. Bending of beams resting on isotropic elastic solid[J]. Journal of the Engineering Mechanics Division, 1961, 87(2): 35-53.

[9] Decourt L. Load-deflection prediction for laterally loaded piles based on N-SPT values[C]. In Proceedings,9th Pan-American Conference on Soil Mechanics and Foundation Engineering, 1991:549-556.

[10] Reese L C,Cox W R,Koop F D. Analysis of laterally loaded piles in sand[C]//All Days. May 5—7,1974. Houston,Texas. OTC,1974:95-105.

[11] Matlock H. Correlations for design of laterally loaded piles in soft clay[J]. Offshore Technology in Civil Engineering's Hall of Fame Papers from the Early Years,1970:77-94.

[12] 章连洋,陈竹昌. 计算黏性土 p-y 曲线的方法[J]. 海洋工程,1992,10(4):50-58.

[13] Chen L T,Poulos H G. Piles subjected to lateral soil movements[J]. Journal of Geotechnical and Geoenvironmental Engineering,1997,123(9):802-811.

[14] Randolph M F,Houlsby G T. The limiting pressure on a circular pile loaded laterally in cohesive soil[J]. Géotechnique,1984,34(4):613-623.

[15] Kirkpatrick W M, Khan A J. The reaction of clays to sampling stress relief[J]. Géotechnique,1984,34(1):29-42.

[16] Matlock H. Correlations for design of laterally loaded piles in soft clay[J]. Offshore Technology in Civil Engineering's Hall of Fame Papers from the Early Years,1970:77-94.

[17] 李洪江,童立元,刘松玉,等. 后注浆超长灌注桩水平承载特性现场试验研究[J]. 建筑结构学报,2016,37(6):204-211.

[18] Salgado R,Tehrani F S,Prezzi M. Analysis of laterally loaded pile groups in multilayered elastic soil[J]. Computers and Geotechnics,2014,62:136-153.

[19] Suryasentana S K,Lehane B M. Updated CPT-based p-y formulation for laterally loaded piles in cohesionless soil under static loading[J]. Géotechnique,2016,66(6):445-453.

[20] El Naggar,Bentley K J. Dynamic analysis for laterally loaded piles and dynamic p-y curves [J]. Canadian Geotechnical Journal,2000,37(6):1166-1183.

[21] Leung C F,Lim J K,Shen R F,et al. Behavior of pile groups subject to excavation-induced soil movement[J]. Journal of Geotechnical and Geoenvironmental Engineering,2003,129(1):58-65.

[22]. 中华人民共和国住房和城乡建设部. 建筑桩基技术规范:JGJ 94—2008[S]. 北京:中国建筑工业出版社,2008.